国外著名高等院校
信息科学与技术优秀教材

数据结构
（Python语言描述）
（第2版）

[美] 肯尼思·A. 兰伯特（Kenneth A. Lambert） 著　　肖鉴明　译

人民邮电出版社
北京

图书在版编目（CIP）数据

数据结构：Python语言描述 / （美）肯尼思·A. 兰伯特（Kenneth A. Lambert）著；肖鉴明译. -- 2版. -- 北京：人民邮电出版社，2021.7（2022.7重印）
国外著名高等院校信息科学与技术优秀教材
ISBN 978-7-115-55148-1

Ⅰ. ①数… Ⅱ. ①肯… ②肖… Ⅲ. ①数据结构—高等学校—教材②软件工具—程序设计—高等学校—教材
Ⅳ. ①TP311.12②TP311.561

中国版本图书馆CIP数据核字（2020）第208636号

- ◆ 著　　　　[美] 肯尼思·A.兰伯特（Kenneth A. Lambert）
　　译　　　　肖鉴明
　　责任编辑　吴晋瑜
　　责任印制　王　郁　焦志炜
- ◆ 人民邮电出版社出版发行　北京市丰台区成寿寺路 11 号
　　邮编　100164　电子邮件　315@ptpress.com.cn
　　网址　https://www.ptpress.com.cn
　　涿州市京南印刷厂印刷
- ◆ 开本：787×1092　1/16
　　印张：21.75　　　　　　　2021 年 7 月第 2 版
　　字数：502 千字　　　　　2022 年 7 月河北第 2 次印刷
　　著作权合同登记号　图字：01-2020-5698 号

定价：119.90 元
读者服务热线：(010)81055410　印装质量热线：(010)81055316
反盗版热线：(010)81055315
广告经营许可证：京东市监广登字 20170147 号

内 容 提 要

　　本书用 Python 语言来讲解数据结构及实现方法。全书首先概述 Python 编程的功能——这些功能是实际编程和解决问题时所必需的；其次介绍抽象数据类型的规范、实现和应用，多项集类型，以及接口和实现之间的重要差异；随后介绍线性多项集、栈、队列和列表；最后介绍树、图等内容。本书附有大量的复习题和编程项目，旨在帮助读者巩固所学知识。

　　本书不仅适合高等院校计算机专业师生阅读，也适合对 Python 感兴趣的读者和程序员阅读。

作 者 简 介

肯尼思·A. 兰伯特（Kenneth A. Lambert）是一名计算机科学教授，也是美国华盛顿与李大学（Washington and Lee University）计算机科学系的系主任。他教授"程序设计概论"课程已有 30 多年，并且一直是计算机科学教育领域的活跃研究者。Lambert 自行撰写或与他人合著的书多达 28 本，包括一系列 Python 的入门图书、与 Douglas Nance 和 Thomas Naps 一起编写的一系列 C++的入门图书、与 Martin Osborne 一起编写的一系列 Java 的入门图书，等等。

致　　谢

感谢我的朋友马丁·奥斯本（Martin Osborne）多年来对我多本图书给出的建议、友好的批评以及鼓励。

还要感谢华盛顿与李大学计算机科学系 112 班的同学们在几个学期里对本书进行的课堂测试。

最后，感谢项目总经理 Kristin McNary、项目经理 Chris Shortt、课件设计师 Maria Garguilo 和 Kate Mason、资深策划编辑 Magesh Rajagopalan、技术编辑 Danielle Shaw，尤其是资深责任编辑 Michelle Ruelos Cannistraci，他负责处理这一版出版过程中的内容细节。

前　言

欢迎阅读本书！本书涵盖本科阶段通常在计算机科学的第二门课程（CS2）里涉及的内容。尽管本书使用的是 Python 编程语言，但在开始学习之前，你只需要掌握使用高级编程语言进行编程的基础知识。

本书内容

本书主要介绍计算机编程中如下 4 个主要方面的内容。

（1）**编程基础**——数据类型、控制结构、算法开发以及通过函数进行程序设计，是解决计算机问题所需要掌握的基本思想。本书用 Python 编程语言介绍这些核心主题，旨在帮助你通过理解这些主题解决更广泛的问题。

（2）**面向对象编程**——面向对象编程是用于开发大型软件系统的主要编程范式。本书介绍 OOP 的基本原理，旨在让你能够熟练地应用它们。和其他教科书不同，本书会引导你开发一个专业的多项集类的框架，以说明这些原理。

（3）**数据结构**——大多数程序会依赖数据结构解决问题。在最具体的层级，数据结构包含数组以及各种类型的链接结构。本书介绍如何使用这些数据结构来实现各种类型的多项集结构（如栈、队列、列表、树、包、集合、字典和图），还会介绍如何使用复杂度分析来评估这些多项集的不同，进而实现在时间与空间上的权衡。

（4）**软件开发生命周期**——本书不会设单独的一两章去介绍软件开发技术，而是通过大量的案例全面概述这方面的内容。本书还会强调，编写程序通常并不是解决问题或软件开发里最困难或最具挑战性的部分。

为什么选择 Python

在过去的 30 年里，与计算机相关的技术和应用日渐复杂，计算机科学的相关课程（尤其是入门级的课程）更是如此。如今，人们期望学生在学了一点点编程和解决问题的相关知识之后，就能够很快开始学习诸如软件开发、复杂度分析以及数据结构这类课程——这些课程在 30 年前都属于高级课程的范畴。除此之外，面向对象编程兴起并成为主导范式，也让授课老师和教材的编写者可以把那些功能强大甚至能够直接应用于行业里的编程语言（如 C++ 和 Java）引到入门课程里。这就导致刚开始学习计算机知识的学生还没来得及体验用计算机解决问题的优势以及带来的兴奋感，就因为要去精通那些更高级的概念以及编程语言里的语法而变得不知所措。

本书使用 Python 编程语言，以使计算机科学的第二门课程对学生和授课老师来说更具吸引力且易于学习。

Python 具有如下教学优势。

（1）Python 的语法非常简单且标准。Python 的语句和伪代码算法的语句非常接近，而且 Python 的表达式使用了代数里的常规符号。这样，你可以花更少的时间了解编程语言的语法，进而把较多的时间花在解决有趣的问题上。

（2）Python 的语义是安全的。任何表达式或语句只要违反了语言所定义的语义，都会得到错误的消息。

（3）Python 的扩展性很好。Python 可以让初学者很容易地编写出简单的程序。Python 也包含了现代编程语言的许多功能，例如，对数据结构的支持以及面向对象的软件开发这样的高级功能，使开发者能够在需要的时候（比如说在计算机科学的第二门课程里）使用这些功能。

（4）Python 语言具有良好的可交互性。你可以在解释器的提示符窗口里输入表达式和语句，以验证代码，并且会立即收到反馈。你也可以编写较长的代码段，并把它们保存在脚本文件里，以作为模块或作为独立的应用程序加载。

（5）Python 是通用的。在当今的语言环境下，这意味着该语言有可以用在现代应用程序中的相应资源——这些资源包括媒体计算和 Web 服务，等等。

（6）Python 是免费的，并且在业内得到了越来越广泛的使用。你可以在各种设备上直接下载并运行 Python。Python 的用户群体也非常庞大，而你的简历里有 Python 编程方面的专业背景将是一个加分项。

综上所述，Python 是一个既方便又灵活的工具，无论对于初学者还是专家来说，它都可以用来表达计算思想。如果你在第一年里很好地学习了这些想法，那么多半可以轻松过渡到之后课程会用到的其他编程语言。更为重要的是，你会花更少的时间来盯着计算机屏幕，而可以把更多的时间用于思考解决有趣的问题。

本书结构

本书通过循序渐进的方式推进，并且只有在需要的时候才会引入新概念。

第 1 章回顾 Python 编程的相关功能，这是用 Python 学习计算机科学的第二门课程里的编程和解决问题必需的。如果你有丰富的 Python 编程经验，那么可以快速地浏览一遍这一章的内容；如果你是 Python 新手，那么可以通过这部分内容深入了解这门语言。

本书其余部分（第 2～12 章）涵盖通常会包含在计算机科学的第二门课程里的主要主题，特别是抽象数据类型的规范、实现及应用等内容，并且会把多项集类型作为学习的主要工具和重点。在这些内容里，你将全面了解面向对象的编程技术以及好软件的设计要素。本书还涉及计算机科学的第二门课程里其他一些重要的主题，例如数据的递归处理、搜索和排序算法以及软件开发［复杂度分析或用在设计文档里的图形符号（UML）］里会用到的工具。

第 2 章介绍抽象数据类型（Abstract Data Type，ADT）的概念，并且对各种多项集中的抽象数据类型进行概览。

第 3 章和第 4 章介绍实现大部分多项集的数据结构，并且介绍了一些用来进行复杂度分析的工具。第 3 章介绍使用大 O 表示法的复杂度分析。这部分内容包含了很多材料，用搜索和排序算法作为例子，对算法和数据结构的运行时以及内存使用情况进行了简单分析。第 4 章介绍使用数组和线性链接结构的相关细节，这些数据结构用于实现大部分多项集。你将了解支持数组和链接结构的计算机内存的底层模型，以及使用它们所需要面对的时间/空间的权衡等内容。

第 5 章和第 6 章把关注点转移到面向对象设计的原则上。这些原则在后续章节里用于构建多项集类的专家级框架。

第 5 章讨论接口和实现之间的重要差异。开发包多项集的一个接口和多个实现作为展现这些差异的第一个例子。本章会将重点放在接口包含的通用方法上，允许不同类型的多项集在应用程序里进行协作，比如用来创建迭代器的方法。这个通用方法所创建的迭代器能够通过简单的循环来遍历任何一个多项集。本章还会介绍多态以及信息隐藏，这些主题也会通过接口和实现之间的差异表现出来。

第 6 章介绍类的层次结构是如何减少面向对象软件系统里的冗余代码的，还会介绍继承、方法调用的动态绑定以及抽象类的相关概念。这些概念会在后续章节里被反复使用。

在掌握这些概念和原则之后，你就可以开始学习第 7～12 章里其他重要的多项集抽象数据类型了。

第 7～9 章介绍栈、队列以及列表。我们会先从用户的角度进行介绍，以便你能了解所选实现里提供的接口以及一系列性能特征。我们会通过一个或多个应用程序说明每个多项集的用法，然后开发出这个多项集的若干种实现，并分析它们在性能上的权衡。

第 10～12 章介绍更高级的数据结构和算法，以便帮助你过渡到计算机科学里更高阶的课程。第 10 章讨论各种树结构，如二叉查找树、堆和表达式树。第 11 章通过哈希策略研究无序集合、包、集合和字典的实现。第 12 章介绍图和图处理算法。

本书的特色在于呈现一个多项集类的专家级框架。你看到的不会是一系列毫不相关的多项集，而是每个多项集在整体框架里的相应位置。这种方法能够让你了解到多项集类型的共同点以及使用不同多项集类型的原因。同时，你会接触到继承和类的层次结构，而这正是面向对象的软件设计的主题，虽然这些主题是这个级别的课程很少讲解和体现的。

本书特点

本书用大量常见的例子和图表来详细阐述和介绍各个概念，然后再把这些新的概念应用到完整的程序之中，以展示如何用它们来解决各种问题。本书很早就会强调并且持续不断地强化什么是良好的编程习惯以及如何编写简洁易读的文档。

本书还有如下几个重要特点。

（1）**案例研究**——这些案例研究都是完整的 Python 程序，既有简单的，也有复杂的。为了强调软件开发生命周期的重要性和实用性，案例研究部分会涵盖用户需求、案例分析、案例设计、案例实现和测试建议、在每个阶段明确定义的所要完成的任务等内容。有些案例研究会在各章末尾的"编程项目"里得到扩展。

（2）**章节总结**——除了第1章，其他各章都会以对各章重要概念的总结作为结尾。

（3）**关键术语**——引入的新术语将用黑体着重显示。

（4）**复习题**——除第 1 章之外的其他各章都配有复习题。这些复习题通过对本部分的基础知识进行提问来巩固阅读效果。从第 2 章开始，每一章的末尾都有复习题。

（5）**编程项目**——本书各章最后都会给出一些难度不同的编程项目。

第 2 版新增内容

各章开头会列出具体的学习目标，增加了更多用以阐释各种概念的例图，添加并修改了许多编程项目。第 2 章新增了有关迭代器和高阶函数的内容。第 9 章新增了有关类 Lisp 列表、递归列表处理和函数式编程的内容。

配套文件下载

读者可以从 www.epubit.com 下载本书的配套文件。

选用本书作为教材的老师，可通过 contact@epubit.com.cn 申请教学 PPT 和习题解答。

服务与支持

本书由异步社区出品，社区（**https://www.epubit.com/**）为您提供后续服务。

提交勘误

作者和编辑尽最大努力来确保书中内容的准确性，但难免会存在疏漏。欢迎读者将发现的问题反馈给我们，帮助我们提升图书的质量。

读者如果发现错误，请登录异步社区，按书名搜索，进入本书页面，单击"提交勘误"，输入勘误信息，单击"提交"按钮即可（见下图）。本书的作者和编辑会对读者提交的勘误进行审核，确认并接受后，将赠予读者异步社区的 100 积分（积分可用于在异步社区兑换优惠券、样书或奖品）。

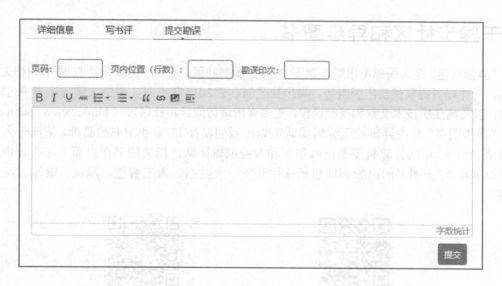

扫码关注本书

扫描下方二维码，读者将在异步社区微信服务号中看到本书信息及相关的服务提示。

与我们联系

我们的联系邮箱是 contact@epubit.com.cn。

如果读者对本书有任何疑问或建议，请发邮件给我们，并请在邮件标题中注明本书书名，以便我们更高效地做出反馈。

如果读者有兴趣出版图书、录制教学视频，或者参与图书翻译、技术审校等工作，可以发邮件给我们；有意出版图书的作者也可以到异步社区在线投稿（直接访问 www.epubit.com/selfpublish/submission 即可）。

如果读者来自学校、培训机构或企业，想批量购买本书或异步社区出版的其他图书，也可以发邮件给我们。

如果读者在网上发现有针对异步社区出品图书的各种形式的盗版行为，包括对图书全部或部分内容的非授权传播，请将怀疑有侵权行为的链接通过邮件发送给我们。读者的这一举动是对作者权益的保护，也是我们持续为广大读者提供有价值的内容的动力之源。

关于异步社区和异步图书

"异步社区"是人民邮电出版社旗下 IT 专业图书社区，致力于出版精品 IT 图书和相关学习产品，为作译者提供优质出版服务。异步社区创办于 2015 年 8 月，提供大量精品 IT 图书和电子书，以及高品质技术文章和视频课程。更多详情请访问异步社区官网 https://www.epubit.com。

"异步图书"是由异步社区编辑团队策划出版的精品 IT 专业图书的品牌，依托于人民邮电出版社近 40 年的计算机图书出版积累和专业编辑团队，相关图书在封面上印有异步图书的 LOGO。异步图书的出版领域包括软件开发、大数据、人工智能、测试、前端、网络技术等。

异步社区

微信服务号

目　　录

第 1 章　Python 编程基础

在完成本章的学习之后，你能够：
- 使用基本的结构编写出一个简单的 Python 程序；
- 掌握简单的输入和输出操作；
- 执行数学运算，例如代数计算以及对数字进行比较；
- 对布尔值进行操作；
- 使用顺序语句、条件语句以及循环所构成的基本结构实现算法；
- 定义函数以构建代码；
- 使用内置的数据结构，例如字符串、文件、列表、元组以及字典；
- 定义那些用来表示新的类型对象的类；
- 通过函数、数据结构、类以及模块的协同合作构建程序。

本章给出了 Python 编程的一个快速概览，旨在帮助 Python 初学者和不熟悉 Python 的人尽快上手，但并不打算全面介绍计算机科学或 Python 编程语言。如果你想更详细地了解如何使用 Python 语言进行编程，那么可以参阅我写的《Python 基础：第一个程序》（*Fundamentals of Python: First Programs*）（Cengage Learning 出版社，2019 年出版）。要了解 Python 编程语言的相关文档，请访问 Python 官方网站。

如果你已经安装了 Python，请在终端提示符窗口运行 "python" 或 "python3" 命令来查看 Python 的版本号（Linux 和 Mac 用户需要先打开终端窗口，Windows 用户需要先打开 DOS 窗口）。我们推荐使用 Python 的最新版本。请登录 Python 官方网站，下载和安装 Python 的最新版本。要运行本书中的程序，你需要使用 Python 3.0 或更高的版本。

1.1　基本程序要素

和所有现代编程语言一样，Python 也有大量的功能和结构，但它是少数几种基本程序要素相当简单的语言之一。本节将介绍使用 Python 编程的一些基础知识。

1.1.1　程序和模块

Python 程序包含一个或多个模块。模块是指包含 Python 源代码的文件，其中可以包含语句、函数的定义以及类的定义。简短的 Python 程序也称为**脚本**（script），通常包含在一个模块之中；较长的或较为复杂的程序，通常包含一个主模块以及一个或多个支持模块。主模块会包含程序执行的起点，支持模块则会包含函数和类的定义。

1.1.2 Python 的示例程序：猜数字

我们来看一个完整的 Python 程序。这是一个和用户玩猜数字游戏的程序。一开始，计算机要求用户输入给定数值范围内所猜数字的最小值和最大值。随后，计算机"思考"出在这个范围之内的一个随机数，并反复要求用户猜测这个数，直到用户猜对为止。用户每次猜测之后，计算机都会给出一个提示，并且会在游戏结束时显示总的猜测次数。这个程序会用到本章稍后部分里将讨论的几种 Python 语句，例如输入语句、输出语句、赋值语句、循环语句和条件语句。这个程序还包含了一个函数的定义。

这个程序的代码如下（代码位于文件 numberguess.py 之中）。

```
"""
Author: Ken Lambert
Plays a game of guess the number with the user.
"""

import random

def main():
    """Inputs the bounds of the range of numbers
    and lets the user guess the computer's number until
    the guess is correct."""
    smaller = int(input("Enter the smaller number: "))
    larger = int(input("Enter the larger number: "))
    myNumber = random.randint(smaller, larger)
    count = 0
    while True:
        count += 1
        userNumber = int(input("Enter your guess: "))
        if userNumber < myNumber:
            print("Too small")
        elif userNumber > myNumber:
            print("Too large")
        else:
            print("You've got it in", count, "tries!")
            break

if __name__ == "__main__":
    main()
```

用户和程序进行某次互动之后的输出如下。

```
Enter the smaller number: 1
Enter the larger number: 32
Enter your guess: 16
Too small
Enter your guess: 24
Too large
Enter your guess: 20
You've got it in 3 tries!
```

实际运行过程中，代码及其输出会显示为黑色、蓝色、橙色和绿色等不同的颜色。Python 的 IDLE 会对代码加以着色，以便让程序员更方便地识别程序元素的各种类型。不同颜色的表示规则详见后续说明。

1.1.3 编辑、编译并运行 Python 程序

对于书里的大多数示例，你都可以通过在终端窗口中输入命令来运行它们的 Python 程序。例如，要运行文件 numberguess.py 里包含的程序，只需在大多数终端窗口中输入如下命令：

```
python3 numberguess.py
```

你可以通过 Python 的 IDLE（Integrated DeveLopment Environment）创建或编辑一个 Python 模块。要启动 IDLE，只需在终端提示符下输入 `idle` 或 `idle3` 命令，抑或通过快捷方式启动它。你也可以通过双击 Python 源代码文件（任何扩展名为.py 的文件）或者右击源代码文件并在弹出的菜单中选择"通过 IDLE 打开或编辑"来启动 IDLE。若要通过双击文件的方式启动 IDLE，则需要确保源代码文件在系统里默认的打开方式已被设置为通过 IDLE 打开（macOS 上这是默认设置，但在 Windows 上不是默认设置）。

IDLE 提供了一个 Shell 窗口，可以交互式地运行 Python 表达式和语句。通过 IDLE，你可以在编辑器窗口和 Shell 窗口之间来回切换，以开发和运行完整的程序。IDLE 还能格式化代码，并对代码进行着色处理。

当你用 IDLE 打开 Python 文件时，文件就会显示在编辑器窗口里，这时 Shell 窗口会作为单独的窗口弹出。要运行文件里的程序，你只需把光标移动到编辑器窗口中，然后按下 F5 键。Python 会在编辑器窗口中编译代码，然后在 Shell 窗口中运行它。

如果遇到 Python 程序没有响应或者无法正常退出的情况，可以按 Ctrl+C 组合键或者关闭 Shell 窗口来终止程序运行。

1.1.4 程序注释

程序注释是指那些会被 Python 编译器忽略的文本，但对于阅读程序的人来说是非常有价值的。Python 中的单行注释以#符号开头，并且直到当前行的末尾结束。在 IDLE 里，注释会显示为红色（本书为黑白印刷，故无法显示）。注释的示例如下：

```
#This is an end-of-line comment.
```

多行注释是用 3 个单引号或 3 个双引号括起来的一个字符串。这样的注释又称为**文档字符串**（docstring），用于对程序的主要结构进行文档化描述。前面给出的 numberguess 程序就包含了两个文档字符串：第一个文档字符串位于程序文件的顶部，用于描述整个 numberguess 模块；第二个文档字符串位于主函数（main）之下，用于描述这个函数做什么事情。尽管文档字符串看上去很简短，但是它们能在 Python 的 Shell 窗口中为程序员提供至关重要的帮助。

1.1.5 词法元素

语言中的词法元素是用于构造语句的一类单词和符号。和所有高级编程语言一样，Python 的一些基本符号也是关键字，例如 if、while 以及 def。这些关键字在 IDLE 里会显示为橙色。词法元素还包括标识符（名称），字面值（数字、字符串和其他内置的数据结构），以及运算符和分隔符（引号、逗号、圆括号、方括号和大括号）。内置的函数名称的

标识符会显示为紫色。

1.1.6 拼写和命名惯例

Python 的关键字和名称是区分大小写的。也就是说，while 是 Python 的关键字，而 While 则是程序员定义的名称。Python 的关键字均以小写字母的方式拼写，并且在 IDLE 窗口中显示为橙色。

Python 内置的函数名称均显示为黑色，但将其作为函数、类或方法名引用时显示为蓝色。名称可以以字母或下划线（_）开头，其后可以接任意数量的字母、下划线或数字。

在本书中，模块、变量、函数和方法的名称都是以小写字母的形式拼写的。除了模块，当这些名称包含多个单词时，那些位于后面的单词的首字母以大写形式拼写。类名遵循相同的惯例，但其首字母都是大写的。另外，如果一个变量名是常量，那么所有字母将大写，并且通过下划线来分隔单词。表 1-1 给出了 Python 命名惯例的一些示例。

表 1-1 Python 命名惯例的一些示例

名称类型	例子
变量	salary、hoursWorked、isAbsent
常数	ABSOLUTE_ZERO、INTEREST_RATE
函数或方法	printResults、cubeRoot、input
类	BankAccount、SortedSet

要尽可能使用能够描述其在程序中所对应角色的名称。通常，变量名应该是名词或形容词（如果它们表示布尔值），而函数和方法名应该是动词（如果它们表示动作）、名词或形容词（如果它们表示返回的值）。

1.1.7 语法元素

一种语言里的语法元素是由词法元素所组成的语句（表达式、语句、定义以及其他结构）的类型。和大多数高级语言不同，Python 用**空白符**（white space character）（空格、制表符或换行符）来表示不同类型的语句的语法。这就是说，缩进和换行符在 Python 代码中是非常重要的。IDLE 这样的智能编辑器有助于实现代码的正确缩进，这让程序员不需要操心用分号隔开句子，或者用花括号来标记语句块。本书的 Python 代码均以 4 个空格作为缩进宽度。

1.1.8 字面值

数字（整数或浮点数）的写法和其他编程语言里的一样。布尔值 True 和 False 是关键字。其他诸如字符串、元组、列表和字典这样的数据结构，也有与之相对应的字面值，参见后续内容。

字符串字面值

你可以用单引号、双引号或者成对的 3 个双引号或 3 个单引号将字符串括起来。最后的这种表示方法对于包含多行文本的字符串来说是很有用的。字符值是指只包含一个字符的字符串。\字符用于将非图形化的字符（例如，换行符\n 和制表符\t，或者\字符本身）进行转义。下面的代码段及其输出展示了各种可能性。

```
print("Using double quotes")
print('Using single quotes')
print("Mentioning the word 'Python' by quoting it")
print("Embedding a\nline break with \\n")
print("""Embedding a
line break with triple quotes""")
```

输出结果如下。

```
Using double quotes
Using single quotes
Mentioning the word 'Python' by quoting it
Embedding a
line break with \n
Embedding a
line break with triple quotes
```

1.1.9 运算符和表达式

Python 里的算术表达式用的是标准运算符（+、-、*、/、%）和中缀表示法。无论操作数是什么数字类型，/运算符都会生成一个浮点数，而//运算符会输出整数形式的商。当这些运算符和多项集[①]（如字符串和列表）一起使用时，+运算符用于连接操作。此外，**运算符用于幂运算。

比较运算符有<、<=、>、>=、==以及!=，用于比较数字或字符串。

==运算符用于比较数据结构里的内容，例如，可以对两个列表进行比较；而 is 运算符则用于比较两个对象的标识是否一致。比较运算符会返回 True 或 False。

逻辑运算符 and、or 和 not 会把 0、None、空字符串以及空列表这样的值视为 False，而把大多数其他 Python 值视为 True。

下标运算符[]会和多项集对象一起使用，这是我们稍后会介绍的。

选择器运算符.用于引用一个模块、类或对象中一个具名的项。

Python 运算符的优先级和其他语言是一样的（依次是选择运算符、函数调用运算符、下标运算符、算术运算符、比较运算符、逻辑运算符和赋值运算符）。括号也和其他语言一样，用于让子表达式更早地予以执行。

**运算符满足右向结合律，而其他运算符满足左向结合律。

1.1.10 函数调用

调用函数的方法和其他语言中的也是一样的，即函数名称后面跟着用括号括起来的参数列表。示例如下：

---

① 这里的"多项集"即 collection，取自 Python 官方文档的说法。collection 在计算机领域意指所有能够包含元素的数据结构。——译者注

```
min(5, 2)     # Returns 2
```

Python 提供了一些标准函数，例如 abs 和 round。你也可以从模块里导入其他函数。

1.1.11　print 函数

标准输出函数 print 会将其参数显示到控制台。这个函数支持使用可变数量的参数。**Python** 会自动为每个参数运行 str 函数，以获取其字符串表示，并且在输出之前用空格把每个字符串隔开。默认情况下，print 会以换行符作为结束。

1.1.12　input 函数

标准输入函数 input 会一直等待用户通过键盘输入文本。当用户按下回车键时，这个函数将返回一个包含所有输入字符的字符串。这个函数接受一个可选的字符串作为其参数，并且会不换行地打印出这个字符串，以提示用户进行输入。

1.1.13　类型转换函数和混合模式操作

你可以把一些数据类型名称当作类型转换函数使用。例如，当用户在键盘上输入一个数字时，input 函数返回这个数字的字符串形式，而不是这个数字本身。程序必须先把这个字符串转换为 int 类型或 float 类型，然后才能进行数字处理。下面这段代码先要求用户输入圆的半径，然后把这个字符串转换为 float 类型，最后计算并输出圆的面积。

```
radius = float(input("Radius: "))
print("The area is", 3.14 * radius ** 2)
```

和大多数其他编程语言一样，**Python** 允许算术表达式中的操作数具有不同的数值类型。在这种情况下，返回的结果类型会和操作数里最通用的类型相同。例如，把 int 类型的操作数和 float 类型的操作数相加，会得到 float 类型的数。

1.1.14　可选和关键字函数参数

函数支持可选参数，因此在调用函数时，可以使用关键字对参数进行命名。例如，print 函数默认在其要显示的参数后输出换行符。为了不产生新行，你可以把可选参数 end 赋值为一个空字符串，如下所示。

```
print("The cursor will stay on this line, at the end", end = "")
```

必选参数是没有默认值的；可选参数有默认值，并且在通过关键字使用它们时，只要它们处于必选参数之后，就可以按照任何顺序进行传递。

例如，标准函数 round 预期会有一个必选参数——这个参数是一个需要被四舍五入的数字；除此之外，还可以用第二个可选参数来对精度进行确认。当省略第二个参数时，这个函数会返回最接近的整数（int 类型）；而当包含第二个参数时，这个函数会返回一个浮点数（float 类型）。示例如下。

```
>>> round(3.15)
3
```

```
>>> round(3.15, 1)
3.2
```

通常，在调用函数时，传递给它的参数数量必须至少和必选参数的数量相同。

注意：标准函数和 Python 的库函数在调用时都会对传入的参数进行类型检查。由程序员定义的函数则可以接收任何类型的参数，包括函数和类型本身。

1.1.15 变量和赋值语句

Python 中的变量是通过赋值语句引入的，例如：

```
PI = 3.1416
```

上述代码把变量 PI 的值设为 3.1416。简单赋值语句的语法如下：

```
<identifier> = <expression>
```

也可以像下面这样，在一个赋值语句里，同时引入多个变量：

```
minValue, maxValue = 1, 100
```

因此，如果要交换变量 a 和 b 的值，就可以这样写：

```
a, b = b, a
```

赋值语句必须写在一行代码里，但是可以在逗号、圆括号、花括号或方括号之后换行。在没有这些分隔符号的情况下，还有一种实现语句换行的方法：用一个转义符\结束这一行代码。一般来说，采用这种方法时，这个符号会被放在表达式里的运算符之前或之后。如下示例在实际编写时并不需要换行：

```
minValue = min(100,
               200)
product = max(100, 200) \
          * 30
```

当你在逗号或转义符之后按回车键时，IDLE 会自动缩进下一行代码。

1.1.16 Python 的数据类型

在 **Python** 里，变量都可以被指定为任何类型的值。这些变量并不是像其他语言那样被声明为特定的类型，而只是被赋了一个值。

因此，在 Python 程序里，几乎永远都不会出现数据类型的名称。但是，值和对象都是有类型的，这些类型在表达式里作为操作数进行运算时，会在运行时进行类型检查，因此类型错误还是会被发现。只是相对来说，程序员在编写代码时不用对数据类型进行太多的关注。

1.1.17 import 语句

import 语句使得另一个模块中的标识符可以被一个程序所见到。这些标识符可能是对象名、函数名或类名。有几种方式可以表示一条 import 语句。最简单的方式是，导入一个模块名称，例如：

```
import math
```

这使得在 math 模块中定义的任何名称，在当前的模块中都可以通过 math.<name> 形式的语法而变得可用。因此，math.sqrt(2)将返回2的平方根。

另一种导入的形式是，直接使用名称进入导入，这样一来，就可以不带模块名作为前缀而直接使用该名称了：

```
from math import sqrt
print(sqrt(2))
```

还可以通过列出几个单独的名称来导入它们：

```
from math import pi, sqrt
print(sqrt(2) * pi)
```

也可以使用*运算符导入一个模块中的所有名称，但是我们并不认为这是好的做法。

1.1.18　获取关于程序组件的帮助

尽管 Python 的官方网站给出了关于 Python 语言的完整文档，但是在 Python 的 Shell 窗口中也可以快速获取和语言大部分组成相关的帮助信息。要访问这样的帮助信息，只需在 Shell 提示符中输入名为 help(<component>) 的函数，其中的<component>是模块、数据类型、函数或方法的名称。例如，调用 help(abs) 和 (math.sqrt) 分别会显示 abs 和 math.sqrt 函数的文档。调用help(int) 和 help(math) 将分别显示 int 类型和 math 模块中所有操作的文档。

注意，如果一个模块并非在 Shell 窗口启动时 Python 将要加载的内置模块，程序员必须先导入模块，然后才能查找相关的帮助信息。例如，Shell 窗口中的如下会话将显示本章前面所介绍的 numberguess 程序的文档：

```
>>> import numberguess
>>> help(numberguess)
Help on module numberguess:

NAME
    numberguess

DESCRIPTION
    Author: Ken Lambert
    Plays a game of guess the number with the user.

FUNCTIONS
    main()
        Inputs the bounds of the range of numbers,
        and lets the user guess the computer's number until
        the guess is correct.

FILE
    /Users/ken/Documents/CS2Python/Chapters/Chapter1/numberguess.py
```

1.2　控制语句

Python 包含了针对顺序、条件执行和迭代等情况的常见的各种控制语句。语句的序列是一组连续编写的语句。序列中的每一条语句必须以相同的缩进开始。本节将介绍条件执行和迭代的控制语句。

1.2.1 条件语句

Python 条件语句的结构和其他语言中的类似，即通过关键字 if、elif 和 else 以及冒号和缩进来实现。

单向 if 语句的语法如下：

```
if <Boolean expression>:
    <sequence of statements>
```

正如前面提到的，**布尔表达式**（boolean expression）可以是任意的 Python 值，其中的一些值被当作 False，另一些值被当作 True。如果布尔表达式为 True，就运行该语句序列；否则，什么也不会发生。语句序列（一条或多条语句）必须至少按照一个空格或制表符（通常一个制表符是 4 个空格）来缩进或对齐。冒号是唯一的分隔符，如果序列中只有一条语句，它可以紧跟在同一行的冒号之后。

双向 if 语句的语法如下：

```
if <Boolean expression>:
    <sequence of statements>
else:
    <sequence of statements>
```

注意缩进和关键字 else 后面的冒号。在这种用法下，只有一个序列将被运行。如果布尔表达式为 True，那么第一个序列会被运行；如果布尔表达式为 False，那么第二个序列将被运行。

多向 if 语句的语法如下：

```
if <Boolean expression>:
    <sequence of statements>
elif <Boolean expression>:
    <sequence of statements>
...
else:
    <sequence of statements>
```

多向 if 语句也只会运行一个语句序列。多向 if 语句会包含一个或多个不同的布尔表达式，除了第一个布尔表达式，其他布尔表达式都会被写在关键字 elif 之后。在这种用法里，最后一个 else:分支是可以省略的。

下面的示例是比较两个数的大小的问题，并输出正确的答案：

```
if x > y:
    print("x is greater than y")
elif x < y:
    print("x is less than y")
else:
    print("x is equal to y")
```

1.2.2 使用 if __name__ == "__main__"

前面讨论的 numberguess 程序包含了一个 main 函数的定义和如下的 if 语句：

```
if __name__ == "__main__":
    main()
```

上述 if 语句的作用是，允许程序员要么将模块当作一个独立的程序运行，要么从 Shell 窗口或另一个模块中导入它。其工作方式为：每个 Python 模块都包含一组内建的模块变量，当加载该模块时，Python 虚拟机会自动为这些变量赋值。

如果该模块是作为一个独立的程序加载（要么从一个终端提示符运行它，要么从一个 IDLE 窗口加载它）的，该模块的_name_变量会设置为字符串"_main_"；否则，这个变量会设置为模块的名称，在这个例子中，也就是"numberguess"。不管怎么样，该变量的赋值都会在模块中的任何代码加载之前完成。因此，当执行到模块末尾的 if 语句时，只有模块作为一个独立的程序启动，才会调用模块的 main 函数。

在开发独立的程序模块时，if _name_ == "_main_"这样的习惯用法很有用，因为这使得程序员只要把模块导入 Shell 窗口中就可以看到其相关帮助文档。同样，程序员在 IDLE 中进行模块开发时，可以在模块中用这一方法来编写和运行测试工具函数。

1.2.3　循环语句

Python 的 while 循环语句的结构和其他语言也是类似的。其语法如下。

```
while <Boolean expression>:
    <sequence of statements>
```

下面的示例展示了如何计算从 1 到 10 的乘积并输出结果。

```
product = 1
value = 1
while value <= 10:
    product *= value
    value += 1
print(product)
```

注意，这里使用了扩展的赋值运算符*=。product *= value 这行代码等价于如下的代码。

```
product = product * value
```

Python 中的 for 循环语句可以用于在值的序列上进行更简洁的迭代。这条语句的语法如下。

```
for <variable> in <iterable object>:
    <sequence of statements>
```

当运行这个循环时，可迭代对象（iterable object）中的每一个值都被赋给循环变量，并且把这个值应用在其后面的语句序列里。可迭代对象的示例是字符串和列表。下面的代码使用了 Python 的 range 函数，返回整数的一个可迭代的序列，可以计算前面示例中的乘积。

```
product = 1
for value in range(1, 11):
    product *= value
print(product)
```

　　Python 程序员通常更喜欢用 for 循环来迭代确定范围的值或值的序列。如果继续循环的条件是某个布尔表达式，那么程序员会使用 while 循环。

1.3　字符串及其运算

　　和其他语言一样，Python 中的字符串也是一个复合对象，它包含了其他对象，也就是字符。然而，Python 中的每个字符本身也是包含单个字符的字符串，并且在字面上也采用了和字符串相似的方式来表示。Python 的字符串类型名为 str，其中包含了很多的运算，其中一些将在本节加以介绍。

1.3.1　运算符

　　使用比较运算符来比较字符串，是按照 ASCII 码的顺序比较两个字符串中每个位置的字符对。因此，'a'会小于'b'，但'A'也会小于'a'。注意，在本书中，我们把单字符的字符串用单引号括起来，把多字符的字符串用双引号括起来。

　　+运算符将生成并返回一个包含两个操作数的新字符串。

　　在下标运算符最简单的形式中，它期待范围是从 0 到字符串的长度减去 1 的一个整数。该运算符返回在字符串中该位置的字符，因此会有：

```
"greater"[0]        # Returns 'g'
```

　　尽管字符串索引不能超过其长度减去 1，但是允许出现负的索引。如果索引为负值，Python 会把这个值和字符串的长度相加，以确定要返回的字符的位置。在这种情况下，所给出的负的索引值不得小于字符串长度的负值。

　　字符串是不可变的，也就是说，一旦创建了字符串，就不能更改其内部的内容。因此，不能使用下标运算符来替换字符串中一个给定位置的字符。

　　下标运算符有一种名为**切片运算符**（slice operator）的变体，可以用来获取字符串里的子字符串。切片运算符的语法如下：

```
<a string>[<lower>:<upper>]
```

　　如果给出了<lower>（低索引），这个值的范围应当是从 0 到字符串的长度减去 1 的整数；如果给出了<upper>（高索引），这个值的范围是从 0 到字符串的长度的整数。

　　如果省略这两个值，那么切片运算符会返回整个字符串。但是，如果省略第一个值，那么切片运算符将返回一个以当前字符串的第一个字符作为开头的子字符串；如果省略第二个值，那么切片运算符将返回一个以当前字符串的最后一个字符作为结尾的子字符串。对于其他情况，切片运算符都会返回这样一个子字符串：这个子字符串会从低索引处的字符开始，到高索引减 1 的位置作为结束。

　　下面是切片运算符的一些示例：

```
"greater"[:]        # Returns "greater"
"greater"[2:]       # Returns "eater"
"greater"[:2]       # Returns "gr"
```

```
"greater"[2:5]   # Returns "eat"
```

你可以尝试在 Python 的 Shell 窗口中使用切片运算符，以进一步了解它的用法。

1.3.2 格式化字符串以便输出

许多关于数据处理的应用程序需要有表格形式的输出。在这种格式下，数字和其他信息在列里可以左、右对齐。如果一列数据以最左边的字符进行垂直对齐，则为左对齐；如果一列数据以最右边的字符进行垂直对齐，则为右对齐。为了保持数据列之间的距离，在左对齐的情况下，需要在基准线的右侧添加空格，而在右对齐的情况下，需要在基准线的左侧添加空格。如果某列中数据两侧的空格数相等，这一列就是居中对齐。

格式化字符串里的数据字符以及满足给定基准线的附加空格的总数称为它的**字段宽度**（field width）。

print 函数会在遇到第一列时自动开始打印输出基准线。在下面的示例中，它展示了如何用 print 语句来生成两列的格式，即输出指数（7～10）及其对应的值（10^7～10^{10}）：

```
>>> for exponent in range(7, 11):
        print(exponent, 10 ** exponent)
7 10000000
8 100000000
9 1000000000
10 10000000000
```

需要注意的是，如果指数为 10，第二列的输出将后移一个空格，会显得有点参差不齐。如果让左边这一列数据左对齐，让右边这一列数据右对齐，那么输出的结果看上去会更整洁。当对浮点数进行格式化输出时，需要指定想要显示的精度的位数以及相应的字段宽度。这一点在显示需要精确到两位数的财务数据时显得尤其重要。

Python 包含一种通用的格式化机制。这种机制能够让程序员为不同类型的数据指定相同的字段宽度。下面的示例展示了如何在字段宽度为 6 的情况下，对字符串"four"进行左对齐和右对齐：

```
>>> "%6s" % "four"      # Right justify
' four'
>>> "%-6s" % "four"     # Left justify
'four '
```

第一行代码通过在字符串的左侧填充两个空格对它进行右对齐；第二行代码则通过在字符串的右边填充两个空格进行左对齐。

这种运算最简单的形式如下所示：

```
<format string> % <datum>
```

这个版本包含了格式字符串、格式运算符%以及需要被格式化的单个数据值。格式化字符串可以包括字符串数据以及和数据格式相关的其他信息。要格式化后面的字符串数据值，可以在格式字符串里使用%<field width>s 表示法。当字段宽度为正时，数据是右对齐的；当字段宽度为负时，数据是左对齐的。如果字段宽度小于或等于字符中的数据的打印长度，将不添加对齐信息。%运算符会用格式字符串里的信息来构建并返回一个格式化之后的字符串。

要格式化整数，使用字母 d 而不是 s。然而要格式化一个序列的数据值，需要构建一个格式化字符串，其中包含了针对每个数据的一个格式化代码，并且把所有数据值放在 % 运算符之后的元组之中。于是，就有了这个操作的另一个版本的代码：

```
<format string> % (<datum-1>, …, <datum-n>)
```

通过格式化运算，10 的幂指数的循环可以把数字显示在对齐的列里了。第一列在宽度为 3 的一个字段中左对齐，第二列在一个宽度为 12 的字段中右对齐。

```
>>> for exponent in range(7, 11):
        print("%-3d%12d" % (exponent, 10 ** exponent))
7        10000000
8       100000000
9      1000000000
10    10000000000
```

对于 float 类型的数据值来说，它的格式信息如下：

```
%<field width>.<precision>f
```

其中，.<precision>这一部分是可选的。下面这个交互式示例展示了浮点数在使用了格式字符串和没有使用格式字符串这两种情况下的输出：

```
>>> salary = 100.00
>>> print("Your salary is $" + str(salary))
Your salary is $100.0
>>> print("Your salary is $%0.2f" % salary)
Your salary is $100.00
```

下面是另一个使用格式字符串的小示例，它被用来以字段宽度为 6、精度为 3 对浮点值 3.14 进行格式化：

```
>>> "%6.3f" % 3.14
' 3.140'
```

注意，Python 给数字字符串添加了一个精度位数，并且其左侧填充空格，从而实现了字段宽度为 6、精度为 3 的设置。这个宽度包含小数点后所占据的位置。

1.3.3 对象和方法调用

除了标准的运算符和函数，Python 还包含了大量的可以操作对象的方法。和函数类似，方法也接收参数，执行任务并且返回相应的值。不同之处在于，方法的调用总是关联在对象上。调用方法的语法如下：

```
<object>.<method name>(<list of arguments>)
```

下面是一些对字符串进行方法调用的示例：

```
"greater".isupper()              # Returns False
"greater".upper()                # Returns "GREATER"
"greater".startswith("great")    # Returns True
```

如果运行一些对象无法识别的方法，Python 会引发异常并且暂停当前程序。要想知道对象所支持的方法集，可以在 Python 的 Shell 窗口里，把这个对象的类型作为参数来运行 Python 的 dir 函数。例如，dir(str) 会返回一个字符串对象所支持的方法名称，运行 help(str.upper)，则会输出和 str.upper 方法用法相关的文档。

对于有些方法名，例如 __add__ 和 __len__，当 Python 看到一个对象和某种运算符或函数一起使用的时候，就会运行这些方法，例如：

```
len("greater")        # Is equivalent to "greater".__len__()
"great" + "er"        # Is equivalent to "great".__add__("er")
"e" in "great"        # Is equivalent to "great".__contains__("e")
```

我们建议读者通过 dir 和 help 函数来进一步研究 str 类型的各个方法。

1.4 Python 内置的多项集及其操作

现代编程语言都会包含若干种（如列表这样的）多项集类型。这些多项集能够让程序员对多个数据值进行组织并且进行统一的操作。本节将探讨 Python 内置的多项集。后续章节部分则探讨如何向语言里添加新的多项集类型。

1.4.1 列表

列表（list）是零个或多个 Python 对象的一个序列，这些对象通常称为**项**（item）。列表的表现形式是：用方括号括起整个列表，并用逗号分隔元素，如下所示。

```
[]                              # An empty list
["greater"]                     # A list of one string
["greater", "less"]             # A list of two strings
["greater", "less", 10]         # A list of two strings and an int
["greater", ["less", 10]]       # A list with a nested list
```

和字符串类似，列表也可以通过标准运算符执行切片以及连接操作。不同之处在于，在这种情况下，返回的结果也是列表。和字符串不同，列表是可变的，这意味着，可以替换、插入或删除列表中所包含的项。这一功能带来两个和字符串的不同：首先，切片和连接运算符所返回的列表是新的列表，而不是最初列表的一部分；其次，list 类型包含了几个叫作变异器（mutator）的方法，用于修改列表的结构。可以在 Python 的 Shell 窗口里输入 dir(list) 来查看这些方法。

最常用的列表变异器方法是 append、insert、pop、remove 和 sort。下面是使用这些方法的一些示例。

```
testList = []                   # testList is []
testList.append(34)             # testList is [34]
testList.append(22)             # testList is [34, 22]
testList.sort()                 # testList is [22, 34]
testList.pop()                  # Returns 22; testList is [34]
testList.insert(0, 22)          # testList is [22, 34]
testList.insert(1, 55)          # testList is [22, 55, 34]
testList.pop(1)                 # Returns 55; testList is [22, 34]
```

```
testList.remove(22)          # testList is [34]
testList.remove(55)          # raises ValueError
```

字符串的 `split` 方法会从字符串里分离出一个单词列表，而 `join` 方法会把单词列表连在一起从而形成字符串，如下所示：

```
"Python is cool".split()          # Returns ['Python', 'is', 'cool']
" ".join(["Python", "is", "cool"])          # Returns 'Python is cool'
```

我们鼓励你使用 `dir` 和 `help` 函数来对列表的各个方法进行探索。

1.4.2 元组

元组（tuple）是一个不可变的元素序列。其形式是用圆括号将各项括起来，并且必须至少包含两个项。元组实际上就像列表一样，只不过它没有变异器方法。但是，如果要使元组只包含一个元素，则必须在元组里包含逗号，如下所示：

```
>>> (34)
34

>>> (34,)
(34)
```

可以看到，Python 把第一个表达式 `(34)` 当作用括号括起来的整数，而第二个表达式 `(34,)` 则被视为只有一个元素的新元组。要了解元组所支持的各个方法，请在 Python 的 Shell 窗口里运行 `dir(tuple)` 命令。

1.4.3 遍历整个序列

`for` 循环可以用来遍历序列（如字符串、列表或元组）里的所有元素，例如，下面这段代码会把列表里的所有元素打印出来：

```
testList = [67, 100, 22]
for item in testList:
    print(item)
```

`for` 循环的遍历和基于索引遍历列表是等效的，但会显得更简单。基于索引遍历列表的代码如下：

```
testList = [67, 100, 22]
for index in range(len(testList)):
    print(testList[index])
```

1.4.4 字典

字典（dictionary）包含零个或多个条目。每个条目（entry）都有唯一的键和它所对应的值相关联。键通常是字符串或整数，而值是任意的 Python 对象。

字典的表现形式是把键值条目括在一组大括号里，如下所示：

```
{}                                     # An empty dictionary
{"name":"Ken"}                         # One entry
{"name":"Ken", "age":67}               # Two entries
{"hobbies":["reading", "running"]}     # One entry, value is a list
```

下标运算符可以用于访问一个给定键的值，给一个新键添加一个值，以及替换给定键的值。pop 方法会删除一个条目并返回给定键所对应的值。keys 方法会把所有键返回成一个可迭代对象；而 values 方法会把所有值返回成一个可迭代对象。和列表类似，字典本身也是一个可迭代对象，但是 for 循环会在字典的键上进行迭代。下面这段代码会打印出一个小字典里的所有键：

```
>>> for key in {"name":"Ken", "age":67}:
    print(key)
name
age
```

你可以在 Python 的 Shell 窗口里使用 dir 和 help 函数研究字典的方法，并且对字典及其操作进行尝试。

1.4.5　搜索一个值

程序员可以在字符串列表、元组或字典里通过 in 运算符来对值或多项集进行搜索。整个运算符会返回 True 或 False。对于字典来说，搜索的目标值应该是一个键。

如果已知给定值存在于序列（字符串、列表或元组）里，那么 index 方法将返回这个值所出现的第一个位置。

对于字典而言，方法 get 和 pop 都有两个参数：键和默认值。当搜索失败时，这两个方法返回默认值；当搜索成功时，这两个方法返回键所对应的值。

1.4.6　通过模式匹配来访问多项集

下标运算符可以用来访问列表、元组和字典里的元素，但是通常来说，你可以通过模式匹配更方便地、一次性地访问多个元素。例如，颜色选择对话框返回的值就是一个包含两个元素的元组。当用户选择了颜色之后，元组的第一项是一个由 3 个数字组成的嵌套元组，第二项是一个字符串。因此，外层元组的形式就是 ((<r>, <g>, <b>), <string>)。为了能够进一步处理这些数据，你可以把 3 个数字分配给 3 个不同的变量，再把字符串分配给第四个变量。下面这段代码通过 colorTuple 的下标运算符完成了这些处理操作，并且为返回值都取了相应的名字：

```
rgbTuple = colorTuple[0]
hexString = colorTuple[1]
r = rgbTuple[0]
g = rgbTuple[1]
b = rgbTuple[2]
```

模式匹配可以把一个结构分配给形式完全相同的另一个结构。这里的目标结构所包含的变量从源结构里的相应位置处获得对应的值。接下来，你就可以使用这些变量进行后续的处理了。因此，使用模式匹配，你就可以在一行代码里完成上面代码完成的全部功能，如下所示：

```
((r, g, b), hexString) = colorTuple
```

1.5 创建新函数

尽管 Python 是一种面向对象的编程语言，但它也包含了很多内置函数，并且允许程序员创建新的函数。这些新函数可以使用递归，还可以把函数作为数据进行传递和返回。因此，Python 允许程序员用一种完全函数式的编程样式来设计解决方案。本节将介绍一些相关的理念。

1.5.1 函数定义

Python 里定义函数的语法如下。

```
def <function name>(<list of parameters>):
    <sequence of statements>
```

命名函数名称和参数名称的规则与惯例与命名变量的是相同的。必选参数的列表可以为空，也可以包含用逗号隔开的名称。在这里，和其他编程语言不同的是，这些参数名称或函数名称本身并不会和数据类型进行关联。

下面是一个简单函数的定义，它可以计算并返回一个数的平方。

```
def square(n):
    """Returns the square of n."""
    result = n ** 2
    return result
```

可以看到，在函数的标题下有一行用三引号括起来的字符串，这是一个**文档字符串**（docstring）。这个字符串就像函数里的注释一样，当用户在 Python 的 Shell 窗口里输入 help(square) 时，也会显示这个字符串。你所定义的每一个函数里都应该有这样的文档字符串，以说明这个函数的功能，并提供相关的所有参数以及返回值的信息。

函数可以引入名为**临时变量**（temporary variable）的新变量。在函数 square 里，n 是参数，而 result 就是临时变量。函数的参数和临时变量只会在函数调用的生存周期内存在，并且对其他函数及其外围程序都是不可见的。因此，就算几个不同的函数使用了相同的参数名和变量名，也不会发生冲突。

当一个函数不包含 return 语句时，它将在最后一条语句执行之后自动返回 None 值。

在模块中，你可以按照任意顺序定义函数，只要在编译它的定义之前没有执行这些函数即可。在下面这个示例里，模块的开头部分就有一次非法的函数调用。

```
first()                 # Raises a NameError (function undefined yet)

def first():
    print("Calling first.")
    second()   # Not an error, because not actually
               # called until after second is defined

def second():
    print("Calling second.")

first()        # Here is where the call of first should go
```

当 Python 运行第一行代码时，`first` 函数还没有被定义，因此会引发异常。如果在这一行的开头放一个注释符 #，然后再次运行这段代码，那么整个程序都会正常运行。在这种情况下，即使在定义 `second` 函数之前就调用了它，实际上也要等到 `first` 函数被定义了之后才会真正调用它。

你可以用 `<parameter name> = <default value>` 这样的语法把参数指定为有默认值的可选参数。在参数列表中，必选参数（没有默认值的参数）必须位于可选参数之前。

1.5.2 递归函数

递归函数（recursive function）是指会调用自身的函数。为了防止函数无限地重复调用自身，代码中必须至少有一条选择语句。这条用来查验条件的语句被称为**基本情况**（base case），用于确定接下来要继续递归还是停止递归。

让我们看看怎样把一个迭代算法转换成一个递归函数。下面是 `displayRange` 函数的定义，它会打印出从下限到上限的所有数字：

```
def displayRange(lower, upper):
    """Outputs the numbers from lower to upper."""
    while lower <= upper:
        print(lower)
        lower = lower + 1
```

如何将这个函数转换为递归函数呢？首先，需要注意如下两点重要的情况。

● `lower <= upper` 时，循环的主体会继续执行。

● 执行这个函数时，`lower` 会不断地加 1，但是 `upper` 不会有任何改变。

等价的递归函数可以执行类似的基本操作，区别在于：循环被替换成了 `if` 语句；赋值语句被替换成了函数的递归调用。修改后的代码如下：

```
def displayRange(lower, upper):
    """Outputs the numbers from lower to upper."""
    if lower <= upper:
        print(lower)
        displayRange(lower + 1, upper)
```

尽管这两个函数的语法和设计是不一样的，但是它们执行的算法过程相同。递归函数的每次调用都像在迭代版本函数里的循环一样，每次都会访问整个序列里的下一个数。

通常来说，递归函数至少有一个参数。这个参数的值会被用来对递归过程的基本情况进行判定，从而决定是否要结束整个调用。在每次递归调用之前，这个值也会被进行某种方式的修改。每次对这个值的修改，都应该产生一个新数据值，可以让函数最终达到基本情况。在 `displayRange` 这个示例里，每次递归调用之前都会增加参数 `lower` 的值，从而让它最终能够超过参数 `upper` 的值。

接下来的示例是一个可以构建并且返回数值的递归函数。Python 内置的 `sum` 函数会接收一个包含数字的多项集，并且返回它们的总和。本例中的这个函数会返回从下限到上限的数字之和。如果 `lower` 大于 `upper`，那么 `ourSum` 递归函数将返回 0（基本情况）；否则，这个函数会把 `lower` 加到以 `lower+1` 和 `upper` 为参数的 `ourSum` 函数的结果里，再返回这个最终结果。下面是这个函数的代码。

```
def ourSum(lower, upper):
    """Returns the sum of the numbers from lower thru upper."""
    if lower > upper:
        return 0
    else:
        return lower + ourSum(lower + 1, upper)
```

可以看到，ourSum 函数的递归调用会把从 lower + 1 到 upper 的数字进行相加，然后再把这个结果和 lower 相加并返回它。

要想更好地理解递归的工作流程，优选方法是跟踪递归调用。例如，为了对 ourSum 函数的递归版本进行跟踪，你可以添加一个代表缩进边距的参数并且添加一些 print 语句。这样在每次调用时，函数的第一条语句会计算缩进数量，然后在打印两个参数的值以及每次返回调用之前的返回值时都使用相同的缩进。这样就可以对两个参数的值以及每次调用的返回值进行跟踪了。下面是相应的代码以及它的交互式会话的结果。

```
def ourSum(lower, upper, margin = 0):
    """Returns the sum of the numbers from lower to upper,
    and outputs a trace of the arguments and return values
    on each call."""
    blanks = " " * margin
    print(blanks, lower, upper)              # Print the arguments
    if lower > upper:
        print(blanks, 0)                     # Print the returned value
        return 0
    else:
        result = lower + ourSum(lower + 1, upper, margin + 4)
        print(blanks, result)                # Print the returned value
        return result
```

交互式的结果如下。

```
>>> ourSum(1, 4)
1 4
   2 4
      3 4
         4 4
            5 4
            0
            4
         7
   9
10
10
```

从结果可以看出，随着对 ourSum 调用的进行，参数会不断向右缩进。注意，每次调用时，lower 的值都增加 1，而 upper 的值始终保持不变。对 ourSum 的最后一次调用返回 0。随着递归的返回，所返回的每个值都与其上面的值对齐，并且会增加上 lower 的当前值。这样的跟踪，对于递归函数来说，是非常有用的调试工具。

1.5.3 函数的嵌套定义

函数的定义是可以嵌套在一个函数的语句序列里的。下面这段代码是 factorial（阶乘）递归函数的两个不同的定义。其中，第一个定义使用了嵌套的辅助函数来对所需要的参数进行递归；第二个定义则是为第二个参数提供了默认值，从而简化了设计。

```
# First definition
def factorial(n):
    """Returns the factorial of n."""

    def recurse(n, product):
        """Helper function to compute factorial."""
        if n == 1: return product
        else: return recurse(n - 1, n * product)

    return recurse(n, 1)

# Second definition
def factorial(n, product = 1):
    """Returns the factorial of n."""
    if n == 1: return product
    else: return factorial(n - 1, n * product)
```

1.5.4　高阶函数

在 Python 里，函数本身也是一种独特的数据对象。也就是说，你可以把它们赋给变量、存储在数据结构里、作为参数传递给其他函数以及作为其他函数的值返回。因此，我们这样来定义**高阶函数**（higher-order function）：它接收另一个函数作为参数，并且以某种方式应用该函数。Python 有两个内置的高阶函数，分别是 map 和 filter，它们可以用于处理可迭代对象。

如果你要把一个整数列表转换成另一个包含这些整数的字符串形式的列表，那么可以像下面这个示例这样，通过循环遍历每一个整数将其转换成字符串，再把这个字符串添加到新的列表里：

```
newList = []
for number in oldList: newList.append(str(number))
```

除了这种方法，你还可以使用 map 函数。这个函数会接收另一个函数和一个可迭代对象作为参数，然后返回另一个可迭代对象。这个函数会把作为参数传递的函数应用在可迭代对象里的每个元素上。简单来说，map 函数会对可迭代对象里的每个元素进行转换。因此，下面的代码

```
map(str, oldList)
```

创建了包含字符串的可迭代对象，而代码

```
newList = list(map(str, oldList))
```

则会基于这个新创建出来的可迭代对象构建一个新列表。

假设你想从考试分数的一个列表中删除所有零分，只需使用下面这个循环语句：

```
newList = []
for number in oldList:
    if number > 0: newList.append(number)
```

当然，你也可以使用 filter 函数完成这个操作。这个函数的参数是一个布尔函数以及一个可迭代对象。filter 函数会返回这样一个可迭代对象，它的每一个元素都会被传递

给布尔函数,如果这个函数返回 True,那么这个元素将被保留在返回的可迭代对象里;否则,这个元素将被删除。简单来说,filter 函数会把所有能够通过检验的元素保留在可迭代对象里。因此,如果程序员已经定义布尔函数 isPositive(判断是否为正数),那么下面这段代码

```
filter(isPositive, oldList)
```

将创建一个不包含任何零分的可迭代对象,而代码

```
newList = list(filter(isPositive, oldList))
```

则会基于这个新创建出来的可迭代对象创建一个新列表。

1.5.5 使用 lambda 表达式创建匿名函数

程序员可以通过动态创建一个匿名函数来传递给 map 或是 filter 函数,从而避免定义只用一次的辅助函数(如 isPositive)。要创建这些匿名函数,可以使用 **Python** 的 lambda 表达式来实现。lambda 表达式的语法如下所示。

```
lambda <argument list> : <expression>
```

有一点需要注意的是,lambda 表达式不能像其他 **Python** 函数那样包含一整个语句序列。下面这段代码

```
newList = list(filter(lambda number: number > 0, oldList))
```

就通过使用匿名的布尔函数来从成绩列表里剔除所有成绩为零的元素。

另一个高阶函数 functools.reduce 通过把接收两个参数的函数的结果以及迭代对象的下一个元素再次应用于这个接收两个参数的函数,来把可迭代对象计算成单一的值。因此,前面通过 for 循环来计算数字序列乘积的逻辑也可以写作:

```
import functools
product = functools.reduce(lambda x, y: x * y, range(1, 11))
```

1.6 捕获异常

如果 **Python** 虚拟机在程序执行期间遇到了语义错误,则会得到相应的错误消息,从而引发一个异常并且暂停程序。语义错误的一些简单示例包括未定义的变量名、除以 0 以及超出列表范围的索引等。这些错误对于程序员来说是一件好事,因为程序员可以对这些代码进行修正,从而得到更好的程序。但是,某些错误(例如,期望输入数字的时候输入了其他字符)是由用户引起的。对于在这些情况下产生的异常,程序不应该停止执行,而应该对这些异常进行捕获,并且允许用户修正错误。

Python 提供了 try-except 语句,可以让程序捕获异常并执行相应的恢复操作。这个语句最简单形式的语法如下。

```
try:
    <statements>
```

```
except <exception type>:
    <statements>
```

运行上述语句时，`try` 子句中的语句将先被执行。如果这些语句中的一条引发了异常，那么控制权会立即转移到 `except` 子句去。如果引发的异常类型和这个子句里的类型一致，那么会执行它里面的语句；否则，将转移到 `try-except` 语句的调用者，并基于调用链向上传递，直到这个异常被成功捕获，或者是程序因错误消息而停止执行。如果 `try` 子句里的语句没有引发任何异常，那么会跳过 `except` 子句并继续执行，直到 `try-except` 语句的末尾。

通常来说，如果你知道当前情况下可能会发生的异常类型，就应该在这个语句里包括它。如果不知道异常的类型，那么可以用更通用的 `Exception` 类型匹配可能会引发的任何异常。

在下面这个示例里，程序定义了一个名为 `safeIntegerInput` 的递归函数。这个函数会捕获 `ValueError` 异常。如果用户输入了错误的字符，这个异常就会被引发。这个函数会要求用户重新输入，直到用户输入格式正确的整数为止，然后它会把这个正确的整数返给调用者。

```
"""
Author: Ken Lambert
Demonstrates a function that traps number format errors during input.
"""

def safeIntegerInput(prompt):
    """Prompts the user for an integer and returns the
    integer if it is well-formed. Otherwise, prints an
    error message and repeats this process."""
    inputString = input(prompt)
    try:
        number = int(inputString)
        return number
    except ValueError:
        print("Error in number format:", inputString)
        return safeIntegerInput(prompt)

if __name__ == "__main__":
    age = safeIntegerInput("Enter your age: ")
    print("Your age is", age)
```

上述程序的运行结果如下。

```
Enter your age: abc
Error in number format: abc
Enter your age: 6i
Error in number format: 6i
Enter your age: 61
Your age is 61
```

1.7 文件及其操作

Python 为管理和处理若干种类型的文件提供了强大的支持。本节将探讨对文本文件以及对象文件的一些操作。

1.7.1 文本文件的输出

根据文本文件的格式和其中数据的用途，你可以把文本文件里的数据看作字符、单词、数字或者若干行文本。如果把这些数据当作整数或浮点数，就必须用空白字符（空格、制表符和换行符）将其分隔开。例如，含有 6 个浮点数的文本文件可能会像下面这样：

```
34.6 22.33 66.75
77.12 21.44 99.01
```

用文本编辑器查看上述内容，可以看到文本中的各项元素是以空格和换行符作为分隔符的。

输出或输入到文本文件的所有数据必须是字符串形式的，因此在输出前，数字必须被转换为字符串，并且在输入后这些字符串必须被转换回数字。

你可以使用文件对象来把数据输出到文本文件。Python 的 open 函数接收文件路径和用来指定打开模式的字符串作为参数，会打开一个与磁盘文件的连接并且返回相应的文件对象。对于输入到文件，模式字符串是 'r'；对于输出到文件，模式字符串是 'w'。下面这段代码会为名叫 myfile.txt 的文件打开一个用来输出的文件对象。

```
>>> f = open("myfile.txt", 'w')
```

如果这个文件不存在，就会使用给定的路径名创建并打开这个文件；如果这个文件存在，Python 会直接打开这个文件。当数据被输出到文件里并且关闭文件之后，文件里先前存在的数据都会被删除。

字符串数据通过 write 方法和文件对象写入（或输出）到文件里。write 方法的参数是一个字符串。如果想要让输出的文本以换行符作为结尾，就需要在字符串里包含对应的转义符 \n。下面这条语句会向文件里写入两行文本。

```
>>> f.write("First line.\nSecond line.\n")
```

在完成所有输出之后，你就可以使用 close 方法关闭文件了。

```
>>> f.close()
```

若没有关闭输出文件，则可能导致数据丢失。

1.7.2 将数字写入文本文件

文件的 write 方法接收一个字符串作为参数。因此，其他类型的数据（如整数或浮点数）在写入输出文件之前，都必须先被转换为字符串。在 Python 里，可以使用 str 函数把绝大多数的数据类型的值转换为字符串，然后以空格或换行符作为分隔符，将其写入文件里。

下面这段代码展示了如何把整数输出到文本文件。它会生成 500 个介于 1 和 500 之间的随机整数，并将这些整数写入名为 integers.txt 的文本文件。在这里，分隔符用的是换行符。

```
import random
f = open("integers.txt",'w')
for count in range(500):
    number = random.randint(1, 500)
    f.write(str(number) + "\n")
f.close()
```

1.7.3　从文本文件读取文本

打开文件进行输入的方法和打开文件进行输出是类似的。唯一需要做的是用不同的模式字符串。在打开文件进行输入的情况下，模式字符串应该用 `'r'`。但是，如果从当前的工作目录没办法访问到路径，Python 就会引发错误。用来打开 `myfile.txt` 文件进行输入的相应代码如下。

```
>>> f = open("myfile.txt", 'r')
```

从输入文件读取数据有若干种方法。最简单的是用文件的 `read` 方法把文件的全部内容输入单个字符串中。这时，如果文件含有多行文本，那么换行符会被嵌入这个字符串。下面这个与 Shell 窗口的交互展示了如何使用 `read` 方法。

```
>>> text = f.read()
>>> text
'First line.\nSecond line.\n'
>>> print(text)
First line.
Second line.
```

输入完成后，再执行 `read` 函数将得到一个空字符串，这表示已到达文件末尾。再要输入，就需要重新打开文件。在此过程中，并不需要关闭文件。

除了这种方式，应用程序还可以每次只读取和处理一行文本。这时需要用到 `for` 循环，它会把文件对象当作文本行的序列。在循环体里，循环变量每次都会被绑定到序列里的下一行文本。下面这段代码会重新打开示例文件，并访问其中的文本行。

```
>>> f = open("myfile.txt", 'r')
>>> for line in f:
        print(line)
First line.

Second line.
```

可以看到，`print` 函数输出了一个额外的换行符，这是因为从文件输入的每一行文本都会保留其换行符。你可以用前面提到的 `print` 函数的可选参数从输出的文本里删除这个额外的换行符。

如果你想从文件里读取指定数量的文本行（如，只读第一行），那么可以使用文件的 `readline` 方法。`readline` 方法会从输入的文本里只获取一行数据，并且返回这个包含换行符的字符串。如果 `readline` 遇到了文件末尾，那么会返回空字符串。下面这段代码使用循环 `while True` 和 `readline` 方法输入所有文本行。

```
>>> f = open("myfile.txt", 'r')
>>> while True:
        line = f.readline()
        if line == "":
```

```
        break
    print(line)
First line.

Second line.
```

1.7.4　从文件读取数据

文件输入操作都会把数据作为字符串返回到程序。如果这些字符串是其他类型的数据（如整数或浮点数），那么程序员在对它们进行操作之前，必须先把它们转换为相应的类型。在 Python 里，可以分别使用 int 和 float 函数把字符串形式的整数和浮点数转换为相应的数字。

从文件读取数据时，另一个重要的考虑因素是：文件里数据元素的格式。在前面的示例里，你看到了如何以换行符作为分隔把整数输出到文本文件。在输入时，这些数据可以通过 for 循环轻松读取，它的循环体会在每次遍历时访问一行文本。为了能够把这一行文本转换成相应的整数，程序员可以用字符串的 strip 方法来剔除换行符，再运行 int 函数来获得这个整数的值。

下面这段代码展示了这个流程。它会先打开先前写入了随机整数的文件，然后读取它们，最后打印出它们的总和。

```
f = open("integers.txt", 'r')
theSum = 0
for line in f:
    line = line.strip()
    number = int(line)
    theSum += number
print("The sum is", theSum)
```

从文本文件读取用空格分隔的数字相对麻烦一些。有一种方法是前面提到的：通过 for 循环读取一行数据。但是，每一行都有可能包含着若干个用空格分隔的整数。好在，你可以用字符串的 split 方法得到代表这些整数的字符串列表，然后用另一个 for 循环处理这个列表里的所有字符串。

下面这段代码对上一个示例进行了修改，能够处理用空格或换行符分隔的整数。

```
f = open("integers.txt", 'r')
theSum = 0
for line in f:
    wordlist = line.split()
    for word in wordlist:
        number = int(word)
        theSum += number
print("The sum is", theSum)
```

可以看到，我们并没有从数据行里剔除换行符，因为 split 方法会自动处理它。

通常来说，应该尽可能地简化代码。例如，在前面的两个示例里，我们通过循环来对整数序列进行求和。Python 中有一个叫作 sum 的内置函数，这个函数可以用来执行相应操作。但是，在调用这个函数之前，我们必须先把输入文件里的单词序列转换成整数序列。你可以在不使用循环的情况下，通过下面 4 个步骤来完成所需的操作。

● 将文件里的文本读取到单个字符串。

- 把这个字符串拆分成单词列表。
- 将 int 函数映射到这个列表，从而将字符串转换为整数。
- 对结果进行求和。

下面是这个操作的简化版本，只有两行代码：

```
f = open("integers.txt", 'r')
print("The sum is", sum(map(int, f.read().split())))
```

因为 split 方法会把单词之间的空格或换行符都识别为分隔符，所以针对两种使用不同格式来对数据值进行分隔的文件，这段代码都可以正常处理。

1.7.5 使用 pickle 读写对象

你可以把任何对象转换为文本加以存储，但是把复杂的对象映射为文本再映射回来可能会很烦琐，并且维护起来也非常麻烦。好在 Python 有一个模块，能让程序员使用名为 pickle（腌制）的过程来保存和加载对象。这个名称的原意是指把黄瓜进行腌制并保存到罐子里。但是，在对对象进行转换的情况下，你还会把腌黄瓜"反腌制"得到普通黄瓜。因此，在把任何对象保存到文件之前，你可以对它进行"腌制"，然后在把它从文件加载到程序中时，可以对它进行"反腌制"。在此过程中，Python 会自动处理所有转换细节。

首先导入 pickle 模块。然后，通过标志"rb"或"wb"（用于字节流）打开文件，从而进行输入与输出操作，最后和之前一样关闭文件。要保存对象，可以使用 pickle.dump 函数。它的第一个参数是需要被"转储"——保存——到文件里的对象，其第二个参数是文件对象。

例如，你可以使用 pickle 模块把名为 lyst 的列表里的所有对象保存到名为 items.dat 的文件里。在此过程中，你不需要知道列表里有哪些类型的对象，也不需要知道有多少个对象。下面是相应的代码：

```
import pickle
lyst = [60, "A string object", 1977]
fileObj = open("items.dat", "wb")
for item in lyst:
    pickle.dump(item, fileObj)
fileObj.close()
```

在这个示例里，你可以一次性把整个列表写入文件，而不用逐一写入列表里的每个对象。但需要注意的是，对于本书里讨论的某些多项集类型（例如基于链接结构的多项集）来说，你是不能这么做的。在这些情况下，你只能把多项集里的每个元素逐一写入文件，然后根据文件的输入内容重新构建整个多项集。

要把"腌制"好了的对象从文件里再加载回到程序中，你可以使用 pickle.load 函数。如果已经处于文件末尾，那么这个函数会引发异常。由于没有一个明确的方法可以在引发异常之前检测到是否到达文件末尾，输入的过程变得复杂起来。不过好在有 Python 的 try-except 语句。这条语句可以捕获异常并让程序恢复运行。

现在，你可以构建出一个输入文件的循环了，整个循环将会持续不断地加载对象，直到文件末尾。当到达文件末尾时，程序会引发 EOFError 异常。随后，except 子句将关闭文件并退出循环。如下代码用于把对象从 items.dat 文件加载回名为 lyst 的新列表里。

```
lyst = list()
fileObj = open("items.dat", "rb")
while True:
    try:
        item = pickle.load(fileObj)
        lyst.append(item)
    except EOFError:                    # End of input detected here
        fileObj.close()
        break
print(lyst)
```

1.8　创建新类

类（class）用来描述与一组对象有关的数据和方法。它提供了用来创建对象的蓝图，以及在对象上调用方法时所需要执行的代码。Python 里的数据类型都是类。

在 Python 中，类定义的语法如下。

```
def <class name>(<parent class name>)①:

    <class variable assignments>

    <instance method definitions>
```

类名按照惯例首字母应为大写样式，而定义类的代码通常会被存放在首字母小写的类名的模块文件里。相关的类也可能会出现在同一个模块里。

父类（parent class）的名称是可选的，在默认情况下，它会是 object。所有 Python 类属于一个以 object 作为根节点的层次结构。在 object 里，Python 定义了几种方法：__str__ 和 __eq__，因此所有子类会自动继承这些方法。稍后你将看到，这些方法为任何新的类都提供了最基础的一些默认行为。

实例方法（instance method）是在类的对象上运行的。它们包含用来访问或修改实例变量的代码。**实例变量**（instance variable）是指由单个对象所拥有的存储信息。

类变量（class variable）是指由类的所有对象存储所有的信息。

为了说明这些概念，我们将探讨定义 Counter（计数器）类的代码。顾名思义，计数器对象会跟踪一个整数的计数。计数器的值最初为 0，也可以随时重置为 0。你可以对计数器进行递增或者递减、获取其当前的整数值、获取其字符串表达式以及比较两个计数器是否相等。相应代码如下。

```
class Counter(object):
    """Models a counter."""

    # Class variable
    instances = 0

    # Constructor
    def __init__(self):
        """Sets up the counter."""
        Counter.instances += 1
        self.reset()

    # Mutator methods
```

---

① 例子里的第一行代码应该是 class <class name>(<parent class name>)，原文有误。——译者注

```
    def reset(self):
        """Sets the counter to 0."""
        self.value = 0

    def increment(self, amount = 1):
        """Adds amount to the counter."""
        self.value += amount

    def decrement(self, amount = 1):
        """Subtracts amount from the counter."""
        self.value -= amount

    # Accessor methods
    def getValue(self):
        """Returns the counter's value."""
        return self.value

    def __str__(self):
        """Returns the string representation of the counter."""
        return str(self._value)

    def __eq__(self, other):
        """Returns True if self equals other
        or False otherwise."""
        if self is other: return True
        if type(self) != type(other): return False
        return self.value == other.value
```

在 Python 的 Shell 窗口里对计数器对象的操作结果如下。

```
>>> from counter import Counter
>>> c1 = Counter()
>>> print(c1)
0
>>> c1.getValue()
0
>>> str(c1)
'0'
>>> c1.increment()
>>> print(c1)
1
>>> c1.increment(5)
>>> print(c1)
6
>>> c1.reset()
>>> print(c1)
0
>>> c2 = Counter()
>>> Counter.instances
2
>>> c1 == c1
True
>>> c1 == 0
False
>>> c1 == c2
True
>>> c2.increment()
>>> c1 == c2
False
```

接下来，我们会对这些代码和结果进行一些观察。

Counter 类是 object 的子类。类变量 instances 会跟踪已创建的计数器对象的数量。除了对它进行最初赋值，类变量必须以类名作为前缀进行访问。

定义实例方法的语法和定义函数的语法是类似的。但是实例方法会有一个名为 self 的额外的参数，并且这个参数总是出现在参数列表的开头。在方法定义的上下文里，self 是指在运行时这个方法的对象本身。

创建 Counter 的实例之后，实例方法 __init__（也称为构造函数）将自动运行。这个方法用来初始化实例变量，并且对类变量进行更新。可以看到，__init__ 通过语法 self.reset() 调用 reset 实例方法，从而对单个实例变量进行初始化。

其他实例方法可以分为两种：**变异器**（mutator）和**访问器**（accessor）。变异器会通过修改对象的实例变量对其内部状态进行修改或更改。访问器则只会查看或使用对象的实例变量的值，而不会去修改它们。

在 reset 实例方法被首次调用时，它引入了实例变量 self.value。之后，对这个方法的任何其他调用，都会将这个变量的值修改为 0。

使用实例变量都会加上前缀 self。和参数或临时变量不同的地方是，实例变量在类的任何方法里是可见的。

increment 和 decrement 方法都包含默认参数，从而为程序员提供了指定数目的可能性。

Counter 类的 __str__ 方法将覆盖 object 类里的这个方法。当把这个对象作为参数传递给 str 函数时，Python 会调用对象的 __str__ 方法。在运行对象上的方法时，Python 会先在这个对象自己的类里查找相应方法的代码。如果找不到这个方法，那么 Python 将在它的父类里查找，以此类推。如果在最后（在查看 object 类之后）还是找不到这个方法的代码，Python 就会引发异常。

当 Python 的 print 函数接收到一个参数时，这个参数的 __str__ 方法将自动运行，从而得到它的字符串表达式，以便用来输出。我们鼓励程序员为每个新定义的类实现 __str__ 方法，从而对调试提供帮助。

当看到 == 运算符时，Python 将运行 __eq__ 方法。在 object 类里，这个方法的默认定义是运行 is 运算符。这个运算符会对两个操作数的对象标识进行比较。在本例中，对于两个不同的计数器对象，只要它们具有相同的值，就应该被视为相等。== 的第二个操作数可以是任意对象，因此 __eq__ 方法会在访问实例变量之前先判断操作数的类型是否相同。注意，你可以通过对象上的点运算符访问它的实例变量。

要开发出自己的 Python 类，你还需要了解很多其他内容，而这就是本书后续章节将涵盖的内容。

1.9　编程项目

1. 编写一个程序，使之能够接收球体的半径（浮点数），并且可以输出球体的直径、周长、表面积以及体积。
2. 员工的周工资等于小时工资乘以正常的总工作时间再加上加班工资。加班工资等于总加班时间乘以小时工资的 1.5 倍。编写一个程序，让用户可以输入小时工资、正常的总工作时间以及加班总时间，然后显示出员工的周工资。
3. 有一个标准的科学实验：扔一个球，看看它能反弹多高。一旦确定了球的"反弹高度"，这个比值就给出了相应的反弹度指数。例如，如果从 10ft（1ft=0.3048m）高处掉落的球可以反弹到 6 ft 高，那么相应的反弹度指数就是 0.6；在一次反弹之后，球的总行进距离是 16 ft。接下来，球继续弹跳，那么两次弹跳后的总距离应该是：10 ft + 6 ft + 6 ft + 3.6 ft = 25.6 ft。可以看到，每次连续弹跳所经过的距离是：球到地面的距离，加上这个距离乘以 0.6，这时球又弹回来了。编写一个程序，可以让用户输入球的初始高度和允许球弹跳的次数，并输出球所经过的总距离。

4. 德国数学家 Gottfried Leibniz 发明了下面这个用来求 π 的近似值的方法：

$$\pi/4 = 1 - 1/3 + 1/5 - 1/7 + \cdots$$

请编写一个程序，让用户可以指定这个近似值所使用的迭代次数，并且显示出结果。

5. TidBit 计算机商店有购买计算机的信贷计划：首付 10%，年利率为 12%，每月所付款为购买价格减去首付之后的 5%。编写一个以购买价格为输入的程序，可以输出一个有适当标题的表格，显示贷款期限内的付款计划。表的每一行都应包含下面各项：
   ● 月数（以 1 开头）；
   ● 当前所欠的余额；
   ● 当月所欠的利息；
   ● 当月所欠的本金；
   ● 当月所需付款金额；
   ● 付款之后所欠的金额。
   一个月的利息等于余额 × 利率/12；一个月所欠的本金等于当月还款额减去所欠的利息。

6. 财务部门在文本文件里保存了所有员工在每个工资周期里的信息列表。文件中每一行的格式如下：

```
<last name> <hourly wage> <hours worked>
```

请编写一个程序，让用户可以输入文件的名称，并在终端上打印出给定时间内支付给每个员工的工资报告。这个报告是一个有合适标题的表，其中每行都应该包含员工的姓名、工作时长以及给定时间内所支付的工资。

7. 统计学家希望使用一组函数计算数字列表的**中位数**（median）**和众数**（mode）。中位数是指如果对列表进行排序将会出现在列表中点的数字，众数是指列表中最常出现的数字。把这些功能定义在名叫 stats.py 的模块中。除此之外，模块还应该包含一个名叫 mean 的函数，用来计算一组数字的平均值。每个函数都会接收一个数字列表作为参数，并返回一个数字。

8. 编写程序，让用户可以浏览文件里的文本行。这个程序会提示用户输入文件名，然后把文本行都输入列表。接下来，这个程序会进入一个循环，在这个循环里打印出文件的总行数，并提示用户输入行号。这个行号的范围应当是 1 到文件的总行数。如果输入是 0，那么程序退出；否则，程序将打印出行号所对应的文本行。

9. 在本章讨论的 numberguess 程序里，计算机会"构思"一个数字，而用户则输入猜测的值，直到猜对为止。编写这样一个程序，使其可以调换这两个角色，也就是：用户去"构思"一个数字，然后计算机去计算并输出猜测的值。和前面那个游戏版本一样，当计算机猜错时，用户必须给出相应的提示，例如"<"和">"（分别代表"我的数字更小"和"我的数字更大"）。当计算机猜对时，用户应该输入"="。用户需要在程序启动的时候输入数字的下限和上限。计算机应该在最多[log₂(high−low)+1]次猜测里找到正确的数字。程序应该能够跟踪猜测次数，如果猜测错误的次数到了允许猜测的最大值但还没有猜对，就输出消息"You're cheating!"。下面是和这个程序进行交互的示例：

```
Enter the smaller number: 1
Enter the larger number: 100
Your number is 50
Enter =, <, or >: >
Your number is 75
Enter =, <, or >: <
Your number is 62
Enter =, <, or >: <
Your number is 56
Enter =, <, or >: =
Hooray, I've got it in 4 tries!
```

10. 有一个简单的课程管理系统，它通过使用名字和一组考试分数来模拟学生的信息。这个系统应该能够创建一个具有给定名字和分数（起初均为0）的学生对象。系统应该能够访问和替换指定位置处的分数（从0开始计数）、得到学生有多少次考试、得到的最高分、得到的平均分以及学生的姓名。除此之外，在打印学生对象的时候，应该像下面这样显示学生的姓名和分数：

```
Name: Ken Lambert
Score 1: 88
Score 2: 77
Score 3: 100
```

请定义一个支持这些功能和行为的 Student 类，并且编写一个创建 Student 对象并运行其方法的简短的测试函数。

第 2 章　多项集的概述

在完成本章的学习之后，你能够：

- 定义多项集的 4 个通用类型，即线性多项集、分层多项集、图多项集以及无序多项集；
- 了解 4 个多项集类型中的特定类型；
- 了解这些多项集适合用在什么类型的应用程序里；
- 描述每种多项集类型的常用操作；
- 描述多项集的抽象类型和实现之间的区别。

顾名思义，**多项集**（collection）是指由 0 个或者多个元素组成的概念单元。在现实里，除非是特别小的软件，几乎所有软件都会涉及对多项集的使用。尽管你在计算机科学领域学到的不少东西会随着技术的变化而变化，但构成多项集的基本原理仍然是一样的。虽然不同多项集的结构和用途可能会有所不同，但是它们的基本用途均相同：它们都能帮助程序员有效地组织程序里的数据，并能帮助程序员对现实世界里对象的结构和行为进行建模。

我们可以从两个角度看待多项集：多项集的用户或者客户会关心它们在不同的应用程序里能做些什么；多项集的开发者或者实现者则会关心如何才能让它们成为最好的通用资源以被使用。

本章会从多项集用户的角度来概述各个不同类型的多项集，还会介绍这些多项集上所支持的常用操作和常用实现。

2.1　多项集类型

Python 包括几种内置的多项集类型：字符串、列表、元组、集合以及字典。字符串和列表可能是最常见的也是最基本的多项集类型了。多项集的一些其他重要类型包括栈、队列、优先队列、二叉查找树、堆、图、包以及各种类型的有序多项集。多项集可以是同质的，即多项集里的所有元素必须是同一类型的；也可以是异构的，即里面的元素可以是不同类型的。在许多编程语言里多项集都是同质的，但大多数 Python 多项集可以包含多种类型的对象。

多项集通常来说不是**静态**（static）的，而是**动态**（dynamic）的，这就意味着它们可以根据问题的需要来扩大或者缩小。此外，多项集里的内容可以在程序的整个运行过程中被改变。这个规则的一个例外是**不可变多项集**（immutable collection），比如 Python 里的字符串或是元组。不可变多项集中的元素会在创建的过程中被添加进去，创建成功之后就不能再添加、删除或者替换了。

多项集的另一个重要特征是它的构成方式。我们接下来会按照构成方式介绍几种广泛使用的多项集类别：线性多项集、分层多项集、图多项集、无序多项集以及有序多项集。

2.1.1 线性多项集

线性多项集（linear collection）里的元素——就像人们排队那样——按照位置进行排列。除了第一个元素，其他每个元素都有且只有一个前序；除了最后一个元素，其他每个元素都有且只有一个后序。如图 2-1 所示，D2 的前序是 D1，D2 的后序是 D3。

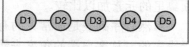

图 2-1 线性多项集

一些在日常生活中可以发现的线性多项集例子有购物清单、堆叠在一起的餐盘以及在排队等待使用 ATM 机的顾客等。

2.1.2 分层多项集

分层多项集（hierarchical collection）里的数据元素会以类似于倒置的树结构进行排列。除了顶部的数据元素，其他每个数据元素都有且只有一个前序[被称为**父元素**（parent）]，但它们可以有许多的后序[被称为**子元素**（children）]。如图 2-2 所示，D3 的前序（父元素）是 D1，D3 的后序（子元素）是 D4、D5 和 D6。

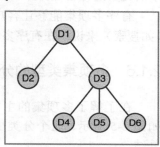

图 2-2 分层多项集

文件目录系统、公司的组织架构以及书里的目录等都是分层多项集的例子。

2.1.3 图多项集

图多项集（graph collection）也被称为**图**（graph），它是这样一个多项集：它的每一个数据元素都可以有多个前序和多个后序。如图 2-3 所示，连接到 D3 的所有元素会被当作它的前序和后序，它们也因此被称为 D3 的**邻居**。

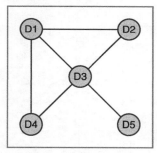

图 2-3 图多项集

图的例子有城市之间的航线图、建筑物的电力接线图以及万维网等。

2.1.4 无序多项集

顾名思义，**无序多项集**（unordered collection）里的元素没有特定的顺序，并且不会用任何明确的方式来指出元素的前序或者后序，如图 2-4 所示。

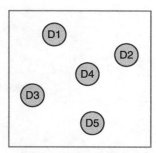

图 2-4 无序多项集

一袋大理石弹珠就是无序多项集的一个例子。虽然你可以把所有弹珠放进袋子里，然后以你希望的顺序从袋子里取出弹珠，但是在袋子里，弹珠并没有什么特定的顺序。

2.1.5 有序多项集

有序多项集（sorted collection）会对它里面的元素进行**自然排序**（natural ordering）。比如，20 世纪使用的那种纸质电话簿里的条目以及班级名册上的名称等都是有序多项集。

要进行自然排序，就必须要有一些——像 `item`$_i$`<=item`$_{i+1}$ 这样的——规则来对有序多项集里的元素加以比较。

虽然有序列表是最常见的有序多项集，但有序多项集不一定是线性的或者按照位置进行排序的。从客户端的角度来看，对于集合、包以及字典来说，虽然不能按照位置来访问它们的元素，但它们都可以是有序的。特殊的分层多项集类型（如二叉查找树）也会对其中的元素进行自然排序。

有序多项集能够让客户端按照排序之后的顺序来访问其中的所有元素。对于某些操作（如搜索）来说，在有序多项集里的效率会比在无序多项集里更高效。

2.1.6 多项集类型的分类

在了解了多项集的主要类别之后，你现在可以把不同的常用多项集类型进行分类，如图 2-5 所示。这个分类能够帮助你对本书后续章节里提到的这些类型的 Python 类进行总结。

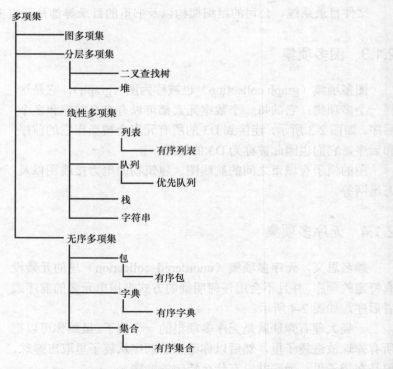

图 2-5 多项集类型的分类

　　在这里需要注意的是，这个分类里的类型名称指的并不是多项集的特定实现。就像你很快就能在后面看到的那样，一种特定类型的多项集可以有多个实现。另外，某些名称（比如"多项集"以及"多项集上的线性操作"）指代的是某个多项集类型的分类，而不是特定的多项集类型。虽然有些需要注意的地方，但是这样的分类在构建不同多项集的共同特征和行为的时候非常有用。

2.2　多项集操作

　　对多项集进行的操作基于所使用的多项集类型的不同而有所不同。但是通常来说，这些操作都可以分为表 2-1 所示的几种类型。

表 2-1　　　　　　　　　　　　　　　　多项集操作的类型

操作的类别	描述
确定大小	使用 Python 的 len 函数获取当前多项集里的元素数量
检测元素成员	使用 Python 的 in 运算符在多项集里搜索给定的目标元素。如果找到了这个元素，那么返回 True；否则，返回 False
遍历多项集	使用 Python 的 for 循环访问多项集里的每一个元素。元素的访问顺序取决于多项集的类型
获取多项集的字符串表示	使用 Python 的 str 函数获取多项集的字符串表示
相等检测	使用 Python 的==运算符来确定两个多项集是否相等。如果两个多项集具有相同的类型并且包含相同的元素，那么它们就是相等的。比较这些元素对的顺序取决于多项集的类型
连接两个多项集	使用 Python 的+运算符来得到一个和操作数相同类型的新多项集，并且包含两个操作数里的所有元素
转换为其他类型的多项集	创建一个与源多项集具有相同元素的新多项集。克隆操作是类型转换的一种特殊情况，因为输入输出的两个多项集具有相同的类型
插入一个元素	如果可以，则在给定的位置将对应的元素添加到多项集里
删除一个元素	如果可以，则在给定的位置从多项集里删除对应的元素
替换一个元素	将删除和插入合并为一项操作
访问或者获取元素	如果可以，则在给定的位置获取元素

2.2.1　所有多项集类型中的基本操作

　　需要注意的是，这些操作有几个是和标准的 Python 运算符、函数或者控制语句相关联的，比如 in、+、len、str 以及 for 循环。你可以通过使用 Python 的字符串和列表熟悉这些运算符、函数以及控制语句。

　　在 Python 里，不同多项集类型的插入、删除、替换或者访问操作并没有统一的名称，但是会有一些标准变体。比如，方法 pop 会被用来从 Python 列表里移除指定位置的元素，或者从 Python 的字典里移除给定键所对应的值。方法 remove 会被用来从 Python 的多项集或列表里删除指定的元素。对于新开发出的、Python 尚不支持的多项集类型，我们应当尽可能地使用标准的运算符、函数以及方法名称对它们进行操作。

2.2.2　类型转换

一种你可能不太熟悉的多项集操作是类型转换。通过使用输入的数字，你已经知道了什么是类型转换。在那个例子里，你可以通过将 int 或 float 函数应用于输入的字符串，从而把数字字符串从文字转换为 int 或 float 类型。（有关这部分的详细内容，可以参见第 1 章。）

你也可以通过类似的方式将一种类型的多项集转换为另一种类型的多项集。比如，你可以把 Python 的字符串转换为 Python 的列表，然后再把这个 Python 的列表转换为 Python 的元组，如下面的代码所示。

```
>>> message = "Hi there!"
>>> lyst = list(message)
>>> lyst
['H', 'i', ' ', 't', 'h', 'e', 'r', 'e', '!']
>>> toople = tuple(lyst)
>>> toople
('H', 'i', ' ', 't', 'h', 'e', 'r', 'e', '!')
```

list 或 tuple 函数的参数不一定是另一个多项集，也可以是任何的**可迭代对象**（iterable object）。可迭代对象是指，能够让程序员使用 Python 的 for 循环来访问的一系列元素。（是的，这个描述听起来像是一个多项集，因为多项集也都是可迭代对象！）比如，可以在某个范围里创建一个列表，如下所示。

```
>>> lyst = list(range(1, 11, 2))
>>> lyst
[1, 3, 5, 7, 9]
```

对于其他一些函数（如转换为字典的 dict 函数），则需要更特殊的可迭代对象来作为参数，比如一个包含（key,value）元组的列表。

通常来说，如果省略了类型转换的参数，那么多项集的类型转换函数将返回这个类型的空的新多项集。

2.2.3　克隆和相等性

类型转换的一种特殊情况是克隆，它的功能是返回转换函数中参数的完整副本。在这种情况下，参数的类型和转换函数是相同的。比如，下面这段代码将复制一个列表，然后使用 is 和==运算符来比较这两个列表。两个列表不是同一个对象，因此 is 会返回 False。虽然这两个列表是不同的对象，但因为它们具有相同的类型和相同的结构（每对元素在两个列表里的位置都相同），所以==返回 True。

```
>>> lyst1 = [2, 4, 8]
>>> lyst2 = list(lyst1)
>>> lyst1 is lyst2
False
```

```
>>> lyst1 == lyst2
True
```

这个例子里的两个列表不仅有相同的结构，它们还有相同的元素。也就是说，list 函数对它的参数列表进行**浅拷贝**（shallow copy）。这些元素的本身在添加到新列表之前是不会被克隆的，在这个过程中只会复制对这些对象的引用。当元素（数字、字符串或者 Python 的元组）不可变时，这个策略不会引起问题。但是，如果多项集包含的是可变元素，就可能会产生副作用。为了防止这种情况的发生，程序员可以通过对源多项集编写 for 循环来**创建深拷贝**（deep copy），这会把元素显式地克隆之后再添加到新的多项集里。

后续章节将采取为大多数多项集类型提供类型转换函数这个策略。这个转换函数将会用一个可迭代对象作为可选参数，会对所有访问到的元素进行浅拷贝。你还会学习如何通过给定多项集类型里元素的组织方式去实现等于运算符（==）。比如，要认为列表多项集是相等的，那么两个列表必须具有相同的长度，并且在每个位置上都有相同的元素；但是对于多项集集合来说，只需要包含完全相同的元素，并不需要关心有没有特定的顺序。

2.3　迭代器和高阶函数

每种类型的多项集都支持一个迭代器或 for 循环，这个操作能够迭代这个多项集的所有元素。for 循环服务的多项集中元素的顺序取决于多项集的组织方式。比如，列表里的元素会从头到尾按照位置进行访问；有序多项集里的元素会按从小到大的升序进行访问；而对于集合或者字典里的元素来说，不会按照特定的顺序进行访问。

迭代器可以说是多项集提供的最关键也是最强大的操作。for 循环会用在许多应用程序里，并且在实现其他一些基本的多项集操作（比如+、str 以及类型转换）时也起着非常大的作用，同时它也会用在一些标准的 Python 函数里，如 sum、max 和 min 函数。很明显，sum、max 和 min 函数分别会返回数字列表的总和、最大值和最小值。这些函数在其实现里使用了 for 循环，因此它们可以自动地和其他提供 for 循环的多项集类型（比如集合、包或者树）一起使用。

for 循环或者说迭代器还支持使用高阶函数 map、filter 和 reduce（在第 1 章里有介绍）。每一个这样的高阶函数都使用另一个函数和一个多项集作为参数。同样地，多项集都支持 for 循环，因此 map、filter 和 reduce 函数可以与任何类型的多项集一起使用，而不仅支持列表类型。

2.4　多项集的实现

显然，使用多项集编写程序的程序员对这些多项集的看法和负责实现它们的程序员的看法是截然不同的。

使用多项集的程序员需要知道如何实例化和使用每一种多项集。在他们看来，多项集是一种以某种预定行为来存储和访问数据元素的方式，并不需要关心多项集实现的细节。

换句话说，从用户的角度来看，多项集是一种抽象。因此，在计算机科学中，多项集也被称为**抽象数据类型**（Abstract Data Type，ADT）。抽象数据类型的用户只关注它的接口以及这个类型对象所提供的一组操作。

从另一方面来看，多项集的开发人员为了能够向多项集的用户提供最佳性能，会关心如何以最有效的方式来实现多项集的各项行为。通常来说，会有许多不同的实现方式。但是，许多实现方式会占据大量的空间或运行过程非常缓慢，这时可以将它们视作毫无意义的实现方式。剩下的实现方式往往基于几种基本方法来组织以及对计算机内存进行访问。第 3 章和第 4 章详细探讨了这些方法。

某些编程语言（如 Python）仅为每种可用的多项集类型提供了一种实现，其他的编程语言（如 Java）则会提供几种不同的实现。比如，Java 的 java.util 包就包含了列表的两个不同实现，它们分别称为 ArrayList 和 LinkedList；除此之外，集合和映射（有点像 Python 的字典）也有两个不同的实现，分别叫作 HashSet 和 TreeSet 以及 HashMap 和 TreeMap。Java 程序员会对每种实现使用相同的接口（一组操作），但是会根据这些实现的性能特征以及一些其他标准来自由选择应该使用哪一种实现。

本书的目的是为 Python 程序员提供像 Java 程序员那样的选择权，并且会介绍这两种语言都无法使用的抽象多项集类型及其实现。对于多项集的每一种类别（线性、分层、图、无序和有序）来说，你将看到一种或多种抽象多项集类型以及每种类型的一种或多种实现。

抽象概念并不只是针对多项集进行讨论时才会用到，不论在计算机科学还是其他学科，它都是一项重要的原则。比如，当研究重力对坠落物体的影响时，你可能会尝试创建一种实验情况。在这种情况下，那些不重要的细节是可以忽略的，比如，物体的颜色和味道（假设是掉在牛顿头上的那只苹果）。在学习数学的时候也是这样，你不必考虑计算鱼钩或者箭头应该使用什么公式并且得到什么值，而应该尝试发现那些抽象和一直有效的代数原理。房屋的平面图是实体房屋的抽象概念，可以让你专注于结构元素，而不会被其他不重要的细节（比如橱柜的颜色）所分心。虽然这些细节对于已建成房屋的整体外观来说是非常重要的，但对于房屋中各个主要部分之间的关系来说却并不重要。

在计算机科学中，抽象用来忽略或隐藏当前不重要的那些细节。软件系统通常是逐层构建的，上一层会把基于并且使用的下一层视为抽象。如果没有抽象，那么在构建软件系统时就需要同时考虑系统的所有方面，而这通常是不可能完成的任务。当然，在最后还需要考虑细节，但是这时你已经可以在一个比较小并且方便管理的环境下考虑这些细节了。

在 Python 里，函数和方法是最小的抽象单元，类的大小次之，模块是最大的抽象单元。本书将把抽象多项集类型的实现当作模块里的类或者一组相关的类加以描述。构建这些类的通用技术就是面向对象编程，这部分内容会在第 5 章和第 6 章中介绍。同时，第 6 章会给出本书所涵盖的多项集类的完整列表。

2.5　章节总结

- 多项集是包含 0 个或多个其他对象的对象。多项集可以进行的操作有访问对象、插入对象、删除对象、确定多项集的大小，以及遍历或访问这个多项集的对象。

- 多项集的 5 个主要类型是：线性多项集、分层多项集、图多项集、无序多项集和有序多项集。
- 线性多项集会按照位置对元素进行排序，其中除了第一个元素，每个都有且只有一个前序；除了最后一个元素，每个都有且只有一个后序。
- 在分层多项集里，除了一个元素，其他所有元素都有且只有一个前序以及 0 个或多个后序。被称为根的那个额外元素没有前序。
- 图多项集里的元素可以有 0 个或多个前序以及 0 个或多个后序。
- 无序多项集里的元素没有特定的顺序。
- 多项集是可迭代的，也就是说，可以使用 for 循环访问多项集里的所有元素。程序员也可以使用高阶函数 map、filter 和 reduce 简化多项集的数据处理。
- 抽象数据类型是一组对象和对这些对象的操作。因此，多项集是抽象数据类型。
- 数据结构是一个表示多项集里包含的数据的对象。

2.6 复习题

1. 线性多项集的一个例子是：
   a. 集合和树
   b. 列表和栈
2. 无序多项集的一个例子是：
   a. 队列和列表
   b. 集合和字典
3. 分层多项集可以用来表示：
   a. 银行排队的客户
   b. 文件目录系统
4. 图多项集最能代表：
   a. 一组数字
   b. 城市之间的航线图
5. 在 Python 里，两个多项集间的类型转换操作：
   a. 在源多项集里创建对象的副本，并且把这些新对象添加到目标多项集的新实例里
   b. 把对源多项集对象的引用添加到目标多项集的新实例里
6. 两个列表的==操作必须：
   a. 比较每个位置的元素对是否相等
   b. 只会验证一个列表里的每一个元素是否也在另一个列表里
7. 两个集合的==操作必须：
   a. 比较每个位置的元素对是否相等
   b. 验证集合的大小是否相等，并且一个集合里的每一个元素是否也在另一个集合里
8. 对列表进行 for 循环时，访问元素的顺序：
   a. 从头到尾的所有位置

　　　b. 不会按照特定的顺序
9. map 函数会创建一个什么样的序列：
　　　a. 在给定的多项集里，通过布尔测试的元素
　　　b. 在给定的多项集里，对元素执行函数的结果
10. filter 函数会创建一个什么样的序列：
　　　a. 在给定的多项集里，通过布尔测试的元素
　　　b. 在给定的多项集里，对元素执行函数的结果

2.7　编程项目

1. 在 Shell 窗口的提示符下使用 dir 和 help 函数来探索 Python 的内置多项集类型 str、list、tuple、set 以及 dict 的接口。它们的语法是 dir(<type name>) 和 help(<type name>)。
2. 查看 java.util 包里所提供的 Java 多项集类型，并和 Python 的多项集类型加以比较。

第 3 章　搜索、排序以及复杂度分析

在完成本章的学习之后，你能够：

- 根据问题的规模确定算法工作量的增长率；
- 使用大 O 表示法来描述算法的运行时和内存使用情况；
- 认识常见的工作量增长率或复杂度的类别（常数、对数、线性、平方和指数）；
- 将算法转换为复杂度低一个数量级的更快的版本；
- 描述顺序搜索算法和二分搜索算法的工作方式；
- 描述选择排序算法和快速排序算法的工作方式。

算法是计算机程序的基本组成部分之一（另一个基本组成部分是数据结构，见第 4 章）。算法描述了一个随着问题被解决而停止的计算过程。对于算法的质量有许多评估标准，其中最重要的就是正确性，也就是说，算法能够真正解决所针对的问题。同时，可读性和易于维护性也是非常重要的质量保证。本章会研究算法质量里的另一个重要标准——运行时性能。

当算法执行过程只能在特定的、资源有限的真实计算机上运行时，经济学的思想就开始发挥作用了。在算法执行过程中会消耗两个资源：处理对象所需的时间和空间（也就是内存）。当面对相同的问题或数据集时，消耗这两种资源更少的过程相应地也就比消耗资源更多的过程具有更高的质量。因此，对于算法来说，总会追求消耗更短的时间和占用更少的空间。

本章将介绍一些用来进行复杂度分析的工具，以评估算法运行时性能或效率。这些工具将被应用在计算机程序中通常会涉及的各种搜索算法和排序算法上。本章所介绍的分析工具和技术将贯穿于本书。

3.1　衡量算法的效率

某些算法需要消耗的时间或内存量都低于人们能够容忍的阈值。比如，对于大多数用户来说，能够在不到 1s 的时间内加载完文件的算法都是好算法。对于他们来说，只要能满足这个要求，不论什么算法都是能够接受的。但是，在处理大型数据集时，某些算法花费的时间可能会因非常漫长而显得荒谬（比如要几千年）。在这个时候，你就不能用这些算法了，而是需要找到其他性能更好的算法（如果存在的话）。

在选择算法时，你通常需要对空间/时间进行权衡。比如，可以设计算法，让它使用额外的空间（内存）或其他方法来得到更快的运行速度。有些用户可能愿意为了得到更快的算法而花费更多的内存；有些用户则可能宁愿节省内存去使用慢速的算法。尽管对于现在的台式机和笔记本电脑而言，内存的价格已经非常便宜了，但对于空间/时间的权衡仍然是很有意义的。

在任何情况下，人们都希望能够有更高效率的算法，因此需要关注某些性能不好的算

法。本节将介绍几种衡量算法效率的方法。

3.1.1　衡量算法的运行时

衡量算法时间成本的一种方法是：用计算机时钟得到算法实际的运行时。这个过程被称为**基准测试**（benchmarking）或**性能分析**（profiling）。它会首先确定算法处理相同规模的多个不同数据集的运行时，然后计算平均值；接着，对越来越大的数据集收集平均运行时；经过若干次测试，就有了足够多的数据，从而可以预测这个算法在面对任何规模的数据集时所需要的运行时了。

考虑一个简单的但可能不太现实的例子：下面这个程序实现了计数从 1 到给定数字的算法，问题的规模也就是这个给定数字。代码选择了数字 10000000，然后记录算法的运行时，并且把这个运行时输出到终端窗口。接下来，我们将这个数字翻倍，然后重复整个过程。经过 5 次这样的操作，我们可以得出一组结果。下面是整个测试程序的代码。

```
"""
File: timing1.py
Prints the running times for problem sizes that double,
using a single loop.
"""

import time

problemSize = 10000000
print("%12s%16s" % ("Problem Size", "Seconds"))
for count in range(5):
    start = time.time()
    # The start of the algorithm
    work = 1
    for x in range(problemSize):
        work += 1
        work -= 1
    # The end of the algorithm
    elapsed = time.time() - start
    print("%12d%16.3f" % (problemSize, elapsed))
    problemSize *= 2
```

上述测试程序使用了 time 模块里的 time() 函数来记录运行时，即 time.time()。这个函数会返回计算机的当前时间和 1970 年 1 月 1 日 [也称为**纪元**（epoch）] 相差的秒数。因此，两次调用 time.time() 的结果之间的差值就代表了中间经历了多少秒。同时可以看到，这个程序在每次循环的时候都会执行两个扩展的赋值语句，也就是每次都执行的工作量是固定的。尽管这并不是一个很大的工作量，但是每次迭代也的确消耗了一定的时间，因此总的运行时就会很长，但是最终结果每次都是一样的。图 3-1 展示了上述测试程序的输出结果。

问题规模	时间(s)
10000000	3.8
20000000	7.591
40000000	15.352
80000000	30.697
160000000	61.631

图 3-1　测试程序的输出结果

从结果中可以很轻易地看出：当问题规模翻倍时，运行时也差不多翻了一番。因此，你也就可以预测当问题规模为 320000000[①]时，运行时差不多为

---

① 原文是 32000000（三千两百万），根据上下文应该是 320000000（三亿两千万）。——译者注

124s。

再举一个例子，把测试程序里的算法改成下面这样。

```
for j in range(problemSize):
    for k in range(problemSize):
        work += 1
        work -= 1
```

在这个版本的测试程序里，两个扩展的赋值语句被放在了嵌套循环里。显然，这个循环会在另一个循环里遍历问题的规模，而另一个循环也会遍历问题的规模。我们曾让这个程序运行了一整晚，直到第二天早上，它也只处理完了第一个规模为 10000000 的数据集。于是我们终止了这个程序，并且让它在一个更小的问题规模上（1000）运行。输出结果如图 3-2 所示。

可以看到，当问题规模翻倍时，运行时差不多翻了两番。按照这种增长速度，若要处理先前那个最大的数据集，大概需要 175 天！

这种方法可以准确地预测很多算法的运行时，但存在两个主要问题。

问题规模	时间(s)
1000	0.387
2000	1.581
4000	6.463
8000	25.702
16000	102.666

图 3-2　第二个测试程序的输出

- 不同的硬件平台会有不同的处理速度，算法的运行时会因机器的不同而存在差异。另外，程序的运行时也会随着它和硬件之间的操作系统类型的不同而变化。最后，不同的编程语言和编译器生成的代码的性能也会有所不同，比如用 C 语言编写算法的机器代码的运行速度通常会比用 Python 编写相同算法所生产的代码要快一些。因此，在某一个硬件或软件平台上测得的运行时结果通常不能用来预测在其他平台上的性能。
- 用非常大的数据集确定算法的运行时是非常不切实际的。对于某些算法来说，不论是编译的代码还是硬件处理器的速度有多快，都没有任何的区别，因为它们在任何计算机上都没办法处理非常大的数据集。

尽管对于某些情况来说，对算法进行计时可能是一种有用的测试形式，但你还是希望算法能够在独立于特定硬件或软件平台的情况下对效率进行衡量。就像马上要在后面学习的那样，这种方式可以告诉你一个算法在任何平台上的执行效果。

3.1.2　统计指令数

另一种衡量算法时间成本的方法是：在不同问题规模下，统计需要执行的指令数。这样无论在什么平台上运行算法，这些结果都能够很好地预测算法执行的抽象工作量。需要注意的是，当统计指令数时，统计的应该是编写算法的高级语言里的指令数，而不是可执行机器语言程序里的指令数。

通过这种方式对算法进行分析时，你可以把它分成两个部分：

- 无论问题的规模如何变化，指令执行的次数总是相同的；
- 执行的指令数随着问题规模的变化而变化。

我们将忽略第一种类型的指令，这是因为分析效率时它们的作用并不明显。第二种类型的指令通常可以在循环或者递归函数里找到。对于循环来说，通常不会统计嵌套循环内部执行的指令，也就是说，只会用到嵌套循环迭代的数目。比如，可以修改前面那个不同规模的数据集，跟踪并显示内部循环的迭代次数的程序。

```
"""
File: counting.py
Prints the number of iterations for problem sizes
that double, using a nested loop.
"""

problemSize = 1000
print("%12s%15s" % ("Problem Size", "Iterations"))
for count in range(5):
    number = 0
    # The start of the algorithm
    work = 1
    for j in range(problemSize):
        for k in range(problemSize):
            number += 1
            work += 1
            work -= 1
    # The end of the algorithm
    print("%12d%15d" % (problemSize, number))
    problemSize *= 2
```

从结果中可以看到，迭代次数是问题规模的平方（见图 3-3）。

接下来是一个类似的程序，它基于若干个问题规模来跟踪递归斐波那契函数的调用次数。可以看到，这个函数现在需要接收计数器对象作为第二个参数。因此，每次在上层调用这个函数的时候，都会创建一个新的计数器对象（见第 1 章）并传递给它。在这个调用和每次递归调用的时候，函数的计数器对象都会不断地增加。

问题规模	迭代次数
1000	1000000
2000	4000000
4000	16000000
8000	64000000
16000	256000000

图 3-3　统计迭代次数的测试程序的输出

```
"""
File: countfib.py
Prints the number of calls of a recursive Fibonacci
function with problem sizes that double.
"""

from counter import Counter

def fib(n, counter):
    """Count the number of calls of the Fibonacci function."""
    counter.increment()
    if n < 3:
        return 1
    else:
        return fib(n - 1, counter) + fib(n - 2, counter)

problemSize = 2
print("%12s%15s" % ("Problem Size", "Calls"))
for count in range(5):
    counter = Counter()
    # The start of the algorithm
    fib(problemSize, counter)
    # The end of the algorithm
    print("%12d%15s" % (problemSize, counter))
    problemSize *= 2
```

这个程序的输出如图 3-4 所示。

随着问题规模的翻倍，指令数（递归调用的次数）在一开始的时候缓慢增长，随后迅速加快。刚开始的时候，指令数是小于问题规模的平方的。但是，当问题规模到 16 时，指令数 1973 已经非常明显大于 256（16^2）了。在本章的稍后部分，我们将会得到这个算法更精确的增长率。

问题规模	调用次数
2	1
4	5
8	41
16	1973
32	4356617

图 3-4　运行斐波那契函数的测试程序的输出

以这种方式进行跟踪计数的问题在于，对于某些算法来说，计算机仍然无法以足够快的速度运行在一定时间内得到非常大的问题规模的结果。

统计指令数是正确的思路，但是需要通过逻辑和数学推理才能获得完整的分析方法。因此，要进行这种分析所需的唯一工具就是纸和铅笔。

3.1.3　衡量算法使用的内存

对于算法所用资源的完整分析需要包含它所需的内存量。同样地，我们会关注它潜在的增长率。一些算法需要与将要解决的问题具有相同的内存量，而其他一些算法则会随着问题规模变大而需要额外更多的内存。在后续章节中，我们将会对其中的几种算法进行探讨。

练习题

1. 编写一个测试程序，这个程序统计并显示出下面这个循环的迭代次数。

```
while problemSize > 0:
    problemSize = problemSize // 2
```

2. 在问题规模分别为 1000、2000、4000、10000 和 100000 时，运行在练习 1 里所创建的程序。当问题规模翻倍或是乘以 10 时，迭代次数会如何变化？
3. 两次调用函数 time.time() 的结果之差就是运行时。由于操作系统也可能会在这段时间内使用 CPU，因此这个运行时可能并不能反映出 Python 代码使用 CPU 的实际时间。浏览 Python 文档，找出另一种可以完整记录处理时间的方法，并描述如何实现它。

3.2　复杂度分析

在本节里，你将学习一种评估算法效率的方法，这个方法可以让你不用关心与平台相关的时间，也不必使用统计指令数量这种不太实际的方法来对算法进行评估。这种被称为**复杂度分析**（complexity analysis）的方法，所需要的就是阅读算法，并用铅笔和纸进行一些简单的代数计算。

3.2.1　复杂度的阶

考虑前面讨论过的那两个循环计数算法。对于问题规模为 n 的情况，第一个循环算法

会执行 n 次；第二个循环算法包含一个迭代 n^2 次的嵌套循环。在 n 还比较小的时候，这两种算法完成的工作量是差不多的，但是随着 n 的逐渐增大，它们完成的工作量也越来越不同。图 3-5 和表 3-1 展示了这种差异。在当前情况下，"工作"是指最深层嵌套循环的迭代次数。

这两个算法的性能在**复杂度的阶**（order of complexity）上是不一样的。因为第一个算法的工作量与问题规模成正比（问题规模为 10 则工作量为 10；问题规模为 20 则工作量为 20；以此类推），因此其性质是**线性阶**（linear）。第二种算法的复杂度的阶是**平方**（quadratic）的，这是因为它的工作量随问题规模的平方（问题规模为 10 时，工作量为 100）而增长。从图 3-5 和表 3-1 中可以看出，对于问题规模为 n 的大多数情况，线性复杂度算法的工作量要比平方复杂度算法的工作量更少。实际上，随着问题规模的增大，具有较高复杂度的阶的算法的性能会更快地变差。

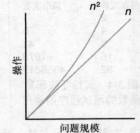

图 3-5 测试程序所完成的工作量的图表

表 3-1   测试程序所完成的工作量

问题规模	第一个算法的工作量	第二个算法的工作量
2	2	4
10	10	100
1000	1000	1000000

在算法分析中通常还有其他几个复杂度的阶。对于任意的问题规模，如果算法需要相同数量的运算，那么它的性能就是**常数**（constant）阶。列表索引就是一个常数时间算法的例子。很明显，这种情况下的算法是最优的。

比线性性能好，但比常数性能差的另一个复杂度的阶被称为**对数**（logarithmic）阶。对数算法的工作量与问题规模的以 2 为底的对数成正比。因此，当问题规模扩大一倍时，工作量只会加 1（是的，只会增加 1）。

多项式时间算法（polynomial time algorithm）的工作量会以 n^k 的速率增长，其中 k 是大于 1 的常数，比如 n^2、n^3 以及 n^{10}。

尽管从某种意义上来说 n^3 比 n^2 的性能要差，但它们都是多项式阶，并且都会比复杂度的阶的下一个级别更好。比多项式还要差的复杂度的阶被称为**指数**（exponential）阶。在这里指数阶的一个简单例子是 2^n。因此对于大的问题规模来说，指数算法是不可行的。图 3-6 和表 3-2 总结了算法分析中会用到的最常见的复杂度的阶。

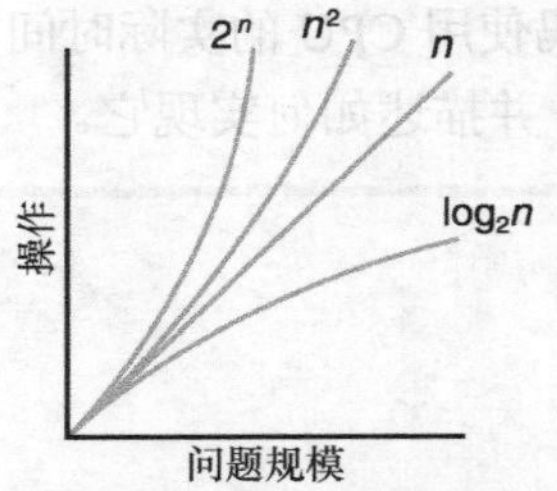

图 3-6 一些复杂度的阶的示例图

表 3-2   一些复杂度的阶的例子

n	对数阶（$\log_2 n$）	线性阶（n）	平方阶（n^2）	指数阶（2^n）
100	7	100	10000	超标
1000	10	1000	1000000	超标
1000000	20	1000000	1000000000000	严重超标

3.2.2 大 O 表示法

算法很少会执行刚好等于 n、n^2 或 n^k 那么多次的操作。算法也通常会在循环体内、循环之前以及循环之后执行一些其他工作。更准确地说，一个算法可能会执行 $2n+3$ 或 $2n^2$ 个操作。在嵌套循环的情况下，内部循环可能会在每次回到外部循环时要少一次执行，因此迭代的总数更可能是 $\frac{1}{2}n^2 - \frac{1}{2}n$，而不是 n^2。也就是说，在这些情况下算法中的工作量通常是多项式里多项的总和，而当工作量表示为多项式时，其中一项是**主导项**（dominant）。随着 n 越来越大，主导项将变得非常大，以至于可以忽略其他项所代表的工作量。因此，对于多项式 $\frac{1}{2}n^2 - \frac{1}{2}n$，只需要着重考虑平方项 $\frac{1}{2}n^2$，也就是在考虑的时候可以忽略线性项 $\frac{1}{2}n$。也可以忽略系数 $\frac{1}{2}$，因为随着 n 的增加，$\frac{1}{2}n^2$ 和 n^2 的比值并不会改变。如果问题规模翻倍，那么 $\frac{1}{2}n^2$ 和 n^2 算法的运行时都将增加 4 倍。因为随着 n 变得非常大，多项式的值渐近地接近或近似于它的最大项值，这种形式的分析有时被称为**渐近分析**（asymptotic analysis）。

计算机科学家用来表示算法的效率或计算复杂度的一种方法被称为**大 O 表示法**（big-O notation）。在这里，"O"代表"在……阶"，指的是算法工作的复杂度的阶。因此，线性算法的复杂度的阶也就是 O(n)。大 O 表示法让我们对复杂度的阶的探讨变得非常正式。

3.2.3 比例常数的作用

比例常数（constant of proportionality）包含在大 O 分析中被忽略的项和系数。比如，线性时间算法所执行的工作量可以表示为：work = 2 * size，其中比例常数就是 work/size，也就是 2。在处理中小型数据集的时候，如果这些常数很大，那么它们也会影响到算法效率。比如，当 n 为 1000000 时，就不能忽略 n 与 $n/2$ 的差了。对于你已经看到的所有算法例子来说，在循环内执行的指令是比例常数的一部分，在进入循环前初始化变量的指令也是如此。在分析算法时，必须仔细地确认任何一条单独的指令会不会根据问题规模的变化而变化。如果会的话，那么在对工作量进行分析时就必须要深入研究这个指令。

现在回头再看看在本章开头讨论的那个算法，并尝试确定它的比例常数。下面是它的代码。

```
work = 1
for x in range(problemSize):
    work += 1
    work -= 1
```

可以看到，除了循环本身还有 3 行代码，它们都是赋值语句，因此这 3 个语句都会以常数时间运行。假设在每次迭代的时候，隐藏在循环头部的用来对循环进行管理的开销也会运行一个指令，其运行时为常数时间。因此，这个算法执行的抽象工作量就是 $3n+1$。尽管它会大于 n，但这两个工作量 n 和 $3n+1$ 的运行时都会以线性速率增加。也就是说，它们的运行时都是 O(n)。

练习题

1. 假设下面的表达式都分别表示对问题规模为 n 的算法所需要执行的操作数，请指出每种算法中的主导项，并使用大 O 表示法对它进行分类。
   a. $2^n - 4n^2 + 5n$
   b. $3n^2 + 6$
   c. $n^3 + n^2 - n$

2. 对于规模为 n 的问题，算法 A 和 B 分别会执行 n^2 和 $\frac{1}{2}n^2 + \frac{1}{2}n$ 条指令。哪种算法更高效？

   有没有一种算法比另一种算法性能明显更好的特定的问题规模？是否有让两种算法都执行大致相同工作量的特定的问题规模？

3. 在什么时候开始 n^4 算法比 2^n 算法表现更好？

3.3　搜索算法

接下来，我们将介绍几种对列表进行搜索和排序的算法，然后阐释这些算法的设计，并把它实现为 Python 函数，最后会对这些算法的计算复杂度进行分析。为了简便起见，这里出现的所有函数只处理全部是整数的列表，因此，不同大小的列表将作为参数传递给函数。这些函数会定义在单个模块中。这个模块在本章稍后的案例分析里将会用到。

3.3.1　最小值搜索

Python 的 min 函数将会返回列表里的最小值或最小元素。为了研究这个算法的复杂度，我们将会开发一个替代版本，使之返回最小元素的**索引**（index）。这个算法假定列表不为空，并且元素是按照任意顺序存放在列表里的。它首先把第一个位置作为存放最小元素的位置；然后向右侧搜索更小的元素，如果找到，那么把最小元素的位置重置为当前位置；当算法到达列表末尾时，它将返回最小元素的位置。如下所示为函数 indexOfMin 里实现这个算法的代码。

```python
def indexOfMin(lyst):
    """Returns the index of the minimum item."""
    minIndex = 0
    currentIndex = 1
    while currentIndex < len(lyst):
        if lyst[currentIndex] < lyst[minIndex]:
            minIndex = currentIndex
        currentIndex += 1
    return minIndex
```

可以看到，无论列表的大小如何，循环外的 3 条指令都会执行相同的次数，因此，可以忽略它们。循环里还有 3 条指令，其中 if 语句里的比较和 currentIndex 的自增会在每次循环时都执行，而且这些指令里也没有嵌套或隐藏的循环。这个算法必须要访问列表里的每个元素,从而保证它能够找到最小元素的位置,而这个工作实际上是在 if 语句的比较操作里完成的。因此,这个算法必须对大小为 n 的列表进行 $n-1$ 次比较,也就是说,它的复杂度为 O(n)。

3.3.2 顺序搜索列表

Python 的 in 运算符在 list 类里被实现为叫作__contains__的方法,这个方法会在任意的元素列表里搜索特定的元素,即**目标元素**(target item)。在这个列表里,找到目标元素的唯一方法是从位于第一个位置的元素开始,并把它和目标元素进行比较。如果两个元素相等,那么这个方法返回 True;否则,这个方法将移动到下一个位置,并把它和目标元素进行比较。如果这个方法到了最后一个位置仍然找不到目标,那么返回 False。这种搜索称为**顺序搜索**(sequential search)或**线性搜索**(linear search)。好用的顺序搜索函数会在找到目标时返回元素的索引,否则返回−1。下面是顺序搜索函数的 Python 实现。

```python
def sequentialSearch(target, lyst):
    """Returns the position of the target item if found,
    or -1 otherwise."""
    position = 0
    while position < len(lyst):
        if target == lyst[position]:
            return position
        position += 1
    return -1
```

顺序搜索的分析和最小值搜索的分析有些不同,你将在后面看到。

3.3.3 最好情况、最坏情况以及平均情况下的性能

有些算法的性能取决于需要处理的数据所在的位置。若顺序搜索算法在列表开头就找到目标元素,那么这时的工作量明显会比在列表末尾找到的工作量要少。对于这类算法,我们可以确定最好情况下的性能、最坏情况下的性能以及平均性能。一般来说,你应该把重点放在平均情况和最坏情况下的性能,而不用过于关心最好情况。

对顺序搜索的分析需要考虑下面 3 种情况。

- 在最坏情况下,目标元素位于列表的末尾或者根本就不在列表里。这时,这个算法就必须访问每一个元素,对大小为 n 的列表需要执行 n 次迭代。因此,顺序搜索的最坏情况的复杂度为 O(n)。
- 在最好情况下,只需要 O(1)的复杂度,因为这个算法在一次迭代之后就会在第一个位置找到目标元素。
- 要确定平均情况,就需要把每个可能位置找到目标所需的迭代次数相加,然后再将它们的总和除以 n。因此,这个算法会执行 $(n+n-1+n-2+\cdots+1)/n$ 或$(n+1)/2$ 次迭代。对于非常大的 n 来说,常数系数 2 是可以忽略的,因此,平均情况的复杂度仍然是 O(n)。

显然,最好情况下顺序搜索的性能和其他两种情况比起来小很多,而其他两种情况下的性能是差不多的。

3.3.4　基于有序列表的二分搜索

对于没有按照任何特定顺序排列的数据来说，只能使用顺序搜索来找到目标元素。在数据有序的情况下，就可以使用二分搜索了。

要了解二分搜索的工作原理，可以想想如果要在 20 世纪那种纸质电话簿里找某个人的电话号码，你会怎么做。电话簿里的数据已经是有序的，因此不需要通过顺序搜索进行查找。你可以根据姓名的字母来估计它在电话簿里所处的位置，然后尽可能地在接近这个位置的地方打开它。打开电话簿之后，你就可以知道按照字母顺序目标姓名会在前面还是后面，然后根据需要再向前或向后翻页。不断重复这个过程，直至找到这个姓名，或知道电话簿里并没有包含这个姓名。

接下来想一想用 Python 进行二分搜索的情况。在开始之前，假设列表里的元素都以升序排序（和电话簿一样）。搜索算法首先到列表的中间位置，并把这个位置的元素与目标元素进行比较，如果匹配，那么算法就返回当前位置。如果目标元素小于当前元素，那么算法将会搜索中间位置之前的部分；如果目标元素大于当前元素，则搜索中间位置之后的部分。在找到了目标元素或者当前开始位置大于当前结束位置时，停止搜索过程。

下面是二分搜索函数的代码。

```
def binarySearch(target, sortedLyst):
    left = 0
    right = len(sortedLyst) - 1
    while left <= right:
        midpoint = (left + right) // 2
        if target == sortedLyst[midpoint]:
            return midpoint
        elif target < sortedLyst[midpoint]:
            right = midpoint - 1
        else:
            left = midpoint + 1
    return -1
```

算法里只有一个循环，并且没有嵌套或隐藏的循环。和前面类似，如果目标不在列表里，就会得到最坏情况。在这个算法里，循环在最坏情况下会运行多少次？它等于列表的大小不断除以 2 直到商为 1 的次数。对于大小为 n 的列表来说，也就是你需要执行 $n/2/2\cdots/2$ 次，直到结果为 1。假设 k 是这个 n 可以除以 2 的次数，那么求解 k 会有 $n/2^k=1$，即 $n=2^k$，于是 $k=\log_2 n$。因此，二分搜索在最坏情况下的复杂度为 $O(\log_2 n)$。

图 3-7 展示了在包含 9 个元素的列表里，通过二分搜索查找并不在列表里的目标元素 10 时，对列表进行的分解。在图 3-7 中，与目标元素进行比较的元素会被加上阴影。可以看到，原始列表左半部分中的任何元素都不会被访问。

对目标元素 10 的二分搜索需要 4 次比较，而顺序搜索将会需要 10 次比较。当问题规模变得更大时，很明显这个算法会表现得更好。对于包含 9 个元素的列表来说，它最多需要进行 4 次比较，而对于包含 1000000 个元素的列表最多需要进行 20 次比较就能完成搜索！

二分搜索肯定要比顺序搜索更有效。但是，只能基于列表里数据的组织结构来选择合适的搜索算法类型。为了让列表能够有序，二分搜索需要付出额外的成本。稍后，我们会了解一些对列表进行排序的策略并分析它们的复杂度。现在，让我们来了解一些关于比较数据元素的细节。

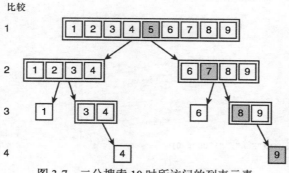

图 3-7　二分搜索 10 时所访问的列表元素

3.3.5　比较数据元素

二分搜索和最小值搜索都有一个假设，那就是"列表里的元素彼此之间是可以比较的"。在 Python 里，这也意味着这些元素属于同一个类型，并且它们可以识别比较运算符==、<和>。几种 Python 内置的类型对象，如数字、字符串和列表，均支持使用这些运算符进行比较。

为了能够让算法对新的类对象使用比较运算符==、<和>，程序员应在这个类里定义__eq__、__lt__和__gt__方法。在定义了这些方法之后，其他比较运算符的方法将自动生成。__lt__的定义如下。

```
def __lt__(self, other):
```

如果 self 小于 other，那么这个方法将返回 True；否则，返回 False。比较对象的标准取决于它们的内部结构以及所应该满足的顺序。

比如，SavingsAccount 对象可能包含 3 个数据字段：名称、PIN（密码）以及余额。假定这个账户对象应该按照名称的字母顺序对它进行排序，那么就需要按照下面的方式来实现__lt__方法。

```
class SavingsAccount(object):
    """This class represents a savings account
    with the owner's name, PIN, and balance."""

    def __init__(self, name, pin, balance = 0.0):
        self.name = name
        self.pin = pin
        self.balance = balance

    def __lt__(self, other):
        return self.name < other.name

    # Other methods, including __eq__
```

可以看到，__lt__方法会为两个账户对象的 name 字段调用运算符<。名称字段是字符串，字符串类型已经包含在__lt__方法里。因此，在使用运算符<时，Python 会自动运行字符串的__lt__方法，这个状况与调用 str 函数时自动运行__str__方法是类似的。

下面的代码将显示对若干个账户对象进行比较的结果。

```
>>> s1 = SavingsAccount("Ken", "1001", 0)
>>> s2 = SavingsAccount("Bill", "1001", 30)
>>> s1 < s2
False
>>> s2 < s1
True
>>> s1 > s2
True
>>> s2 > s1
False
>>> s2 == s1
False
>>> s3 = SavingsAccount("Ken", "1000", 0)
>>> s1 == s3
True
>>> s4 = s1
>>> s4 == s1
True
```

现在，可以把账户放在列表中，并按照名称对它进行排序了。

练习题

1. 假设一个列表在索引 0~9 的位置处包含值 20、44、48、55、62、66、74、88、93、99，请在用二分搜索查找目标元素 90 的时候，对变量 `left`、`right` 和 `midpoint` 的值进行跟踪。改变目标元素为 44，并重复这个步骤。
2. 通常来说，查找电话簿中条目的方法与二分搜索并不完全相同，因为使用电话簿的时候，并不会每次都翻到被搜索的子列表的中点。一般来说，可以根据这个人的姓氏的第一个字母顺序来估算目标可能会在的位置。例如，当查找 "Smith" 的电话时，你会首先查看电话簿下半部分的中间，而不是整个电话簿的中间。请对二分搜索算法尝试进行修改，从而可以在处理名称列表的时候模拟这个策略。它的计算复杂度与标准的二分搜索相比较会更好吗？

3.4　基本的排序算法

计算机科学家设计了许多巧妙的策略来对列表中的元素进行排序。本节会讨论其中几种策略。本节讨论的算法虽然非常容易编写，但效率并不高。3.5 节讨论的算法更难编写，但效率也相对更高。（这是一种常见的取舍。）在这里，Python 排序函数都将被编写为可以在整数列表上运行，并且都会用 swap 函数交换列表中两个元素的位置。该函数的代码如下所示。

```
def swap(lyst, i, j):
    """Exchanges the items at positions i and j."""
    # You could say lyst[i], lyst[j] = lyst[j], lyst[i]
    # but the following code shows what is really going on
    temp = lyst[i]
    lyst[i] = lyst[j]
    lyst[j] = temp
```

3.4.1 选择排序

也许排序中最简单的策略是：在整个列表中搜索最小元素的位置，如果它的位置不在第一个位置，那么算法将交换这两个位置上的元素；然后，算法回到列表的第二个位置并向后重复上述过程，找到后面最小的元素，并与第二个位置的元素进行交换；当算法到达整个过程的最后位置时，这个列表已经是有序的了。这个算法被称为**选择排序**（selection sort），

因为它在每次通过主循环时，都会选择要移动的那一个元素。图 3-8 展示了经过每一轮选择排序的搜索和交换之后，5 个元素在列表里的踪迹。在图里，每次交换的两个元素旁边都有星号作为标识，并且列表的有序部分会被加上阴影进行显示。

无序列表	第1次 遍历之后	第2次 遍历之后	第3次 遍历之后	第4次 遍历之后
5	1*	1	1	1
3	3	2*	2	2
1	5*	5	3*	3
2	2	3*	5*	4*
4	4	4	4	5*

图 3-8　选择排序期间数据的踪迹

下面是用来选择排序的 Python 函数。

```python
def selectionSort(lyst):
    i = 0
    while i < len(lyst) - 1:              # Do n - 1 searches
        minIndex = i                      # for the smallest
        j = i + 1
        while j < len(lyst):              # Start a search
            if lyst[j] < lyst[minIndex]:
                minIndex = j
            j += 1
        if minIndex != i:                 # Exchange if needed
            swap(lyst, minIndex, i)
        i += 1
```

这个函数包含了一个嵌套循环。对于大小为 n 的列表来说，外部循环将会执行 $n-1$ 次。当第一次通过外部循环时，内部循环会执行 $n-1$ 次。当第二次通过外部循环时，内部循环会执行 $n-2$ 次。在最后一次通过外部循环时，内部循环会执行一次。因此，大小为 n 的列表总共所需要的比较次数是：

$$(n-1)+(n-2)+\cdots+1=$$
$$n(n-1)/2=$$
$$\tfrac{1}{2}\,n^2-\tfrac{1}{2}\,n$$

对于比较大的 n 来说，我们可以选择最高次的项并忽略系数，因此在所有情况下，选择排序的复杂度都是 O(n^2)。对于大型数据集来说，交换元素的成本可能会很高。因为这个算法只会在外部循环里对数据元素进行交换，所以在最坏情况和平均情况下，选择排序的额外成本是线性的。

3.4.2 冒泡排序

相对容易构思和编码的另一种排序算法是冒泡排序（bubble sort）。它的策略是从列表的开头开始，在向后移动到末尾的过程中，对数据进行比较；当配对的元素不是有序的时候，

算法就会交换其位置。这个过程的作用是将最大的元素冒泡到列表的末尾。然后，这个算法从列表的开头开始重复这个过程，然后转到倒数第二个元素，以此类推，直到从最后一个元素开始为止。此时，列表已排好序了。

图 3-9 展示了一次冒泡过程中 5 个元素在列表里的踪迹。这个过程中嵌套循环运行了 4遍，让最大的元素冒泡到了列表的末尾。同样，每次交换的两个元素旁边都有星号作为标识，并且列表的有序部分会被加上阴影进行显示。

无序列表	第一次遍历之后	第二次遍历之后	第三次遍历之后	第四次遍历之后
5	4*	4	4	4
4	5*	2*	2	2
2	2	5*	1*	1
1	1	1	5*	3*
3	3	3	3	5*

图 3-9　冒泡排序期间数据的踪迹

下面是进行冒泡排序的 Python 函数。

```python
def bubbleSort(lyst):
    n = len(lyst)
    while n > 1:                          # Do n - 1 bubbles
        i = 1                            # Start each bubble
        while i < n:
            if lyst[i] < lyst[i - 1]:    # Exchange if needed
                swap(lyst, i, i - 1)
            i += 1
        n -= 1
```

和选择排序一样，冒泡排序也使用了嵌套循环。不过，这次列表的排序部分是从列表末尾到开头变大的，冒泡排序的性能和选择排序是非常相似的：对于大小为 n 的列表，内部循环会执行 $\frac{1}{2}n^2 - \frac{1}{2}n$ 次。因此，冒泡排序的复杂度也是 $O(n^2)$。和选择排序一样，如果列表已经是有序的状态了，那么冒泡排序也不会执行任何交换。但是，冒泡排序在最坏情况下的交换操作的复杂度是大于线性的，这个证明将作为练习留给你。

为了让冒泡排序在最好情况下的性能可以提高到线性复杂度，你可以对它进行一些简单调整。如果在主循环的一次遍历中没有进行任何交换，那么说明整个列表已经是有序的了。这种情况在任何一次遍历的时候都有可能发生，而且在最好情况下，第一次遍历的时候就会发生。于是，可以使用布尔标志来追踪有没有发生交换，当内部循环没有设置这个标志时，就直接返回函数。下面是修改后的冒泡排序函数。

```python
def bubbleSortWithTweak(lyst):
    n = len(lyst)
    while n > 1:
        swapped = False
        i = 1
        while i < n:
        if lyst[i] < lyst[i - 1]:      # Exchange if needed
            swap(lyst, i, i - 1)
            swapped = True
```

```
    i += 1
if not swapped: return          # Return if no swaps
n -= 1
```

要注意的是，这个修改只会改善最好情况下的复杂度。对于平均情况而言，这个版本的冒泡排序的复杂度仍然是 $O(n^2)$。

3.4.3 插入排序

对于有序的列表来说，修改后的冒泡排序会比选择排序的执行效率更高。但是，如果列表中有很多元素不是有序的，那么修改后的冒泡排序的性能仍然不会很好。名为插入排序的算法尝试通过另一种方式来对列表加以排序。它的策略如下所示。

- 在第 i 次（其中 i 的范围为 $1\sim n-1$）遍历列表时，第 i 个元素应插入列表的第 i 个位置处。
- 在第 i 次遍历列表之后，前 i 个元素应该是排好序的。
- 这个过程类似于很多人组织手里扑克牌的方式。也就是说，在持有前 $i-1$ 张有序扑克牌的情况下，选择第 i 张扑克牌，并把它和前面这些扑克牌进行比较，直至找到它的合适位置为止。
- 和其他排序算法一样，插入排序也是由两个循环组成的。外部循环将从位置 1 一直遍历到位置 $n-1$。对于这个循环里的每个位置 i，应保存这个元素，并从位置 $i-1$ 处开始内部循环。对于这个内部循环里的每个位置 j，在找到并保存（第 i 个）元素的插入点之前，我们都会把这个元素移动到 $j+1$ 处。

下面是 insertionSort 函数的代码。

```
def insertionSort(lyst):
    i = 1
    while i < len(lyst):
        itemToInsert = lyst[i]
        j = i - 1
        while j >= 0:
            if itemToInsert < lyst[j]:
                lyst[j + 1] = lyst[j]
                j -= 1
            else:
                break
        lyst[j + 1] = itemToInsert
        i += 1
```

图 3-10 展示了每次通过插入排序的外部循环之后列表里 5 个元素的踪迹。可以看到，下一次遍历会被插入的元素用箭头进行标记；在插入之后，这个元素用星号进行标记。

无序列表	第一次 遍历之后	第二次 遍历之后	第三次 遍历之后	第四次 遍历之后
2	2	1*	1	1
5←	5（未插入）	2	2	2
1	1←	5	4*	3*
4	4	4←	5	4
3	3	3	3←	5

图 3-10　插入排序期间数据的踪迹

　　和之前一样，在对这个算法进行分析时，着重要关注的是嵌套循环。外部循环会执行 $n-1$ 次。在最坏情况下，当所有数据无序时，内部循环在外部循环第一次遍历的时候会迭代 1 次，在第二次循环时迭代 2 次，以此类推，因此总共会进行 $\frac{1}{2}n^2 - \frac{1}{2}n$ 次遍历。所以，插入排序在最坏情况下复杂度是 $O(n^2)$。

　　列表里有序元素越多，插入排序的性能就会越好，在有序列表的最好情况下，排序复杂度是线性的。但是，在平均情况下，插入排序仍然有平方阶的复杂度。

3.4.4　再论最好情况、最坏情况以及平均情况下的性能

　　前文提到，对于许多算法来说，不能对所有情况采用单一的复杂度来衡量。当遇到特定顺序的数据时，算法的行为可能会变得更好或更糟。比如，冒泡排序算法可以在列表排好序之后立即终止。在这种情况下，如果输入的列表已经是有序的，那么冒泡排序只需要进行 n 次比较就好了。在其他许多情况下，冒泡排序仍然需要大概 n^2 次比较。很明显，需要进行更详细的分析以便让程序员意识到这些特殊情况。

　　前文提到，要对算法复杂度进行详细分析，应把它的行为分为 3 种情况。

- **最好情况**（best case）——算法在什么情况下可以以最少的工作量完成工作？在最好情况下，算法的复杂度是多少？
- **最坏情况**（worst case）——算法在什么情况下需要完成最多的工作量？在最坏情况下，算法的复杂度是多少？
- **平均情况**（average case）——算法在什么情况下用适量的工作量就能完成工作？在平均情况下，算法的复杂度是多少？

　　接下来，我们给出 3 个用到这种分析算法的例子：最小值搜索、顺序搜索以及冒泡排序。

　　由于最小值搜索算法必须访问列表里的每个数字，因此除非对列表进行排序，否则这个算法始终都是线性复杂度的。因此，它的最好情况、最坏情况以及平均情况下的性能复杂度都是 $O(n)$。

　　顺序搜索会有些不同。当找到目标元素时，这个算法会停止运行并返回结果。很明显，在最好情况下，目标元素应位于第一个位置，而在最坏情况下，目标元素应位于最后一个位置。因此，这个算法在最好情况下的性能为 $O(1)$，在最坏情况下的性能为 $O(n)$。要计算平均情况下的性能，应把每个可能找到目标位置的比较次数相加，然后再将次数的总和除以 n。也就是 $(1+2+\cdots+n)/n$，简写为 $(n+1)/2$。因此，基于渐进分析，顺序搜索在平均情况下的性能也是 $O(n)$。

　　当列表已经排好序之后，冒泡排序的优化版本可以直接终止进程。在最好情况下——这种情况会发生在输入列表已经有序时——冒泡排序的性能是 $O(n)$。但是，这种情况非常罕见（$\frac{1}{n!}$ 的可能性）。在最坏情况下，这个版本的冒泡排序必须要把每个元素都冒泡到列表中相应的位置。这个算法在最坏情况下的性能很明显是 $O(n^2)$。而冒泡排序在平均情况下的性能会比 $O(n)$ 更差，更接近 $O(n^2)$。对这个事实的证明，会比证明顺序搜索算法复杂得多。

　　你会在稍后的内容中看到，某些算法在最好情况下和平均情况下性能是类似的，但是它的性能也可能会下降到最坏情况。因此，无论是选择一个算法还是开发一个新算法，都需要意识到这些区别。

练习题

1. 列表里如何排列数据才能让选择排序中元素交换的次数最少？如何排列数据才能让它执行最多的交换次数？
2. 请说明数据交换的次数在分析选择排序和冒泡排序时所起到的作用。数据对象的规模在它们之间发挥着什么作用（如果有作用）？
3. 请说明为什么修改后的冒泡排序在平均情况下性能仍然为 $O(n^2)$。
4. 请说明为什么插入排序在部分有序的列表上能够很好地工作。

3.5　更快的排序

到目前为止，我们看到的 3 种排序算法都是 $O(n^2)$ 的运行时复杂度。它们也会有一些变体，其中一些会稍微快点，但这些变体在最坏情况和平均情况下仍然有 $O(n^2)$ 的复杂度。然而，还有一些更好的性能是 $O(n \log n)$ 的排序算法。这些更好的算法采用了分治法（divide-and-conquer）的策略。也就是说，这些更好的算法都找到了一种方法能够把列表分成更小的子列表，然后再通过递归把这些子列表排序。理想情况下，如果这些被拆分的子列表的数量是 $\log n$，而把每个子列表进行合并所需的工作量为 n，那么这种排序算法的总复杂度就是 $O(n \log n)$。如表 3-3 所示，$O(n \log n)$ 算法的工作量增长率相比 $O(n^2)$ 算法的要慢得多。

表 3-3　　　　　　　　　　　　　比较 $n \log n$ 和 n^2

n	$n \log n$	n^2
512	4608	262144
1024	10240	1048576
2048	22458	4194304
8192	106496	67108864
16384	229376	268435456
32768	491520	1073741824

我们会对两种打破 n^2 性能瓶颈的递归排序算法进行分析，这两种算法是快速排序和归并排序。

3.5.1　快速排序

下面是**快速排序**算法里所用策略的总结。

- 首先从列表的中间位置选择一个元素，这个元素被称为**基准**（pivot）。（本章将介绍选择基准的其他方法。）
- 对列表里的元素进行分割，把小于基准的所有元素移动到基准的左侧，而把其余元素都移到基准的右侧。基于所需要处理的实际元素，基准自身的最终位置也会有所变化。如果基准正好是最大的元素，那么它最终会处于列表的最右侧；如果基准正好是最小的元素，那么它就会在最左侧。但是无论基准在哪里，这个位置都是它在最终有序列表里的位置。

- 分治法。将这个过程递归地应用到通过基准而把原列表分割的子列表上。其中一个新的子列表由基准左侧的所有元素（较小的元素）组成，另一个新的子列表由基准右侧的所有元素（较大的元素）组成。
- 当分出的子列表内少于两个元素时，这个过程终止。

1.　分割

从程序员的角度来看，这个算法里最复杂的部分是对元素进行分割从而得到子列表的操作。虽然有两种方法可以做到这一点，但在这里我们会对两者中更简单的那种方法进行描述，因为它适用于所有子列表的情况。

- 将基准与子列表里的最后一个元素进行交换。
- 在已知小于基准的元素和其他元素之间构建一个边界。一开始，这个边界会处于第一个元素之前。
- 从子列表边界之后的第一个元素开始向右扫描。当每次遇到小于基准的元素时，将它和边界之后的第一个元素进行交换，并且将边界向右移动。
- 在结束的时候，将基准和边界之后的第一个元素进行交换。

图 3-11 说明了对于由数字 12、19、17、18、14、11、15、13、16 所组成的列表应用这些步骤的过程。步骤 1，得到基准并且把它和最后一个元素进行交换；步骤 2，把边界建立在第一个元素之前。步骤 3～12 会对子列表不断向右扫描，找到小于基准的元素后，把这些元素和边界之后的第一个元素进行交换，并把边界向右移动。可以看到，在这些步骤里，边界左侧的元素始终小于基准。最后，步骤 13，把基准和边界之后的第一个元素进行交换，这样就成功地分割了子列表。

步骤	所执行的步骤	执行之后列表的状态								
	确定子列表里的基准是14	12	19	17	18	14	11	15	13	16
1	将基准和最后一个元素进行交换	12	19	17	18	16	11	15	13	14
2	在第一个元素之前建立边界	: 12	19	17	18	16	11	15	13	14
3	查找第一个小于基准的元素	: 12	19	17	18	16	11	15	13	14
4	将找到的元素和边界之后的第一个元素进行交换，在这里它会和自身进行交换	: 12	19	17	18	16	11	15	13	14
5	向右移动边界	12	: 19	17	18	16	11	15	13	14
6	查找下一个小于基准的元素	12	: 19	17	18	16	11	15	13	14
7	将找到的元素和边界之后的第一个元素进行交换	12	: 11	17	18	16	19	15	13	14
8	向右移动边界	12	11	: 17	18	16	19	15	13	14
9	查找下一个小于基准的元素	12	11	: 17	18	16	19	15	13	14
10	将找到的元素和边界之后的第一个元素进行交换	12	11	: 13	18	16	19	15	17	14
11	向右移动边界	12	11	13	: 18	16	19	15	17	14
12	查找下一个小于基准的元素，但是没有找到	12	11	13	: 18	16	19	15	17	14
13	把基准和边界之后的第一个元素进行交换。这时，所有小于基准的元素将会在它的左侧，大于它的将会在右侧	12	11	13	: 14	16	19	15	17	18

图 3-11　对子列表进行分割

在对子列表进行分割之后，对新产生的左右子列表（**12**、**11**、**13** 和 **16**、**19**、**15**、**17**、**18**）继续使用这个方法，直到新产生的子列表的长度是 1。图 3-12 展示了在每个分割步骤之前列表段的情况，以及在这个步骤里所选取的基准元素。

列表段	基准元素
12 19 17 18 14 11 15 13 16	14
12 11 13	11
13 12	13
12	
16 19 15 17 18	15
19 18 17 16	18
16 17	16
17	
19	

图 3-12 分割子列表

2. 快速排序的复杂度分析

接下来，我们将对快速排序的复杂度进行简单分析。在第一次进行分割操作时，我们将扫描列表里从开头到结尾的所有元素。因此，在这个操作期间工作量是和列表的长度 n 成正比的。

这次分割之后的工作量会和左子列表加上右子列表的总长度成正比，也就是 $n-1$。再次对这两个子列表进行分割之后，就会产生 4 个加起来总长度大约为 n 的列表段。因此，对它们进行分割的总工作量还是和 n 成正比的。随着列表被分割成更多段，总工作量会一直和 n 成正比。

要完成整个分析，还需要确定列表被分割了多少次。按照最乐观的情况来说（虽然在实际操作的时候，通常并不会出现这么好的情况），假设每次新子列表之间的分界线都尽可能地靠近当前列表的中心，通常这种情况并不常见。从二分搜索算法的讨论里可知，要把列表不断地分成两半，大约在 $\log_2 n$ 步的时候就只剩下一个元素了。因此，这个算法在最好情况下的性能为 $O(n \log n)$。

在最坏情况下，我们来考虑有序列表的情况。如果选择的基准元素是第一个元素，那么在第一次分割之后它的右边会有 $n-1$ 个元素，在第二次分割之后它的右边有 $n-2$ 个元素，以此类推，如图 3-13 所示。

尽管整个操作里没有交换任何元素，但分割总共也执行了 $n-1$ 次，于是执行的比较总数就是 $\frac{1}{2}n^2 - \frac{1}{2}n$。这与选择排序以及冒泡排序的情况是一样的。因此，在最坏情况下，快速排序算法的性能为 $O(n^2)$。

如果把快速排序实现成递归算法，那么在对它进行分析时还必须要考虑调用栈的内存使用情况。由于对于栈的一帧，每次递归调用都需要固定的内存，并且每次分割之后都会有两次递归调用。因此，在最好情况下内存的使用量会是 $O(\log n)$，而最坏情况下的内存使用量是 $O(n)$。

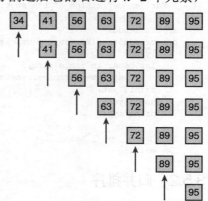

图 3-13 快速排序的最坏情况
（箭头指向基准元素）

尽管快速排序处于最坏情况下的可能性很小，但程序员还是会努力地去避免这种情况，因此，它们并不会在第一个或最后一个位置选择基准元素。有其他一些选择基准的方法可以让这个算法在平均情况下有大约 $O(n \log n)$ 的性能，比如，可以选择随机位置上的元素作为基准，或者选择整个列表里第一个位置、中间位置以及最后一个位置这 3 个元素的中位数。

3. 实现快速排序

快速排序算法可以很容易地通过递归方法进行编码。下面的代码为客户端在顶层定义了一个 quicksort 函数，递归函数 quicksortHelper 则用来隐藏子列表的端点这些额外的参数，还定义了一个 partition 函数。这段代码还会在包含 20 个随机排序的整数列表上运行 quicksort。

```python
def quicksort(lyst):
    quicksortHelper(lyst, 0, len(lyst) - 1)

def quicksortHelper(lyst, left, right):
    if left < right:
        pivotLocation = partition(lyst, left, right)
        quicksortHelper(lyst, left, pivotLocation - 1)
        quicksortHelper(lyst, pivotLocation + 1, right)

def partition(lyst, left, right):
    # Find the pivot and exchange it with the last item
    middle = (left + right) // 2
    pivot = lyst[middle]
    lyst[middle] = lyst[right]
    lyst[right] = pivot
    # Set boundary point to first position
    boundary = left
    # Move items less than pivot to the left
    for index in range(left, right):
        if lyst[index] < pivot:
            swap(lyst, index, boundary)
            boundary += 1
    # Exchange the pivot item and the boundary item
    swap (lyst, right, boundary)
    return boundary

# Earlier definition of the swap function goes here

import random
def main(size = 20, sort = quicksort):
    lyst = []
    for count in range(size):
        lyst.append(random.randint(1, size + 1))
    print(lyst)
    sort(lyst)
    print(lyst)

if __name__ == "__main__":
    main()
```

3.5.2 归并排序

另一种被称为**归并排序**的算法也是通过递归和分治策略来突破 $O(n^2)$ 性能瓶颈的。下面是对这个算法的简单描述。

- 计算出列表的中间位置，然后递归地对它的左、右子列表进行排序（分治法）。
- 将两个已经排好序的子列表合并为一个有序列表。
- 当子列表不能再被分割的时候，分割停止。

在顶层定义了 3 个 Python 函数进行协作。

- mergeSort——用户调用的函数。

- mergeSortHelper——辅助函数，用来隐藏递归调用所需要的额外参数。
- merge——实现合并过程的函数。

1. 合并过程的实现

合并过程用到一个与列表大小相同的数组，第 4 章将详细介绍关于数组的内容。这个数组可以把它称为 copyBuffer。为了避免每次调用 merge 时都要为 copyBuffer 的分配和释放产生开销，这个缓冲区会在 mergeSort 函数里就分配好，然后作为参数传递给mergeSortHelper 和 merge 函数。每次调用 mergeSortHelper 函数时，它还需要知道应该使用的子列表的范围。这个范围可以由另外两个参数 low 和 high 来提供。下面是mergeSort 函数的代码。

```
from arrays import Array

def mergeSort(lyst):
    # lyst          list being sorted
    # copyBuffer temporary space needed during merge
    copyBuffer = Array(len(lyst))
    mergeSortHelper(lyst, copyBuffer, 0, len(lyst) - 1)
```

在检查传递的子列表是不是至少有两个元素之后，mergeSortHelper 函数将会计算这个子列表的中点，并且对中点左右两部分进行递归排序，最后再调用 merge 函数来合并结果。下面是 mergeSortHelper 的代码。

```
def mergeSortHelper(lyst, copyBuffer, low, high):
    # lyst         list being sorted
    # copyBuffer   temp space needed during merge
    # low, high    bounds of sublist
    # middle       midpoint of sublist
    if low < high:
        middle = (low + high) // 2
        mergeSortHelper(lyst, copyBuffer, low, middle)
        mergeSortHelper(lyst, copyBuffer, middle + 1, high)
        merge(lyst, copyBuffer, low, middle, high)
```

图 3-14 展示了在递归调用 mergeSortHelper 函数时生成的子列表。可以看到，开始的时候是一个包含 8 个元素的列表，而子列表在每一层都会被均匀地分隔开，因此会有 2^k 个子列表在第 k 层进行合并。如果初始列表的长度不是 2 的幂，那么在每一层上并不会实现完全均匀的分割，并且在最后一层也不会包含所有的子列表。图 3-15 展示了合并图 3-14 所示子列表的过程。

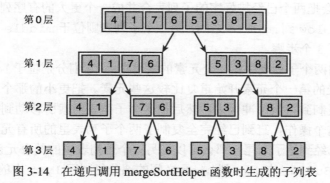

图 3-14　在递归调用 mergeSortHelper 函数时生成的子列表

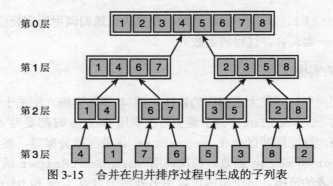

第0层 1 2 3 4 5 6 7 8

第1层 1 4 6 7　　2 3 5 8

第2层 1 4　6 7　3 5　2 8

第3层 4　1　7　6　5　3　8　2

图 3-15　合并在归并排序过程中生成的子列表

下面是 merge 函数的代码。

```
def merge(lyst, copyBuffer, low, middle, high):
    # lyst          list that is being sorted
    # copyBuffer    temp space needed during the merge process
    # low           beginning of first sorted sublist
    # middle        end of first sorted sublist
    # middle + 1    beginning of second sorted sublist
    # high          end of second sorted sublist
    # Initialize i1 and i2 to the first items in each sublist
    i1 = low
    i2 = middle + 1
    # Interleave items from the sublists into the
    # copyBuffer in such a way that order is maintained.
    for i in range(low, high + 1):
        if i1 > middle:
            copyBuffer[i] = lyst[i2]      # First sublist exhausted
            i2 += 1
        elif i2 > high:
            copyBuffer[i] = lyst[i1]      # Second sublist exhausted
            i1 += 1
        elif lyst[i1] < lyst[i2]:
            copyBuffer[i] = lyst[i1]      # Item in first sublist <
            i1 += 1
        else:
            copyBuffer[i] = lyst[i2]      # Item in second sublist <
            i2 += 1
    for i in range (low, high + 1):       # Copy sorted items back to
        lyst[i] = copyBuffer[i]           # proper position in lyst
```

merge 函数会把两个已经排好序的子列表合并成一个更大的有序列表。在原列表里，第一个子列表会在 low 到 middle 之间；第二个子列表则位于 middle + 1 和 high 之间。这个过程包含如下 3 个步骤。

- 设置指向两个子列表中第一个元素的索引指针。它们分别位于 low 和 middle + 1。
- 从子列表的第一个元素开始重复比较这些元素。把更小的那个元素从它所在的子列表里复制到拷贝缓冲区去，然后把这个子列表的索引移动到下一个元素。不断地执行这个操作，直到已经完全复制了两个子列表里的所有元素。如果其中一个子列表已经到达了末尾，那么可以把另一个子列表里的其余元素直接复制过去。
- 把 copyBuffer 中 low 到 high 之间的部分复制回 lyst 中的相应位置。

2. 归并排序的复杂度分析

merge 函数的运行时由两个 for 语句来决定，而这两个循环都会被迭代(high - low + 1)次，因此，这个函数的运行时是 O(high-low)，于是每一层上的所有合并总共需要 O(n)的时间。因为 mergeSortHelper 在每一层都尽可能均匀地拆分子列表，所以层数应该是 O(log n)，在所有的情况下这个函数的最大运行时都是 O(n log n)。

归并排序会有两个基于列表大小的空间需求。首先，在调用栈上需要 O(log n)的空间来支持递归调用；其次，拷贝缓冲区会用到 O(n)的空间。

练习题

1. 描述快速排序的策略，并说明为什么它可以把排序的时间复杂度从 O(n^2)降低到 O(n log n)。
2. 为什么快速排序并不在所有情况下都有 O(n log n)的复杂度？对快速排序的最坏情况进行描述，并给出一个会产生这个情况的包含 10 个整数（1～10）的列表。
3. 快速排序里的分割操作会选择中点元素作为基准。请描述另外两种选择基准的策略。
4. Sandra 有一个很好的想法：当快速排序里的子列表的长度小于某个数字（如 30）时，执行插入排序来处理这个子列表。请说明为什么这是一个好主意。
5. 为什么归并排序在最坏情况下也是一个 O(n log n)算法？

3.6　指数复杂度的算法：递归斐波那契

在本章的前面，我们通过递归斐波那契函数得到了在各种问题规模下的递归调用的次数，并且看到它的调用次数比问题规模的平方数增长得还要快很多。这个函数的代码如下所示。

```
def fib(n):
    """The recursive Fibonacci function."""
    if n < 3:
        return 1
    else:
        return fib(n - 1) + fib(n - 2)
```

另一种可以用来说明工作量快速增长的方法是：对于给定问题规模显示出函数的**调用树**（call tree）。图 3-16 展示了使用这个递归函数计算第 6 个斐波那契数所涉及的调用。为了使这个图大小合适，我们用(6)来代表 fib(6)。

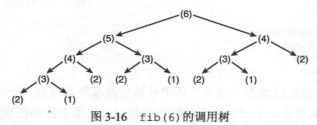

图 3-16　fib(6)的调用树

可以看到，fib(4) 只需要 4 次递归调用，看起来它好像是线性增长的，但在总共的 14 次递归调用里，fib(6) 需要调用 2 次 fib(4)。随着问题规模的扩大，情况会变得更加糟糕，这是因为在调用树里可能有很多重复的相同子树。

这种情况到底有多严重？如果这棵调用树是完全平衡的，并且完全填充了最下面的两层调用，那么当参数为 6 时，会有 $2+4+8+16 = 30$ 次递归调用。可以看到，每一层里的满调用数量都是它上一层的 2 倍。因此，在完全平衡的调用树里，递归调用的总数量通常是 $2^{n+1}-2$，其中 n 是调用树顶部（根）的参数。很明显这是指数级的增长，也就是 $O(k^n)$ 算法。尽管在递归斐波那契调用树的底部两层并没有被完全填充满，但它的调用树形状和完全平衡的树已经足够相近了，因此，可以把递归斐波那契归为指数算法。经过计算，递归斐波那契的常数 k 大约是 1.63。

指数算法通常只适合用于非常小的问题规模。递归斐波那契的设计很优雅，有一个不那么漂亮但是速度更快的版本（这个版本会使用循环），从而让运行时是线性复杂度。

可以用**记忆化**（memoization）的技术让具有相同参数、重复调用的递归函数（如斐波那契函数）更加有效。要用这个技术，程序首先需要维护一个表格来存放函数中每个参数所产生的值。在函数递归地计算给定的参数之前，它会先检查表格里是否已经存在这个参数所对应的值，如果已经存在，就直接返回这个值；如果不存在，就继续计算，然后将参数和值的组合添加到表里。

计算机科学家为了开发出更快的算法投入大量的精力，例如从 $O(n^2)$ 降低到 $O(n)$ 这种对复杂度数量级进行的优化。一般来说，这会比通过"微调"来减小代码的比例常数要更好。

将斐波那契转换为线性算法

尽管递归斐波那契函数能够展现出斐波那契序列中递归定义的简单性和优雅性，但这个函数的运行时性能是不可接受的。另一种不同的算法可以把它的性能提高若干个数量级，实际上是降低为线性时间的复杂度。在本节里，我们会开发这种替代算法，并评估它的性能。

前文提到，在斐波那契数列里前两个数字是 1，而之后的每个数字都是前两个数字的和。因此，新的算法将在 n 至少大于 3（第三个斐波那契数）的时候开始，这个数字将会大于或等于前两个数的和（1+1=2）。接下来，这个算法会循环计算这个和，然后执行两次交换：把第二个数字赋值给第一个数字，而第二个数字会被赋值为刚刚计算出的总和。循环将从 3 开始，到 n 结束。因此，循环末尾的总和就是第 n 个斐波那契数。下面是这种算法的伪代码。

```
Set sum to 1
Set first to 1
Set second to 1
Set count to 3
While count <= N
    Set sum to first + second
    Set first to second
    Set second to sum
    Increment count
```

在把 **Python** 的 fib 函数改为通过循环来计算斐波那契数之后，我们就可以用之前的测试代码来测试这个函数了。下面是这个函数的代码以及它所对应的测试输出。

```
def fib(n, counter):
    """Count the number of iterations in the Fibonacci
    function."""
    sum = 1
    first = 1
    second = 1
    count = 3
    while count <= n:
        counter.increment()
        sum = first + second
        first = second
        second = sum
        count += 1
    return sum

Problem Size     Iterations
        2              0
        4              2
        8              6
       16             14
       32             30
```

可以看到，函数新版本的性能已经被提高到了线性复杂度。通过把递归算法转换成基于循环的算法，可以删掉递归，从而降低它的运行时复杂度（但并非总是）。

3.7 案例研究：算法分析器

性能分析是指通过计数指令或运行时来衡量算法性能的过程。在这个案例研究里，我们会开发一个程序来分析排序算法。

3.7.1 案例需求

编写一个可以让程序员分析不同排序算法的程序。

3.7.2 案例分析

分析器可以让程序员运行排序算法以对数字列表进行排序，还可以追踪算法的运行时、比较次数以及执行交换的次数。除此之外，当算法交换两个值的时候，分析器需要打印出列表的变化轨迹。程序员可以给分析器提供自己的数字列表，也可以要求分析器生成一个大小给定的随机数字列表。程序员还可以要求有一个只包含一个数字的列表或包含重复数值的列表。为了使用方便，分析器应让程序员在运行算法之前把这些功能作为选项来选择。它的默认行为是在一个包含 10 个不重复数字的随机列表上运行算法，并记录算法的运行时、比较次数以及交换次数。

分析器是 Profiler 类的一个实例。程序员可以通过运行分析器里的 test 方法来分析排序函数，这个排序函数会作为方法的第一个参数，前面提到的那些选项也会作为参数同时传递给这个方法。下面这段代码展示了分析器对于特定的排序算法以及若干种不同选项的几次测试。

```
>>> from profiler import Profiler
>>> from algorithms import selectionSort
>>> p = Profiler()
>>> p.test(selectionSort)          # Default behavior
Problem size: 10
Elapsed time: 0.0
Comparisons:  45
Exchanges:     7
>>> p.test(selectionSort, size = 5, trace = True)
[4, 2, 3, 5, 1]
[1, 2, 3, 5, 4]
Problem size: 5
Elapsed time: 0.117
Comparisons:  10
Exchanges:     2
>>> p.test(selectionSort, size = 100)
Problem size: 100
Elapsed time: 0.044
Comparisons:  4950
Exchanges:     97
>>> p.test(selectionSort, size = 1000)
Problem size: 1000
Elapsed time: 1.628
Comparisons:  499500
Exchanges:     995
>>> p.test(selectionSort, size = 10000,
           exch = False, comp = False)
Problem size: 10000
Elapsed time: 111.077
```

程序员会修改排序算法从而进行分析。

- 定义一个排序函数，并且在这个函数的定义里把 Profiler 对象作为第二个参数。
- 在排序算法的代码里，用 Profiler 对象里的 compare() 和 exchange() 方法执行相关的比较以及交换操作。
- 表 3-4 里列出了 Profiler 类的接口。

表 3-4   **Profiler 类的接口**

Profiler 方法	作用
p.test(function, lyst = None, size = 10, unique = True, comp = True, exch = True, trace = False)	按照给定的选项来执行 function 函数，并输出相关结果
p.comparison()	如果指定了该选项，那么比较次数自增
p.exchange()()	如果指定了该选项，那么比较次数自增
p.__str__()	和 str(p) 函数一样，根据该选项，返回结果的字符串表达式

3.7.3 案例设计

程序员会用到以下两个模块。

- profiler——这个模块会定义 Profiler 类。
- algorithms——这个模块定义针对分析器修改过的排序函数。

这些排序函数和本章前面讨论过的排序函数是一样的，唯一不同的地方在于它们会接收一个 Profiler 对象作为另一个参数。如果排序函数需要比较或交换数据值时，就会执行 Profiler 对象的 comparison 和 exchange 方法。实际上，任何对列表进行操作的算法，只要接收 Profiler 对象作为参数，并且在需要运行比较或交换操作的时候用 Profiler 对象里的方法，都可以加到这个模块里进行分析。

就像前面代码中得到的结果那样，开始时，我们需要把 Profiler 类和 algorithms 模块导入 Python 的 Shell 窗口里，然后在 Shell 窗口的提示符下执行测试。分析器的 test 方法会自动初始化 profiler 对象，运行需要分析的函数，并且打印相应的结果。

3.7.4 案例实现（编码）

下面是 algorithms 模块的部分实现，本章所讨论过的排序算法并没有全部显示在这里。这里只展示了 selectionSort 函数，通过它可以让你知道如何修改来支持对各种分析数据的统计。

```
"""
File: algorithms.py
Algorithms configured for profiling.
"""

def selectionSort(lyst, profiler):
    i = 0
    while i < len(lyst) - 1:
        minIndex = i
        j = i + 1
        while j < len(lyst):
            profiler.comparison()                    # Count
            if lyst[j] < lyst[minIndex]:
                minIndex = j
            j += 1
        if minIndex != i:
            swap(lyst, minIndex, i, profiler)
        i += 1

def swap(lyst, i, j, profiler):
    """Exchanges the elements at positions i and j."""
    profiler.exchange()                              # Count
    temp = lyst[i]
    lyst[i] = lyst[j]
    lyst[j] = temp

# Testing code can go here, optionally
```

Profiler 类包含了接口里列出来的 4 个方法以及用来管理时钟的辅助方法。

```
"""
File: profiler.py
Defines a class for profiling sort algorithms.
A Profiler object tracks the list, the number of comparisons
and exchanges, and the running time. The Profiler can also
print a trace and can create a list of unique or duplicate
numbers.
Example use:
from profiler import Profiler
```

```
    from algorithms import selectionSort
    p = Profiler()
    p.test(selectionSort, size = 15, comp = True,
          exch = True, trace = True)
    """

    import time
    import random

    class Profiler(object):


        def test(self, function, lyst = None, size = 10,
                 unique = True, comp = True, exch = True,
                 trace = False):
            """
            function: the algorithm being profiled
            target: the search target if profiling a search
            lyst: allows the caller to use her list
            size: the size of the list, 10 by default
            unique: if True, list contains unique integers
            comp: if True, count comparisons
            exch: if True, count exchanges
            trace: if True, print the list after each exchange
            Run the function with the given attributes and print
            its profile results.
            """
            self.comp = comp
            self.exch = exch
            self.trace = trace
            if lyst != None:
                self.lyst = lyst
            elif unique:
                self.lyst = list(range(1, size + 1))
                random.shuffle(self.lyst)
            else
                self.lyst = []
            for count in range(size):
                self.lyst.append(random.randint(1, size))
            self.exchCount = 0
            self.cmpCount = 0
            self.startClock()
            function(self.lyst, self)
            self.stopClock()
            print(self)

        def exchange(self):
            """Counts exchanges if on."""
            if self.exch:
                self.exchCount += 1
            if self.trace:
                print(self.lyst)

        def comparison(self):
            """Counts comparisons if on."""
            if self.comp:
                self.cmpCount += 1

        def startClock(self):
            """Record the starting time."""
```

```
        self.start = time.time()

    def stopClock(self):
        """Stops the clock and computes the elapsed time
        in seconds, to the nearest millisecond."""
        self.elapsedTime = round(time.time() - self.start, 3)

    def __str__(self):
        """Returns the results as a string."""
        result = "Problem size: "
        result += str(len(self.lyst)) + "\n"
        result += "Elapsed time: "
        result += str(self.elapsedTime) + "\n"
        if self.comp:
            result += "Comparisons: "
            result += str(self.cmpCount) + "\n"
        if self.exch:
            result += "Exchanges: "
            result += str(self.exchCount) + "\n"
        return result
```

3.8 章节总结

- 根据所需要的时间和内存资源，我们可以对解决同一个问题的不同算法进行排名。与需要更多资源的算法相比，我们通常认为耗费更少运行时和占用更少内存的算法更好。但是，这两种资源也通常需要进行权衡取舍：有时以更多内存为代价来改善运行时；有时以较慢的运行时作为代价来提高内存的使用率。

- 可以根据计算机的时钟按照过往经验测算算法的运行时。但是，这个时间会随着硬件和所用编程语言的不同而变化。

- 统计指令的数量提供了另一种对算法所需工作量进行经验性度量的方式。指令的计数可以显示出算法工作量的增长率的变化，而且这个数据和硬件以及软件平台都没有关系。

- 算法工作量的增长率可以用基于问题规模的函数来表示。复杂度分析查看算法里的代码以得到这些数学表达式，从而让程序员预测在任何计算机上执行这个算法的效果。

- 大 O 表示法是用来表示算法运行时行为的常用方法。它用 $O(f(n))$ 的形式来表示解决这个问题所需要的工作量，其中 n 是算法问题的规模、$f(n)$ 是数学函数。

- 运行时行为的常见表达式有 $O(\log_2 n)$（对数）、$O(n)$（线性）、$O(n^2)$（平方）以及 $O(k^n)$（指数）。

- 算法在最好情况、最坏情况以及平均情况下的性能可以是不同的。比如，冒泡排序和插入排序在最好情况下都是线性复杂度，但是它们在平均情况和最坏情况下是平方阶复杂度。

- 通常来说，要提高算法的性能最好是尝试降低它的运行时复杂度的阶数，而不是对代码进行微调。

- 二分搜索会比顺序搜索要快得多。但是，在用二分搜索进行搜索时，数据必须是有序的。

- *n*log*n* 排序算法通过递归、分治法策略来突破 n^2 的性能障碍。快速排序会在基准元素左右对其他元素重新排列，然后对基准两侧的子列表递归地排序。归并排序则会把一个列表进行拆分，递归地对每个部分进行排序，然后合并出最终结果。
- 指数复杂度的算法通常只在理论上被关注，在处理大型问题的时候，它们是没有使用价值的。

3.9　复习题

1. 在不同问题规模的情况下记录算法运行时：
   - a. 可以让你大致了解算法的运行时行为
   - b. 可以让你了解算法在特定硬件平台和特定软件平台上的运行时行为
2. 统计指令的数量会：
   - a. 在不同的硬件和软件平台上得到相同的数据
   - b. 可以证明在问题规模很大的情况下，指数算法是没法使用的
3. 表达式 O(*n*)、O(n^2)和 O(k^n)分别代表的复杂度是：
   - a. 指数、线性和平方
   - b. 线性、平方和指数
   - c. 对数、线性和平方
4. 二分搜索需要假定数据：
   - a. 没有任何特别的顺序关系
   - b. 有序的
5. 选择排序最多可以有：
   - a. n^2 次数据元素的交换
   - b. *n* 次数据元素的交换
6. 插入排序和修改后的冒泡排序在最好情况下是：
   - a. 线性的
   - b. 平方的
   - c. 指数的
7. 最好情况、平均情况以及最坏情况下复杂度都相同的算法是：
   - a. 顺序搜索
   - b. 选择排序
   - c. 快速排序
8. 一般来说，下面哪个选择更好：
   - a. 调整算法从而节省若干秒的运行时
   - b. 选择计算复杂度更低的算法
9. 对于递归斐波那契函数：
   - a. 问题规模为 *n* 的时候，有 n^2 次递归调用

    b. 问题规模为 n 的时候，有 2^n 次递归调用

10. 完全填充的二叉调用树里每一层：

    a. 调用次数是上一层调用次数的 2 倍

    b. 与上一层相同的调用次数

3.10 编程项目

1. 对一个有序列表进行顺序搜索，当目标小于有序列表里的某个元素时，顺序搜索可以提前停止。定义这个算法的修改版本，并使用大 O 表示法来描述它在最好情况、最坏情况以及平均情况下的计算复杂度。

2. 列表的 reverse 方法用来反转列表里的元素。定义一个叫作 reverse 的函数，这个函数可以在不使用 reverse 方法的情况下，反转列表参数里的所有元素。尝试让这个函数尽可能地高效，并使用大 O 表示法描述它的计算复杂度。

3. **Python** 的 pow 函数会返回数字特定幂次的结果。定义执行这个任务的 expo 函数，并使用大 O 表示法描述它的计算复杂度。这个函数的第一个参数是数字，第二个参数是指数（非负数）。你可以通过循环或递归函数来实现，但不要使用 **Python** 内置的 ****** 运算符或是 pow 函数。

4. 另一个实现 expo 函数的策略使用下面这个递归。

   ```
   expo(number, exponent)
   = 1, 当 exponent = 0 的时候
   = number * expo(number, exponent -1), 当 exponent 为奇数的时候
   = (expo(number, exponent/2))2, 当 exponent 为偶数的时候
   ```

   请定义使用这个策略的递归函数 expo，并使用大 O 表示法描述它的计算复杂度。

5. **Python** 中 list 里的 sort 方法包含一个用关键字命名的参数 reverse，它的默认值为 False。程序员可以通过覆盖这个值以对列表进行降序排序。修改本章讨论的 selectionSort 函数，使它可以提供这个附加参数来让程序员决定排序的方向。

6. 修改递归斐波那契函数，让它支持本章里讨论过的记忆化技术。这个函数应添加一个字典类型的参数。它的顶层调用会接收一个空字典作为参数，这个字典的键和值应该是递归调用所传递的参数和计算出的值。之后，用本章讨论过的计数器对象对递归调用的数量进行统计[①]。

7. 分析编程项目 6 里定义的记忆化斐波那契函数的性能，统计这个函数递归调用的次数。使用大 O 表示法描述它的计算复杂度，并证明你的答案是合理的。

8. 函数 makeRandomList 会创建并返回一个给定大小（它的参数）的数字列表。列表里的数字没有重复，它们的范围为 1～size，位置是随机的。下面是这个函数的代码。

   ```
   def makeRandomList(size):
       lyst = []
       for count in range(size):
   ```

---

① 原文为："这个函数的键和值应该是递归调用"，但应该是"这个字典的键和值"。——译者注

```
            while True:
                number = random.randint(1, size)
                if not number in lyst:
                    lyst.append(number)
                    break
        return lyst
```

可以假定 range、randint 和 append 函数都是常数时间的复杂度。还可以假设 random.randint 随着参数之间差值的增加而更少地返回重复的数字。使用大 O 表示法描述这个函数的计算复杂度，并证明你的答案是合理的。

9. 修改 quicksort 函数，让它可以对任何尺寸小于 50 的子列表调用插入排序。使用有 50、500 和 5000 个元素的数据集比较这个版本与原始版本的性能。然后调整这个阈值，从而确定使用插入排序的最佳设置。

10. 计算机使用名为调用栈的结构来为递归函数的调用提供支持。一般而言，计算机会为函数的每次调用都保留一定数量的内存。因此，可以对递归函数使用的内存数量进行复杂度分析。请说明递归阶乘函数和递归斐波那契函数使用的内存的计算复杂度。

第 4 章　数组和链接结构

在完成本章的学习之后，你能够：

● 创建数组；
● 对数组执行各种操作；
● 确定数组相关操作的运行时和内存的使用情况；
● 基于数组在计算机内存里的不同存储方式，描述数组相关操作的成本和收益；
● 使用单向链接节点创建链接结构；
● 对由单向链接节点构成的链接结构执行各种操作；
● 基于链接结构在计算机内存里的不同存储方式，描述在链接结构上执行相关操作的成本和收益；
● 比较数组和链接结构在运行时和内存使用上的权衡。

数据结构（data structure）或**具体数据类型**（concrete data type）是指一组数据的内部存储方式。**数组**（array）和**链接结构**（linked structure）这两种数据结构是编程语言里多项集最常用的实现。在计算机的内存中，这两种结构类型采用不同的方法来存储和访问数据，这也导致操控多项集的算法会有不同的时间和空间权衡。本章将研究数组和链接结构所特有的数据组织方式，以及对它们进行操作的具体细节。在后续章节中，我们将讨论它们在实现其他各种类型多项集里的用法。

4.1　数组数据结构

数组是指在给定索引位置可以访问和替换的元素序列。你可能会觉得这个描述和 Python 中的列表是一样的。这是因为，Python 列表的底层数据结构正是一个数组。然而，Python 程序员通常会在需要使用数组的地方用列表来实现，但 Python 和其他许多编程语言在实现多项集的时候多半会使用数组。因此，你需要熟悉如何使用数组。

本章里关于数组的很多内容也同样适用于 Python 的列表，但是数组的限制要更多。程序员只能在指定位置访问和替换数组中的元素、检查数组的长度、获取它的字符串表达式。程序员不能基于位置添加或删除元素，也不能对数组的长度进行修改。通常来说，数组的长度也就是它的容量，在创建之后就是固定的。

Python 的 array 模块包含一个叫作 array 的类，它非常类似于列表，但是只能存储数字。为了方便后面的讨论，我们会定义一个叫作 Array 的新类。这个类会满足前面提到的关于数组的那些限制，可以存储任何类型的元素。有趣的是，这个 Array 类会用 Python 列表保存它里面的元素。这个类定义的方法允许用户使用下标运算符[]、len 函数、str 函数以及支持数组对象的 for 循环。表 4-1 列出了 Array 里这些操作所对应的方法，左边一列里的变量 a 代表 Array 类的对象。

表 4-1　　　　　　　　　　数组的操作和 Array 类的方法

用户的数组操作	Array 类里的方法
a = Array(10)	__init__(capacity, fillValue = None)
len(a)	__len__()
str(a)	__str__()
for item in a:	__iter__()
a[index]	__getitem__(index)
a[index] = newitem	__setitem__(index, newItem)

当 Python 遇到表 4-1 左边那一列的操作时,它会自动调用右边一列里 Array 对象的相应方法。比如,在 for 循环里遍历 Array 对象时,Python 就会自动调用 Array 对象里的 __iter__ 方法。从表里也可以看到,程序员在创建数组时也必须指定它的容量(也就是物理尺寸)。在需要的情况下,可以用 None 对整个数组进行默认的覆盖填充。

下面是 Array 类的代码(在 arrays.py 文件里)。

```
"""
File: arrays.py
An Array is like a list, but the client can use
only [], len, iter, and str.

To instantiate, use
<variable> = Array(<capacity>, <optional fill value>)

The fill value is None by default.
"""
class Array(object):
    """Represents an array."""

    def __init__(self, capacity, fillValue = None):
        """Capacity is the static size of the array.
        fillValue is placed at each position."""
        self.items = list()
        for count in range(capacity):
            self.items.append(fillValue)

    def __len__(self):
        """-> The capacity of the array."""
        return len(self.items)

    def __str__(self):
        """-> The string representation of the array."""
        return str(self.items)

    def __iter__(self):
        """Supports traversal with a for loop."""
        return iter(self.items)

    def __getitem__(self, index):
        """Subscript operator for access at index."""
        return self.items[index]
```

```
def __setitem__(self, index, newItem):
    """Subscript operator for replacement at index."""
    self.items[index] = newItem
```

下面这个 Shell 交互展示了数组的用法。

```
>>> from arrays import Array
>>> a = Array(5)                      # Create an array with 5 positions
>>> len(a)                            # Show the number of positions
5
>>> print(a)                          # Show the contents
[None, None, None, None, None]
>>> for i in range(len(a)):           # Replace contents with 1..5
        a[i] = i + 1
>>> a[0]                              # Access the first item
1
>>> for item in a:                    # Traverse the array to print all
        print(item)
1
2
3
4
5
```

可以看出，数组是一个有严格限制的列表。

4.1.1　随机访问和连续内存

下标操作或索引操作会让程序员非常轻松地在指定位置对元素进行存储或检索。数组的索引操作是非常快的。数组索引是**随机访问**（random access）操作，而在随机访问时，计算机总会执行固定的步骤来获取第 i 个元素的位置。因此，不论数组有多大，访问第一个元素所需的时间和访问最后一个元素所需要的时间都是相同的。

计算机通过分配一块**连续内存**（contiguous memory）单元来存储数组里的元素，从而支持对数组的随机访问，如图 4-1 所示。

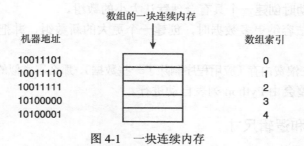

图 4-1　一块连续内存

虽然现实情况并不会这样完美，但是为了简便易懂，这个图假定每个数据元素都只占用一个内存单元。机器地址是 8 位二进制数。

由于数组里的元素地址都是按照数字顺序进行排列的，因此可以通过添加两个值来计算出数组元素的机器地址，它们是数组的**基地址**（base address）以及元素的**偏移量**（offset）。其中，数组的基地址就是第一个元素的机器地址，而元素的偏移量就是它的索引值再乘以一个代表数组元素所需内存单元数的常量（在 Python 里，这个值始终是 1）。简而言之，Python 数组里的索引操作包括下面两个步骤。

- 得到数组内存块的基地址。
- 将索引值添加到这个地址并返回。

在这个例子里，数组内存块的基地址是 10011101_2，并且每个元素都需要一个内存单元。索引位置 2 处的数据元素的地址是 $2_{10}+10011101_2$，也就是 10011111_2。

对于随机访问需要注意的一点是，计算机不用在数组里搜索给定的单元，也就是说，并不用从数组的第一个单元开始向右逐一移动计数，直至到达第 i 个单元结束。虽然常数时间内可以完成的随机访问应该是数组里效率最高的操作了，但是实现这个功能要求必须在连续内存块里存储数组。稍后你就会看到，这样做会让数组在执行其他操作时产生一些额外的成本。

4.1.2 静态内存和动态内存

在比较老的编程语言（如 FORTRAN 或 Pascal）里，数组是静态数据结构。在这种情况下，数组的长度或容量在编译时就确定了，因此程序员需要通过一个常量来指定它的大小。由于程序员在运行时不能改变数组的长度，因此他在编写代码的时候就要预测程序里所有的应用需要多大的数组内存。如果这个程序总是使用一个已知元素数量并且固定大小的数组，就没有任何问题。但是在其他情况下，数据元素的数量会有不同，那么程序员就只能申请足够多的内存来满足在数组里存储可能有最大数量元素的情况。显然，在程序里这样做会浪费大量的内存。更糟糕的是，当数据元素的数量超过数组的长度时，程序仍然只能返回错误消息。

像 Java 和 C++ 这类的现代编程语言会允许程序员创建**动态数组**（dynamic array），从而为这个问题提供了一种补救方法。和静态数组相似的是，动态数组也会占用一块连续内存，并支持随机访问。但是，动态数组的长度只在运行时才知道。因此，Java 或 C++ 程序员可以在动态数组实例化的时候指定它的长度。在 Python 里实现的 `Array` 类的行为也是这样的。

好在，程序员可以通过另一种方法在运行时根据应用程序的数据要求来调整数组的长度。这时，数组有以下 3 种不同形式。

- 在程序启动时创建一个具有合理默认大小的数组。
- 当数组无法容纳更多数据时，创建一个更大的新数组，并把旧数组里的数据元素传输给它。
- 如果数组在浪费内存（应用程序删除了一些数据），那么用类似的方式减小数组的长度。

显然，这些调整会由 Python 列表自动进行。

4.1.3 物理尺寸和逻辑尺寸

使用数组时，程序员往往必须区分它的长度（也就是物理尺寸）及其逻辑尺寸。数组的**物理尺寸**（physical size）是指数组单元的总数，或者创建数组时指定其容量的那个数字；而数组的**逻辑尺寸**（logical size）是指当前应用程序使用的元素数量。当数组被填满的时候，程序员并不需要担心它们的不同。但是，这样的情况并不常见。图 4-2 展示了 3 个物理尺寸相同但逻辑尺寸不同的数组，可以看到，当前已被数

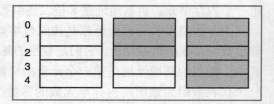

图 4-2 具有相同物理尺寸、不同逻辑尺寸的数组

据占用的单元被加上了阴影。

左边两个数组里包含**垃圾内容**（garbage）的部分是可以访问的。换句话说，这些内存单元里的数据对当前应用程序是没有用的。因此，程序员在大多数应用程序里都要注意对数组的物理尺寸和逻辑尺寸进行追踪。

通常来说，逻辑尺寸和物理尺寸会告诉你有关数组状态的几个重点。

- 如果逻辑尺寸为 0，那么数组就为空。也就是说，这个数组不包含任何数据元素。
- 如果并非上述情况，在任何情况下，数组中最后一个元素的索引都是它的逻辑尺寸减 1。
- 如果逻辑尺寸等于物理尺寸，那么表示数组已被填满了。

练习题

1. 请说明随机访问的工作原理，以及这个操作这么快的原因。
2. 数组和 Python 列表之间有什么区别？
3. 请说明数组的物理尺寸和逻辑尺寸之间的区别。

4.2 数组的操作

接下来，我们将学习如何实现数组的几种操作。数组类型到目前为止并没有提供这些操作，因此在程序员使用之前要先编写它们。在后面的例子里，我们可以先假定有下面这些数据配置。

```
DEFAULT_CAPACITY = 5
logicalSize = 0
a = Array(DEFAULT_CAPACITY)
```

可以看到，这个数组的初始逻辑尺寸是 0，而默认的物理尺寸（也就是容量）是 5。对于每个使用这个数组的方法来说，我们将给出关于其实现方式的说明以及相应带有注释的 Python 代码段。同样地，这些操作也用来定义包含数组的多项集方法。

4.2.1 增大数组的尺寸

当数组的逻辑尺寸等于它的物理尺寸时，如果要插入新的元素，就需要增大数组的尺寸。如果需要为数组提供更多内存，Python 的 list 类型会在调用 insert 或 append 方法时执行这个操作。调整数组尺寸的过程包含如下 3 个步骤。

- 创建一个更大的新数组。
- 将数据从旧数组中复制到新数组。
- 将指向旧数组的变量指向新数组对象。

下面是这个操作的代码。

```
if logicalSize == len(a):
    temp = Array(len(a) + 1)          # Create a new array
    for i in range(logicalSize):      # Copy data from the old
```

```
        temp [i] = a[i]                    # array to the new array
    a = temp                               # Reset the old array variable
                                           # to the new array
```

可以看到，旧数组所使用的内存留给了垃圾回收器，并且在这段代码里，还会把数组的长度增加一个内存单元来容纳新元素。那么，请思考这个逻辑对性能所产生的影响。在调整数组尺寸时，复制操作的数量是线性增长的。因此，将 n 个元素添加到数组里的总时间复杂度是 $1+2+3+\cdots+n$，也就是 $n(n+1)/2$，因此是 $O(n^2)$。

可以在每次增大数组尺寸时把数组尺寸翻倍，以得到一个更合理的时间复杂度，如下所示：

```
temp = Array(len(a) * 2)              # Create new array
```

这个版本的操作时间的复杂度分析将作为练习留给你。当然，这里对时间复杂度的提升是以耗费一些内存作为代价的。这样可让这个操作的总体空间复杂度为线性，因为无论用哪一种策略增大数组尺寸，总是需要一个数组来存放数据。

4.2.2 减小数组的尺寸

如果减小数组的逻辑尺寸，就会浪费相应的内存单元。因此，当删除某一个元素，并且未使用的内存单元数达到或超过了某个阈值（如数组物理尺寸的 3/4）时，就该减小物理尺寸了。

如果浪费的内存超过特定阈值，那么 Python 的 list 类型会在调用 pop 方法时执行减小数组物理尺寸的操作。减小数组尺寸的过程与增大数组尺寸的过程相反，步骤如下所示。

- 创建一个更小的新数组。
- 将数据从旧数组中复制到新数组。
- 将指向旧数组的变量指向新数组对象。

当数组的逻辑尺寸小于或等于其物理尺寸的 1/4，并且它的物理尺寸至少是这个数组建立时默认容量的 2 倍时，这个过程的相应代码就该派上用场了。这个算法会把数组的物理尺寸减小到原来的一半，并且也不会小于其默认容量。下面是相应的代码。

```
if logicalSize <= len(a) // 4 and len(a) >= DEFAULT_CAPACITY * 2:
    temp = Array(len(a) // 2)          # Create new array
    for i in range(logicalSize):       # Copy data from old array
        temp [i] = a [i]               # to new array
    a = temp                           # Reset old array variable to
                                       # new array
```

可以看到，这个策略允许在减小数组尺寸时浪费一些内存。这样做是为了降低向任何一个方向上继续调整大小的可能性。对减少数组尺寸操作的时间/空间复杂度分析将作为练习留给你。

4.2.3 将元素插入增大的数组

把元素插入数组中和替换数组里的元素是不一样的。在执行替换操作时，元素已在一个给定的索引位置，因此对这个位置进行简单复制就可以了，这时数组的逻辑尺寸并不会改变。但是，在执行插入操作时，程序员必须做以下这 4 件事。

- 就像前文提到的，在插入元素之前先检查可以使用的空间，根据需要来增大数组的物理尺寸。
- 将数组里从逻辑结尾到目标索引的所有元素向后移动。这个过程会在目标索引位置处为新元素留下一个空格。
- 将新元素分配到目标索引位置。
- 将逻辑尺寸加 1。

图 4-3 展示了将元素 D5 插入包含 4 个元素的数组位置 1 所需要的步骤。

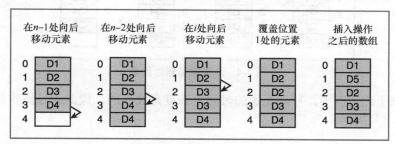

图 4-3 将元素插入数组

可以看到，元素的移动顺序非常重要。如果是从目标索引处开始移动元素，那么会丢失它后面的两个元素。因此，在把每个元素复制到它后面的内存单元时，必须从数组的逻辑结尾开始再回溯到目标索引的位置。下面是 Python 中插入操作的代码。

```python
# Increase physical size of array if necessary
# Shift items down by one position
for i in range(logicalSize, targetIndex, -1):
    a[i] = a[i - 1]
# Add new item and increment logical size
a[targetIndex] = newItem
logicalSize += 1
```

在平均情况下，执行插入操作时移动元素的时间复杂度是线性的，因此插入操作的时间复杂度也是线性的。

4.2.4 从数组里删除元素

从数组里删除元素的步骤正好和将元素插入数组中的相反，步骤如下。

- 将数组里从目标索引到逻辑结尾的所有元素向前移动。这个过程会关闭删除目标索引位置中的元素所留下的空格。
- 将逻辑尺寸减 1。
- 检查是否存在内存空间的浪费，并根据需要减小数组的物理尺寸。

图 4-4 展示了从包含 5 个元素的数组里将位置 1 处的元素删除的步骤。

和插入操作一样，元素的移动顺序非常重要。对于删除操作来说，应从目标位置后面的那个元素开始，朝着数组的逻辑结尾处移动，并把每个元素都复制到它前面的那个内存单元里。下面是 Python 中删除操作的代码。

```python
# Shift items up by one position
for i in range(targetIndex, logicalSize - 1):
```

```
    a[i] = a[i + 1]
# Decrement logical size
logicalSize -= 1
# Decrease size of array if necessary
```

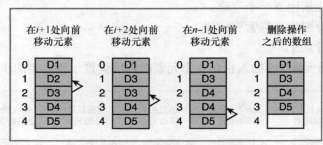

图 4-4　从数组里删除元素

同样，在平均情况下，移动元素的时间复杂度是线性的，因此删除操作的时间复杂度也是线性的。

4.2.5　复杂度的权衡：时间、空间和数组

数组结构在运行时性能和内存使用上做出了十分有趣的取舍。表 4-2 列出了所有数组操作的运行时复杂度以及两个其他操作的运行时复杂度：在数组的逻辑结尾处插入和删除元素。

表 4-2　　　　　　　　　　　　　　　　数组操作的运行时复杂度

操作	运行时复杂度
在位置 i 处访问	O(1)，最好和最坏情况下
在位置 i 处替换	O(1)，最好和最坏情况下
在逻辑结尾处插入	O(1)，平均情况下
在位置 i 处插入	O(n)，平均情况下
在位置 i 处删除	O(n)，平均情况下
增大容量	O(n)，最好和最坏情况下
减小容量	O(n)，最好和最坏情况下[①]
在逻辑结尾处删除	O(1)，平均情况下

可以看到，数组提供了对已经存在的元素进行快速访问的功能，以及在逻辑结尾处快速插入和删除的功能。然而，在任意位置处进行插入和删除操作的速度则会慢上一个数量级。调整数组的尺寸也需要线性时间，但是因为这个操作会把数组尺寸加倍或减半，所以可以最大限度地减少需要执行的次数。

由于偶尔会调整数组的尺寸，因此插入和删除操作在使用内存的时候会有 O(n)的复杂度。如果用了前文讨论的方法，那么这就是最坏情况下的性能；而在平均情况下，这些操作的内存使用情况仍然为 O(1)。

---

① 在原文表格里，最后 4 行和前面是重复的。——译者注

使用数组的时候，内存里唯一真正被浪费的是那些尚未填充满的数组单元。评估数组内存使用率的一个非常有用的概念是**负载因子**（load factor）。数组的负载因子等同于它所存储的元素数除以数组的容量。比如，当数组已满的时候，负载因子就是 1；当数组为空时，负载因子就是 0；当内存单元的容量为 10 且占用了 3 个单元时，负载因子就是 0.3。当数组的负载因子降到某个阈值（如 0.25）以下时，你就可以通过调整数组尺寸将浪费的内存单元数保持在尽可能低的水平。

练习题

1. 请说明为什么插入或删除给定元素时必须要移动数组里的某些元素。
2. 在插入过程中，移动数组元素时，要先移动哪个元素？先移动插入位置的元素，还是最后一个元素？为什么？
3. 如果插入位置是数组的逻辑末尾，请说明这个插入操作的运行时复杂度。
4. 假设数组当前包含 14 个元素，它的负载因子为 0.70，那么它的物理容量是多少？

4.3　二维数组（网格）

到目前为止，我们讨论的数组只能用来表示简单的元素序列，这可以称为**一维数组**（one-dimensional array）。对于许多应用程序来说，**二维数组**（two-dimensional array）或者说**网格**（grid）非常有用。比如，包含数字的表格可以被实现为二维数组。图 4-5 就展示了 4 行 5 列的二维数组。

	第0列	第1列	第2列	第3列	第4列
第0行	0	1	2	3	4
第1行	10	11	12	13	14
第2行	20	21	22	23	24
第3行	30	31	32	33	34

图 4-5　具有 4 行 5 列的二维数组（网格）

假设这个网格叫作 grid。要访问 grid 里的元素，可以通过两个下标来指定其行和列的相应位置，并且这两个索引都是从 0 开始的。

```
x = grid[2][3] # Set x to 23, the value in (row 2, column 3)
```

在本节中，我们将学习如何创建和处理简单的二维数组（网格）。例子里的这些网格都是矩形的，并且有固定的尺寸。

4.3.1　使用网格

除了用双下标，网格还必须要有两个方法，用来返回行数和列数。为了便于讨论，我们把这两个方法分别命名为 getHeight 和 getWidth。用来操作一维数组的方法可以很容易地扩展到网格里。比如，下面这段代码会计算变量 grid 里所有数字的总和。外部循环会迭代 4 次并向下逐行移动，在每次进入外部循环的时候，内部循环都会迭代 5 次，从而在不同行的列之间移动。

```
sum = 0
for row in range(grid.getHeight()):             # Go through rows
    for column in range(grid.getWidth()):       # Go through columns
        sum +=grid[row][column]
```

在这里，通过使用 getHeight 和 getWidth 方法而不是具体的数字 4 和 5，这段代码可以用在任何尺寸的网格上。

4.3.2　创建并初始化网格

假设存在一个叫作 Grid 的二维数组类。要创建一个 Grid 对象，应运行包含 3 个参数（高度、宽度以及初始的填充值）的 Grid 构造函数。下面这段代码实例化了一个具有 4 行5 列并且填充值为 0 的 Grid 对象，然后将这个对象打印出来。

```
>>> from grid import Grid
>>> grid = Grid(4, 5, 0)
>>> print(grid)
0 0 0 0 0
0 0 0 0 0
0 0 0 0 0
0 0 0 0 0
```

在创建网格之后，你可以把它的内存单元重新设置为任何值。下面这段代码会遍历这个网格，并将它的内存单元设置成图 4-5 所示的值。

```
# Go through rows
for row in range(grid.getHeight()):
    # Go through columns
    for column in range(grid.getWidth()):
        grid[row][column] = int(str(row) + str(column))
```

4.3.3　定义 Grid 类

Grid 类有点像前面介绍过的 Array 类。用户可以通过运行方法来得到它的行数和列数，并得到它的字符串表达式。但是，该类并不会提供迭代器。通过数组可以很方便地存储网格，顶层数组的长度等于网格的行数；而顶层数组里的每个内存单元也是一个数组，这个数组的长度是网格的列数。这个子数组包含给定行中的相应数据。为了支持客户端能够使用双下标，你只需要提供 __getitem__ 方法。下面是 Grid 类的代码（在 grid.py 文件里）。

```
"""
Author: Ken Lambert
"""

from arrays import Array

class Grid(object):
```

```
"""Represents a two-dimensional array."""

def __init__(self, rows, columns, fillValue = None):
    self.data = Array(rows)
    for row in range (rows):
        self.data[row] = Array(columns, fillValue)

def getHeight(self):
    """Returns the number of rows."""
    return len(self.data)

def getWidth(self):
    "Returns the number of columns."""
    return len(self.data[0])

def __getitem__(self, index):
    """Supports two-dimensional indexing
    with [row][column]."""
    return self.data[index]

def __str__(self):
    """Returns a string representation of the grid."""
    result = ""
    for row in range (self.getHeight()):
        for col in range (self.getWidth()):
            result += str(self.data[row][col]) + " "
        result += "\n"
    return result
```

4.3.4　参差不齐的网格和多维数组

到目前为止，我们所讨论的网格都是二维并且是矩形的。其实，你还可以把网格创建成参差不齐的样子，也可以创建高于两个维度的网格。

参差不齐的网格有固定的行数，但是每一行里的数据列数各有不同。列表数组或数组是可以实现这种网格的合适结构。

如果需要的话，可以在定义网格的时候就把维度传递给它。这时，唯一的限制就是计算机的内存容量了。比如，可以把三维数组当作一个盒子，里面装满了整齐排列在行和列里的更小的盒子。创建这个数组的时候需要指定它的深度、高度以及宽度。因此可以给数组类型添加一个叫作 getDepth 的方法，从而像 getWidth 和 getHeight 方法一样再得到这个维度的相关数据。在这个实现里，每个元素都可以通过 3 个作为索引的整数进行访问，也可以通过有3层循环的控制语句结构来使用它。

练习题

1. 什么是二维数组（网格）？
2. 请描述一个可能会用到二维数组的应用程序。
3. 编写一个程序，使之可以在 Grid 对象里搜索一个负整数。循环应该在遇到网格里的第一个负整数的地方终止，这时变量 row 和 column 应该被设置为这个负数的位置。如果在网格里找不到负数，那么变量 row 和 column 应该等于网格的行数和列数。

4. 说说运行下面这段代码后网格里的内容是什么。

```
matrix = Grid(3, 3)
for row in range(matrix.getHeight()):
    for column in range(matrix.getWidth()):
        matrix[row][column] = row * column
```

5. 编写一段代码以创建一个参差不齐的网格，它的行分别用来存储 3 个、6 个和 9 个元素。

6. 提供一个把 Grid 类用作数据结构来实现三维 array 类的策略。

7. 编写一段代码：这段代码会把三维数组里每个单元的值都初始化为它的 3 个索引位置。例如，如果位置是（深度、行、列），则对于位置（2、3、3）来说，它的值就是 233。

8. 编写一段代码：这段代码可以显示出三维数组里的所有元素。打印出的每一行数据都应该代表给定行和列里的所有元素，而深度将从第一个位置向后递归到最后一个位置。遍历应该从第 1 行、第 1 列以及第一个深度位置开始，依次遍历所有的深度、列和行。

4.4 链接结构

除了数组，链接结构也是在程序里常用的数据结构。和数组类似，链接结构也是一种具体的数据类型，可以用来实现若干类型的多项集（包括列表）。本书在稍后的部分将对如何在多项集（如列表和二叉树）里使用链接结构进行更深入的探讨。在本节里，我们将介绍程序员在使用链接结构实现任何类型的多项集时所必须要知道的几个特征。

4.4.1 单向链接结构和双向链接结构

顾名思义，链接结构由可以链接到其他节点的节点组成。尽管节点之间可能会有许多链接，但两个最简单的链接结构是：**单向链接结构**（singly linked structure）和**双向链接结构**（doubly linked structure）。

用框和指针符号可以绘制出非常有用的链接结构图例。图 4-6 就是用这两种符号表示的上面提到的两种链接结构。

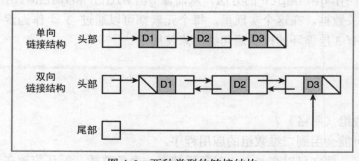

图 4-6 两种类型的链接结构

通过一个额外的**头部链接**（head link），可以使用单向链接结构访问第一个节点。接下来，用户就可以通过这个节点里发出的链接（由图 4-6 里的箭头表示）来访问其他节点了。因此，在单向链接结构里，你可以很容易地获得节点的后继节点，但不那么容易获得节点的前序节点。

双向链接结构会包含双向的链接，因此用户可以很轻松地移动到节点的后继节点或前序节点，这个时候会用到第二个额外的链接[被称为**尾部链接**（tail link）]，它能够让双向链接结构的用户直接访问最后一个节点。

在两种链接结构里，最后一个节点都没有指向后续节点的链接。在图 4-6 里，用斜杠代替箭头以表示没有链接，这称为**空链接**（empty link）。还有一点需要注意，在双向链接结构里，第一个节点也没有指向前序节点的链接。

和数组一样，这些链接结构也可以用来存储元素的线性序列。但是，使用链接结构的程序员无法通过指定的索引位置直接访问这个元素。在这种情况下，程序员必须从数据结构的一个顶端开始，然后按照链接进行访问，直至到达所需的位置（或找到期望的元素）为止。链接结构的这种性质对于很多操作都有显著的影响，这部分内容将在稍后讨论。

为链接结构分配内存的方式和为数组分配内存的方式是完全不同的，而且对于插入和删除操作来说，有两个显著影响。

* 在找到插入或删除点之后，可以在不移动内存里的数据元素的情况下执行插入或删除操作。
* 可以在每次插入或删除期间自动调整链接结构的大小，不需要花费额外的内存空间，也不需要复制数据元素。

接下来，我们将学习什么样的底层内存才能让链接结构具备这些优点。

4.4.2　非连续内存和节点

回想一下，数组里的元素必须存储在一段连续的内存中，这就意味着数组里各个元素的逻辑顺序和它们在内存单元里的物理顺序是紧密耦合的。相比而言，链接结构会把结构里各个元素的逻辑顺序和它们在内存里的顺序解耦。也就是说，要在内存的某个位置上找到链接结构里特定元素的内存单元，只需要让计算机跟随指向这个元素的地址或位置链接就行了。这称为**非连续内存**（noncontiguous memory）。

链接结构里用来存储的基本单位是**节点**（node），其中**单向链接节点**（singly linked node）包含下面这些组件或字段。

* 数据元素。
* 指向结构里下一个节点的链接。

对于**双向链接节点**（doubly linked node）来说，除了上述组件，还会包含一个指向结构里前一个节点的链接。

图 4-7 展示了内部链接为空的单向链接节点和双向链接节点。

根据编程语言的不同，程序员可以通过下面几种方法来让节点利用非连续内存。

* 在 FORTRAN 这样的早期语言里，唯一的内置数据结构就是数组。在这种情况下，程序员可以通过两个并排的数组为单向链接结构实现非

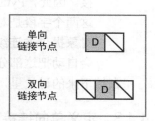

图 4-7　链接为空的两种节点类型

连续内存和节点。这两个数组里的第一个数组包含数据元素；第二个数组则包含数据数组里当前节点所对应的后续节点的索引位置。因此，随后的链接访问在这里也就代表着：用第一个数组里的数据元素索引来访问第二个数组里的值，然后再把这个值作为第一个数组里下一个数据元素的索引。在这里，空链接会用值–1 来表示。图 4-8 展示了一个链接结构以及它的数组存储方式。可以看到，这样做可以有效地将链接结构里数据元素的逻辑位置和它在数组里的物理位置分离。

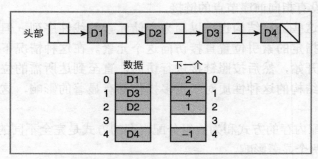

图 4-8   通过数组表示链接结构

- 在更现代的语言里（比如 Pascal 和 C++），程序员可以通过访问**指针**（pointer）直接得到所需的数据地址。在这些更现代的语言里，单向链接结构里的节点包含一个数据元素和一个指针值。对于空链接来说，它的指针值用特殊值 null（或 nil）来表示。这样，程序员就不用通过数组设置非连续内存了，而只需要向计算机请求一个名为**对象堆**（object heap）的新节点的指针。这个节点来自非连续内存的内置区域。然后，程序员把这个节点里的指针设置为指向另一个节点，从而建立到这个链接结构里其他数据的链接。通过显式地使用指针和内置堆，你可以得到比使用 FORTRAN 等语言更好的解决方案，因为不再需要负责管理非连续内存的底层数组存储方式了。毕竟，任何计算机的内存（RAM）也就只是一个大数组而已。但是，Pascal 和 C++还需要程序员来管理堆，因此程序员要通过特殊的 dispose 或 delete 操作把不使用的节点返回给堆。
- Python 程序员通过使用对对象的**引用**（reference）设置节点和链接结构。在 Python 里，任何变量都可以用来引用任何数据，这也包括值 None，它可以用来代表空链接。因此，Python 程序员可以通过定义包含两个字段的对象来定义单向链接节点，这两个字段是对数据元素的引用和对另一个节点的引用。Python 为每个新的节点对象提供非连续内存的动态分配，并且当应用程序不再引用这个对象的时候，它会自动把这部分内存返回给系统（垃圾回收）。

在接下来的讨论里，术语链接、指针和引用是可以互换使用的。

4.4.3   定义单向链接节点类

节点类非常简单，因为节点对象的灵活性和易用性非常重要，所以通常会引用节点对象的实例变量而不是方法调用，并且构造函数也需要用户在创建节点时可以设置节点的链接。前文提到，单向链接节点只包含数据元素和对下一个节点的引用。下面是用来实现单向链接节点类的代码。

```
class Node(object):
    """Represents a singly linked node."""

    def __init__(self, data, next = None):
        """Instantiates a Node with a default next of None."""
        self.data = data
        self.next = next
```

4.4.4 使用单向链接节点类

节点变量会被初始化为 None 或一个新的 Node 对象。下面这段代码展示了二者的不同。

```
# Just an empty link
node1 = None
# A node containing data and an empty link
node2 = Node("A", None)
# A node containing data and a link to node2
node3 = Node("B", node2)
```

图 4-9 展示了运行上述代码后这 3 个变量的状态。你可以从图里看到下面几点。

● node1 没有指向任何节点对象（是 None）。

● node2 和 node3 都指向了链接的对象。

● node2 指向了下一个指针是 None 的对象。

接下来，假设要运行下面这个语句，以把第一个节点放置在已经包含了 node2 和 node3 的链接结构的开头：

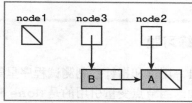

图 4-9 3 个外部链接

```
node1.next = node3
```

这时，Python 会引发 AttributeError 异常。因为变量 node1 的值是 None，所以它并不包含用来引用节点对象的 next 字段。要创建所期望的链接，你可以运行以下代码。

```
node1 = Node("C", node3)
```

或者

```
node1 = Node("C", None)
node1.next = node3
```

通常来说，你可以在尝试访问字段之前，先检查给定的节点变量是不是 None，以避免这个异常的发生。

```
if nodeVariable != None:
   <access a field in nodeVariable>
```

和数组一样，链接结构也可以通过循环来使用。可以用循环创建一个链接结构并访问其中的每个节点。下面这个测试脚本将用 Node 类创建一个单向链接结构，并打印出它的内容。

```
"""
File: testnode.py
```

```
Tests the Node class.
"""

from node import Node

head = None
# Add five nodes to the beginning of the linked structure
for count in range(1, 6):
    head = Node(count, head)
# Print the contents of the structure
while head != None:
    print(head.data)
    head = head.next
```

从代码里可以看到，这个程序有一个叫作 head 的指针，用于生成整个链接结构。这个指针的用法是让所有新插入的元素始终位于链接结构的开头。在显示数据时，它们会以和插入时相反的顺序出现。此外，当显示数据时，头部指针会被重置到下一个节点，直到头部指针变为 None 为止。因此，在这个过程结束之后，你就可以把链接结构里所有节点都删除。这些节点在程序里不再可用，并且会在下一次垃圾回收期间被回收。

练习题

1. 用框和指针绘制测试程序里第一个循环所创建的节点的示意图。
2. 当节点变量引用的是 None 时，如果程序员尝试访问节点的数据字段，则会发生什么？如何防止这种情况的发生？
3. 编写一段代码：这段代码会把一个被填满的数组里的元素都转移为单向链接结构里的数据。这个操作应保留元素的顺序不变。

4.5　单向链接结构上的操作

数组上的操作几乎都是基于索引的，因为索引是数组结构一个不可或缺的部分。对于链接结构来说，程序员必须通过操控结构里的链接来模拟这些基于索引的操作。本节将探讨如何在常见的操作（如遍历、插入和删除）里执行对链接的修改。

4.5.1　遍历

在测试程序的第二个循环里，节点会在被打印之后从链接结构里删除。但是，对于许多应用程序来说，只需要访问每个节点而不用删除它们。这个操作称为**遍历**（traversal），会用到一个叫作 probe 的临时指针变量。一开始，这个变量被初始化为链接结构的 head 指针，然后通过循环来完成，如下所示。

```
probe = head
while probe != None:
```

```
<use or modify probe.data>
probe = probe.next
```

图 4-10 展示了每次循环时指针变量 probe 和 head 的位置。可以看到，在整个过程结束之后，probe 指针是 None，但 head 指针仍然引用第一个节点。

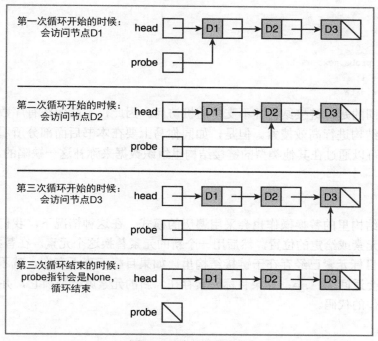

图 4-10 遍历链接结构

通常来说，单向链接结构的遍历会访问所有节点，并且在到达空链接时终止遍历。因此，值 None 相当于停止进程的**哨兵**（sentinel）。

遍历的时间复杂度是线性的，也不需要额外的内存。

4.5.2 搜索

我们在第 3 章中讨论过如何在列表里对指定元素进行顺序搜索。对链接结构进行顺序搜索有点类似于遍历操作，因为必须要从第一个节点开始并依照链接顺序移动，直至找到对应的标记。在这种情况下，这个标记有两种可能性。

● 空链接，说明没有更多需要被检查的数据元素。

● 等同于目标元素的数据元素，代表搜索成功。

下面是搜索给定元素的代码。

```
probe = head
while probe != None and targetItem != probe.data:
    probe = probe.next
if probe != None:
    <targetItem has been found >
else:
    <targetItem is not in the linked structure>
```

平均情况下，显然顺序搜索在单向链接结构上是线性的。

遗憾的是，访问链接结构的第 i 个元素时执行的也是顺序搜索。这是因为必须从第一个节点开始统计链接的数量，直至到达第 i 个节点为止。假设有 $0 \leqslant i < n$（其中 n 是链接结构里的节点数），则访问第 i 个元素的代码如下。

```
# Assumes 0 <= index < n
probe = head
while index > 0:
    probe = probe.next
    index -= 1
return probe.data
```

和数组不同的是，链接结构并不支持随机访问。因此，不能像在有序数组里那样对有序的单向链接结构进行高效搜索。但是，如同你马上要在本书后面部分所看到的那样，还是有一些方法可以通过在其他类型的链接结构里组织数据来弥补这一缺陷的。

4.5.3　替换

单向链接结构里的替换操作也会采用遍历的模式。在这种情况下，我们会在链接结构里搜索给定的元素或给定的位置，然后用一个新的元素替换这个元素。在替换给定元素时，并不需要假定目标元素已经存在于链接结构里。如果目标元素不存在，就不会发生任何替换操作，并且会返回 False；如果目标元素存在，新的元素就会替换它，并且返回 True。下面是这个操作的代码。

```
probe = head
while probe != None and targetItem != probe.data:
    probe = probe.next
if probe != None:
    probe.data = newItem
    return True
else:
    return False
```

假设有 $0 \leqslant i < n$，那么要替换第 i 个元素的操作代码如下所示。

```
# Assumes 0 <= index < n
probe = head
while index > 0:
    probe = probe.next
    index -= 1
probe.data = newItem
```

这两个替换操作在平均情况下都是线性的。

4.5.4　在开始处插入

现在，你可能想知道链接结构上有没有优于线性复杂度的操作。实际上，的确有几种。在某些情况下，这些操作如果用在链接结构上，其性能会优于数组。第一种情况就是在结构的开头插入元素，这也就是在 4.4 节的测试程序里反复执行的操作。它的代码如下所示。

```
head = Node(newItem, head)
```

图 4-11 展示了这个操作在两种不同情况下的状态。可以看到，head 指针在第一种情况下是 None，因此这个操作会把第一个元素插入结构里；而在第二种情况下，第二个元素会被插入这个结构的开头。

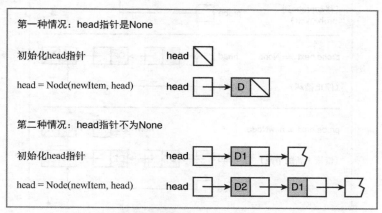

图 4-11　在链接结构的开头插入元素的两种情况

可以看到，在已经有数据的情况下，并不需要通过复制数据来让它们向后移动，也不需要额外的内存。这也就意味着在链接结构的开头处插入数据只会用到常数的时间和内存，这和对数组的相同操作是不一样的。

4.5.5　在结尾处插入

在数组的结尾处插入元素（通过 Python 列表的 append 操作实现）时，如果不用调整数组的尺寸，那么只需要常数的时间和内存。对于单向链接结构，这个过程需要考虑两种情况。

● 当 head 指针是 None 时，它会被设置为新节点。
● 当 head 指针不是 None 时，代码会找到最后一个节点，并把它的下一个指针指向新节点。

因此在有数据的情况下，会用到遍历模式。代码如下所示。

```
newNode = Node(newItem)
if head is None:
    head = newNode
else:
    probe = head
    while probe.next != None:
        probe = probe.next
    probe.next = newNode
```

图 4-12 展示了在包含 3 个元素的链接结构的结尾处插入新元素的过程。这个操作的时间复杂度是线性的，但内存复杂度是常数。

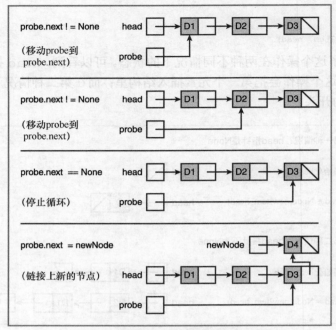

图 4-12　在链接结构的结尾处插入元素

4.5.6　在开始处删除

在 4.4 节的测试程序里，我们反复执行了从链接结构的开头删除元素的操作。在执行这类操作时，通常都会假定结构里至少存在一个节点，这个操作将返回被删除的元素。代码如下所示。

```
# Assumes at least one node in the structure
removedItem = head.data
head = head.next
return removedItem
```

图 4-13 展示了从链接结构开始处删除元素的过程。

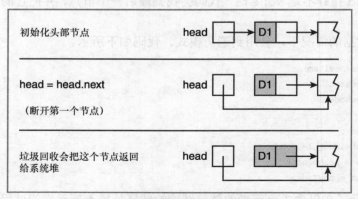

图 4-13　从链接结构开始处删除元素

可以看到，这个操作会用到常数的时间和内存，这与在数组上执行相同的操作是有所不同的。

4.5.7 在结尾处删除

在删除位于数组结尾处的元素（通过 Python 列表的 pop 方法实现）时，除非要对数组尺寸进行调整，否则通常只会用到常数的时间和内存。单向链接结构中的这个操作假定在结构里至少有一个节点，这样就有两种情况需要考虑。

- 只有一个节点，这时只需要把 head 指针设置为 None。
- 最后一个节点之前还有一个节点。这时相应的代码会找到倒数第二个节点，并把下一个指针设置为 None。

无论是哪种情况，代码都会返回这个被删除节点里包含的数据元素。代码如下所示。

```
# Assumes at least one node in structure
removedItem = head.data
if head.next is None:
    head = None
else:
    probe = head
    while probe.next.next != None:
        probe = probe.next
    removedItem = probe.next.data
    probe.next = None
return removedItem
```

图 4-14 展示了从包含 3 个元素的链接结构里删除最后一个节点的过程。

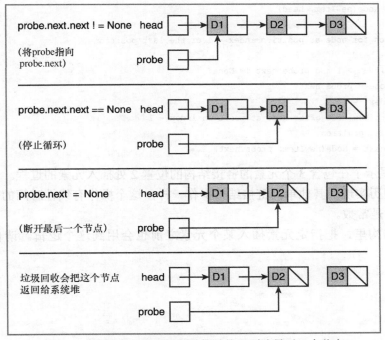

图 4-14　从包含 3 个元素的链接结构里删除最后一个节点

这个操作会用到常数的时间和内存。

4.5.8　在任意位置处插入

如果要在数组的第 i 个位置插入元素，需要把位置 i 到位置 $n-1$ 的元素都向后移动。因此，实际上是把这个新元素插到了位置 i 的元素之前，从而让新元素占据了位置 i，之前的元素位于位置 $i+1$ 处。若在空数组或索引值大于 $n-1$ 的情况下插入，会是什么样子呢？如果数组为空，那么新元素就会位于数组开头；如果索引值大于或等于 n，则新元素会位于数组结尾。

在链接结构的第 i 个位置插入元素时也需要处理相同的情况。若在开头插入，可以用前面提到的代码。但是若在其他位置 i 处要进行插入，插入操作必须要先找到位置 $i-1$（如果 $i<n$）或 $n-1$（如果 $i\geqslant n$）处的节点。这样，就有两种情况需要考虑。

- 这个节点后面的指针是 None。这意味着 $i\geqslant n$，因此应该把新的元素放在链接结构的末尾。
- 这个节点后面的指针不是 None。这意味着 $0<i<n$，因此应该把这个新元素放在位置 $i-1$ 和位置 i 的节点之间。

和搜索第 i 个元素一样，插入操作也必须对节点进行计数，直至找到所需到达的位置。但是，给定的目标索引可能大于或等于总节点数，因此必须要避免在搜索过程中超出链接结构的末尾。这个循环还需要另一个条件以检测当前节点指向的下一个指针，从而知道是否已经到达最后一个节点。代码如下所示：

```
if head is None or index <= 0:
    head = Node(newItem, head)
else:
    # Search for node at position index - 1 or the last position
    probe = head
    while index > 1 and probe.next != None:
        probe = probe.next
        index -= 1
    # Insert new node after node at position  index - 1
    # or last position
    probe.next = Node(newItem, probe.next)
```

图 4-15 展示了在包含 3 个元素的链接结构的位置 2 处插入元素的过程。

和通过遍历实现的其他单向链接结构操作一样，这个操作有线性时间的性能。但是，它的内存使用是常数。

在链接结构里，把指定元素插入某个元素之前也会用到这个逻辑。请自行完成这个操作。

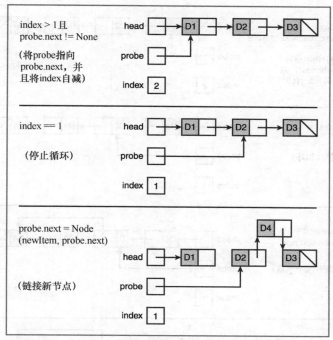

图 4-15 在包含 3 个元素的链接结构的位置 2 处插入元素

4.5.9 在任意位置处删除

从链接结构里删除第 i 个元素时，有下面 3 种情况需要考虑。

- $i \leqslant 0$——通过代码删除第一个节点。
- $0 < i < n$——像插入操作那样，找到位置 $i-1$ 处的节点，然后删除它后面的节点。
- $i \geqslant n$——删除最后一个节点。

假设在链接结构里至少有一个节点。这个操作的模式和插入操作的模式是类似的，因此也要避免在搜索过程中超出链接结构的末尾。但是在这个过程中，你必须允许 probe 指针可以访问到链接结构的倒数第二个节点。代码如下所示。

```
# Assumes that the linked structure has at least one item
if index <= 0 or head.next is None:
    removedItem = head.data
    head = head.next
    return removedItem
else:
    # Search for node at position index - 1 or
    # the next to last position
    probe = head
    while index > 1 and probe.next.next != None:
        probe = probe.next
        index -= 1
    removedItem = probe.next.data
    probe.next = probe.next.next
    return removedItem
```

图 4-16 展示了从包含 4 个元素的链接结构里删除位置 2 处的元素过程。

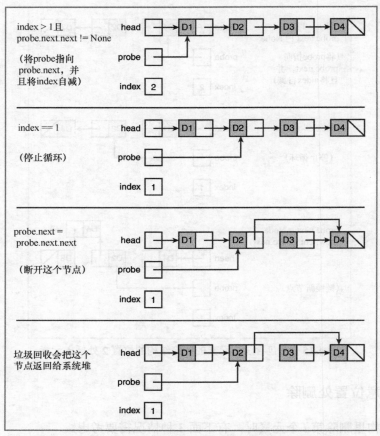

图 4-16　从包含 4 个元素的链接结构里删除位置 2 处的元素

4.5.10　复杂度的权衡：时间、空间和单向链接结构

单向链接结构和数组相比，表现出了对空间/时间复杂度不同的权衡。表 4-3 给出了其各项操作的运行时复杂度。

表 4-3　　　　　　　　　　　单向链接结构各项操作的运行时复杂度

操作	运行时复杂度
在位置 i 处访问	O(n)，平均情况下
在位置 i 处替换	O(n)，平均情况下
在开始处插入	O(1)，最好和最坏情况下
在开始处删除	O(1)，最好和最坏情况下
在位置 i 处插入	O(n)，平均情况下
在位置 i 处删除	O(n)，平均情况下

可以看到，只有在链接结构里插入第一个元素和删除第一个元素这两个操作在时间上不是线性的。你可能会想，如果这么多链接结构的操作都是线性的，那为什么还要使用链接结构而不直接使用数组呢？假设你要实现的是一个只会插入、访问以及删除第一个

元素的多项集（这样的一个多项集将会在第 7 章看到）。当然，这也可以通过在数组里插入或删除最后一个元素来看到，并且会有类似的时间复杂度。我们在第 10 章还会介绍能够在对数时间里进行插入和搜索的链接结构。

　　与数组相比，单向链接结构的主要优势并不在于时间复杂度而在于内存性能。调整数组尺寸（在需要的时候执行），使其在时间和内存上都是线性的；调整链接结构的大小（会在插入或删除时发生）在时间和内存上都是常数复杂度。此外，在链接结构里，不会有内存的浪费，因为这个结构的物理尺寸永远都不会超过逻辑尺寸。当然，链接结构的确会产生一些额外的内存开销，这是因为单向链接结构必须要有额外的 n 个内存单元来存储指针。对于双向链接结构来说，它的节点里包含两个链接，因此内存的成本会更高一些。

　　程序员在了解了上述分析过程之后，就可以选择最适合需求的实现了。

练习题

1. 假设已经找到了从单向链接结构里删除元素的位置，请说明从这个时候开始完成删除操作的运行时复杂度。
2. 可以对单向链接结构里按顺序排列的元素执行二分搜索吗？如果不可以，为什么？
3. 请说明为什么 Python 列表会使用数组而不是链接结构来保存它的元素。

4.6　链接上的变化

　　本节将介绍两种带有额外指针的链接结构，这些指针可用来提高性能以及简化代码。

4.6.1　包含虚拟头节点的环状链接结构

　　在第一个节点位置处执行插入和删除操作是单向链接结构里在任意位置进行插入和删除操作的特殊情况。之所以特殊，是因为这个时候必须重置 head 指针。可以通过包含**虚拟头节点**（dummy header node）**的环状链接结构**（circular linked structure）简化这两个操作。环状链接结构包含了从最后一个节点到第一个节点的链接，并且它的实现里至少会包含一个节点。这个节点（虚拟头节点）不包含任何数据，但会被用来作为链接结构的开始和结束的标记。在最初的空链接结构里，head 变量会指向虚拟头节点，而虚拟头节点的下一个指针会指向虚拟头节点本身，如图 4-17 所示。

　　第一个包含数据的节点位于虚拟头节点之后，并且这个节点的下一个指针会像一个环一样指向虚拟头节点，如图 4-18 所示。

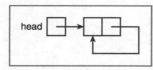
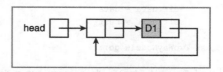

图 4-17　有虚拟头节点的空的环状链接结构　　　图 4-18　插入第一个节点后的环状链接结构

对第 i 个节点进行查找会从虚拟头节点之后的节点开始。假设空链接结构的初始化代码如下所示。

```
head = Node(None, None)
head.next = head
```

使用这种新的链接结构在第 i 个位置执行插入操作的代码如下所示。

```
# Search for node at position index - 1 or the last position
probe = head
while index > 0 and probe.next != head:
    probe = probe.next
    index -= 1
# Insert new node after node at position index - 1 or
# last position
probe.next = Node(newItem, probe.next)
```

这个实现的优点是，插入和删除操作只需要考虑一种情况——位于第 i 个位置的新节点应该在当前的第 i 个节点以及这个节点之前的节点之间。当第 i 个节点指的是第一个节点时，它前面的节点就应该是头部节点；当 $i \geqslant n$ 时，最后一个节点会是它前面的节点，头节点是它后面的节点。

4.6.2　双向链接结构

双向链接结构包含单向链接结构的优点，并且还可以让用户执行以下这些操作。

● 从给定节点向前移动到上一个节点。

● 直接移动到最后一个节点。

图 4-19 展示了包含 3 个节点的双向链接结构。可以看到，每个节点都包含 2 个指针，通常称为 next 和 previous。还可以看到，存在一个额外的 tail 指针，它能够让用户直接访问结构里的最后一个节点。

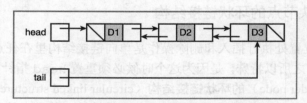

图 4-19　包含 3 个节点的双向链接结构

要在 Python 里实现双向链接结构的节点类，只需要添加一个新的叫作 previous 的指针字段来扩展前面讨论过的 Node 类。下面是这两个类的代码。

```
class Node(object):

    def __init__(self, data, next = None):
        """Instantiates a Node with default next of None"""
        self.data = data
        self.next = next

class TwoWayNode(Node):

    def __init__(self, data, previous = None, next = None):
        """Instantiates a TwoWayNode."""
```

```
        Node.__init__(self, data, next)
        self.previous = previous
```

下面这个测试程序通过在结构末尾添加元素可以创建双向链接结构。然后，这个程序
会显示出链接结构里从最后一个元素开始到第一个元素数据的内容。

```
"""File: testtwowaynode.py
Tests the TwoWayNode class.
"""

from node import TwoWayNode
# Create a doubly linked structure with one node
head = TwoWayNode(1)
tail = head

# Add four nodes to the end of the doubly linked structure
for data in range(2, 6):
    tail.next = TwoWayNode(data, tail)
    tail = tail.next

# Print the contents of the linked structure in reverse order
probe = tail
while probe != None:
    print(probe.data)
    probe = probe.previous
```

考虑在程序的第一个循环里出现的这两条语句：

```
tail.next = TwoWayNode(data, tail)
tail = tail.next
```

这两条语句的作用是在链接结构的末尾插入一个新元素。假设链接结构里至少有一个
节点，并且 tail 指针始终指向非空链接结构里的最后一个节点，你需要按照下面这个顺序
来操作 3 个指针。

● 新节点之前的指针应该指向当前的尾节点，这是通过把 tail 指针作为第二个参数
传递给节点的构造函数实现的。

● 当前尾节点的下一个指针必须指向新节点，这是通过第一个赋值语句实现的。

● tail 指针指向新的节点，这是通过第二个赋值语句实现的。

图 4-20 展示了在双向链接结构末尾插入元素的过程。

可以看到，要在双向链接结构的中间插入元素，需要改变很多的指针。但是，无论目
标位置在哪里，需要更新的指针数量始终都是常数级的。

和单向链接结构一样，双向链接结构通用的插入和删除操作中也有两种特殊情况。
你可以通过使用带有虚拟头节点的环状链接结构简化这些操作，这留作练习。

除了在链接结构的末尾进行插入和删除，在双向链接结构上操作运行时的复杂度和单
向链接结构上的相应操作是相同的。但是，双向链接结构的额外指针需要额外线性数量的
内存来存储。

链接结构的另一个变体是将双向链接结构和虚拟头节点结合在一起，我们在第 9 章通
过这种方法实现了链接列表。

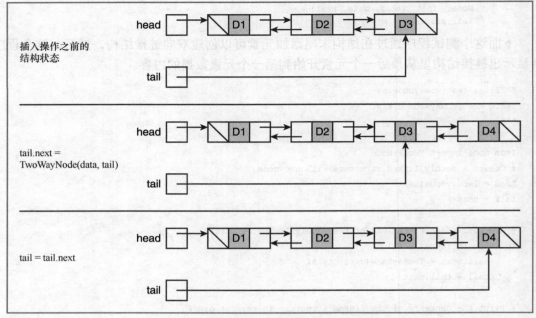

图 4-20   在双向链接结构的末尾插入元素

练习题

1．包含虚拟头节点的环状链接结构给程序员带来了什么好处？
2．和单向链接结构相比，请描述双向链接结构的一个好处和一个额外开销。

4.7   章节总结

● 数据结构是一个表示多项集里所包含数据的对象。

● 数组是一种在常数时间内支持对位置逐项随机访问的数据结构。在创建数组时，会为它分配若干个用来存放数据的内存空间，并且数组的长度会保持不变。插入和删除操作需要移动数据元素，并且可能需要创建一个新的、更大或更小的数组。

● 二维数组里的每个数据值都位于矩形网格的行和列上。

● 链接结构是由 0 个或多个节点组成的数据结构。每个节点都包含一个数据元素和一个或多个指向其他节点的链接。

● 单向链接结构的节点包含数据元素和到下一个节点的链接。双向链接结构里的节点还包含到前一个节点的链接。

● 在链接结构里进行插入或删除操作不需要移动数据元素，每次最多只会创建一个节点。但是，在链接结构里执行插入、删除和访问操作需要的时间复杂度都是线性的。

● 在链接结构里使用头节点可以简化某些操作，如添加或删除元素。

4.8 复习题

1. 数组和链接结构都是：
   a. 抽象数据类型（ADT）
   b. 数据结构

2. 数组的长度：
   a. 在创建之后大小是固定的
   b. 在创建之后大小可以增加或减少

3. 在数组[①]里进行随机访问支持在：
   a. 常数时间里访问数据
   b. 线性时间里访问数据

4. 单向链接结构里的数据包含在：
   a. 单元里
   b. 节点里

5. 对单向链接结构执行的大多数操作都需要：
   a. 常数时间
   b. 线性时间

6. 从以下哪种类型里删除第一个元素需要常数时间：
   a. 数组
   b. 单向链接结构

7. 在下面哪种情况下，数组里使用的内存会少于单向链接结构的：
   a. 不到一半的位置放置了数据
   b. 一半以上的位置放置了数据

8. 当数组的内存不足以保存数据时，最好创建一个新的数组，这个新数组应该：
   a. 大小比旧数组多 1 个位置
   b. 大小是旧数组的 2 倍

9. 对于单向链接结构，当你在什么地方执行插入操作会得到最坏情况下的运行时：
   a. 在结构的开头
   b. 在结构的末尾

10. 双向链接结构让程序员可以移动到：
    a. 给定节点的后一个节点或前一个节点
    b. 给定节点的后一个节点

---

① 这道题原文没有说是数组还是链接结构，因此无法给出合理的选择，在这里使用数组作为问题。——译者注

4.9 编程项目

　　在前 6 个项目里，你将修改在本章定义的 Array 类，从而让它更像 Python 的 list 类。对于这些项目的答案，请包含你对 Array 类所做修改的代码测试。

1. 为 Array 类添加一个实例变量 logicalSize。这个变量的初始值为 0，用来记录数组里当前已经包含的元素数量。然后为 Array 类添加 size() 方法，这个方法用来返回数组的逻辑尺寸。__len__ 方法依然会返回数组的容量，也就是它的物理尺寸。

2. 为 Array 类的__getitem__和__setitem__方法添加先验条件。它们的先验条件是 0<=index < size()。如果不满足先验条件，就引发异常。

3. 将 grow 和 shrink 方法添加到 Array 类。它们能够基于本章所讨论的策略来增加或减少数组里所包含的列表长度。在实现时，要保证数组的物理尺寸不会缩小到用户指定的容量之下，并且在增加数组尺寸时，数组的内存单元将会用默认值来填充。

4. 将方法 insert 和 pop 添加到 Array 类中。它们基于本章已经讨论过的策略，在需要的时候对数组的长度进行调整。insert 方法会接收一个位置和一个元素值作为参数，然后把这个元素插入指定的位置。如果位置大于或等于数组的逻辑尺寸，那么这个方法会把元素插入数组里当前可获得的最后一个元素之后。pop 方法会接收一个位置作为参数，然后删除并返回这个位置的元素。pop 方法的先验条件是 0<=index < size()。pop 方法还应该把腾出来的数组内存单元重置为填充值[①]。

5. 将方法__eq__添加到 Array 类中。当 Array 对象作为==运算符的左操作数时，Python 会运行这个方法。如果这个方法的参数也是一个 Array 对象，并且它的逻辑尺寸和左操作数相同，且在两个数组里每个**逻辑**位置上的元素都相等，那么这个方法会返回 True；否则，这个方法返回 False。

6. **Jill** 告诉 **Jack**，为了让 Array 类和列表一样，应该删除__iter__方法的当前实现。请解释这为什么是一个好建议，并说明在这个情况下应该如何对__str__方法进行修改。

7. Matrix 类可以执行线性代数里的某些运算，比如矩阵运算。开发一个使用内置运算符进行算术运算的 Matrix 类，这个 Matrix 类应扩展自 Grid 类。在接下来的 4 个项目里，你应定义一些用来操作链接结构的函数。在解答的过程中，你应该继续使用本章定义的 Node 和 TwoWayNode 类。创建一个测试模块以包含你的函数定义和用来测试它们的代码。

8. 定义一个叫作 length 的函数（**不是** len），这个函数会接受一个单向链接结构作为参数，并能够返回结构里的元素数量。

9. 定义一个叫作 insert 的函数，这个函数具有把元素插入单向链接结构中指定位置的功能。这个函数有 3 个参数：元素、位置以及一个链接结构（这个链接结构可能为空）。这个函数能够返回修改之后的链接结构。如果传递的位置大于或等于链接结构的长度，那么这个函数会把元素插入它的末尾。这个函数的调用示例是 head = insert(1,data,head)，

---

① 最后一句话，原文用的是 remove 方法，这个方法在本章里没有出现过，且与上下文无关，故改为 pop 方法。——译者注

其中 head 是一个变量，这个变量要么为空链接，要么指向链接结构的第一个节点。

10. 定义一个叫作 pop 的函数，这个函数能够在单向链接结构的指定位置上删除元素。这个函数的第一个参数是位置，它的先验条件是 0<=position<结构的长度。它的第二个参数是一个链接结构，很明显它不应该为空。这个函数将会返回一个**元组**，包含修改后的链接结构和删除的元素。它的调用示例是(head, item) = pop(1, head)。

11. 定义一个函数 makeTwoWay，这个函数会接受一个单向链接结构作为参数，然后生成并返回一个包含单向链接结构里的元素的双向链接结构。（**注意**：这个函数不应该对作为参数的链接结构进行任何修改。）

第 5 章 接口、实现和多态

在完成本章的学习之后，你能够：

- 为给定的多项集类型开发接口；
- 按照多项集类型的接口实现多个类；
- 对给定多项集类型的不同实现评估运行时和内存使用情况的权衡；
- 实现一个简单的迭代器；
- 使用方法对包和集合进行操作；
- 判断包或集合是否适合在给定的应用程序里使用；
- 将包的实现转换成有序包的实现。

为了让各种设备能够连接到计算机，通用串行总线（USB）这样一个标准**接口**（interface）应运而生。采用标准 USB 电缆，可以把计算机连接到数码相机、智能手机、打印机、扫描器、外部存储磁盘以及许多其他设备上。常用的 U 盘都带有集成的 USB 连接器。

接口在软件里和在硬件里一样，都应用得非常广泛。精心设计的软件的一个特征就是：它的接口与实现可以清晰地区分开来。当程序员使用软件资源时，他们只需要关心接口里提供的方法、函数以及数据类型名称。在理想情况下，实现这些资源的详细信息（底层的算法代码和数据结构）都会隐藏或封装在**抽象屏障**（abstraction barrier）内。这个将接口与实现分开的屏障可以：

- 降低用户的学习难度；
- 让用户以即插即用的方式将资源快速整合在一起；
- 让用户有机会对同一个资源的不同实现进行选择；
- 让实现者在不影响用户代码的情况下更改资源的实现。

在本章中，我们将探讨如何通过分离软件的接口与实现来设计和实现软件资源，在这个过程中，还会探索软件设计里另一个非常有用的概念：**多态**（polymorphism）。在这里，多态是指资源的多个实现遵循相同的接口或方法集的观点。

5.1 开发接口

每次通过运行 Python 的 help 函数获取有关模块、数据类型、方法或函数信息时，访问的都是关于这个资源的接口文档。对于数据类型（或类）来说，你会看到一个包含全部方法定义的列表，里面有它们的名称、参数类型、关于这些方法作用的说明以及这个方法的返回值（如果需要的话）。这个文档提供了足够多的信息，可以帮助你了解如何使用或调用这些方法，以及了解应该期望这个方法会完成的功能并返回什么值。因此，接口是非常简洁和内容丰富的，可以让你通过查看资源对外公开所暴露的"口"

来了解资源的各项行为。

在本节中，我们将为名为**包**（bag）的简单多项集类型开发接口。如第 2 章提到的那样，包是一种无序多项集。包接口可以让用户有效地使用包类型，并且可以让实现者生成实现这个接口的新类。

5.1.1 设计包接口

资源接口里的方法表达了这个资源的行为，也就是它会执行的操作以及可以对它进行的操作。对于包这样的新对象，我们可以通过考虑它在现实世界里可以做什么而派生出一个接口。

让我们回到现实生活中使用包的场景。显然，现实生活中的包可以放下各种对象，比如网球、衣服、食品以及在办公用品店购买的商品。需要随时掌握包里有多少东西，以及如何在包里添加或取出东西。与现实中的包不一样，在软件里，包可以随着元素的添加而增大，也可以随着元素的删除而缩小。

为了让包使用起来更方便，下面这些操作非常有用，知道一个包是否为空；通过一个操作清空包；确定一个给定的元素是否在包里；在不清空的情况下，查看包里的每个元素。最后这个操作可以有两种形式：一种是访问包里的内容，另一种是提供包内容的"可打印"版本——也就是字符串形式。

还有一些其他有用的操作：确定两个包是否包含相同的对象；将两个包里的元素合并到第三个包里的**串联**（concatenation）操作。除此之外，你还需要知道如何创建一个包——一个最初为空的包，或一个装满了另一个多项集里的元素的包。

接下来是获得函数名称、方法名称以及运算符的列表以满足这些操作的描述。这些名称通常是需要执行的动作或被检查属性的完整单词或相应缩写。在选择方法或函数名称时，你需要尽量满足常见用法。比如，对于多项集来说，len 函数和 str 函数应该总是返回多项集的长度和它的字符串表达式；运算符+、==和 in 应该分别代表串联、相等以及元素是否存在的操作；for 循环可以用来访问多项集里的所有元素；add 和 remove 方法除了显而易见的含义，也包含在其他多项集（如集合）的接口里。在缺少惯例的地方，你应该按照常识来取名：isEmpty 和 clear 方法的作用很容易通过其名字了解。（后者会清空包对象。）

通过在不同类型的多项集里使用常用的名称，你就可以看到多态（源自希腊语，表示**许多实体**）的第一个示例。下面是包接口里的函数名称、方法名称以及相应的运算符。

```
add
clear
count
for …
in
isEmpty
len
remove
str
+
==
```

5.1.2　指定参数和返回值

接下来，我们要对包接口做的优化是把参数添加到接口的操作中，并且考虑这些操作需要返回什么值（如果需要）。注意，接口并不会公开这些操作是如何执行相应任务的，因为怎么执行是实现者的工作。

对于每个操作来说，要看看执行这个操作所需的对象（如果需要）以及完成任务之后会返回的对象（如果需要）。这些信息给出了这个操作的参数和返回值（如果需要）。一种可以快速得到这些信息的方法是：想象你在编写一个使用包数字的简单程序。下面这段代码就展示了这样一个程序，其中变量 b 和 c 都代表包对象。

```
b.clear()                   # Make the bag empty
for item in range(10):      # Add 10 numbers to it
    b.add(item)
print(b)                    # Print the contents (a string)
print(4 in b)               # Is 4 in the bag?
print(b.count(2))           # 1 instance of 2 in the bag
c = b + b                   # Contents replicated in a new bag
print(len(c))               # 20 numbers
for item in c:              # Print them all individually
    print(item)
for item in range(10):      # Remove half of them
    c.remove(item)
print(c == b)               # Should be the same contents now
```

isEmpty、len 和 clear 操作是这些操作里最简单的，因为它们不需要提供信息就能执行相应的工作。len 会返回一个整数，str 则会返回一个字符串。

add 和 remove 操作需要知道被添加或删除的元素，因此这两个操作都会有一个元素作为参数。接下来的问题是，当这个元素不在包中时，remove 操作应该怎么做？对于 Python 的内置多项集来说，发生这种情况时，Python 通常会引发一个异常。就目前而言，你可以先忽略这个问题，在后面再思考这个问题。

in、+和==运算符都需要两个操作数，并且都会返回一个值。in 运算符的两个操作数分别是一个任意的 Python 对象和一个包，然后返回一个布尔值；+运算符期望有两个包作为操作数，并且返回一个新的包；==运算符需要一个包和一个任意的 Python 对象作为操作数，并且会返回一个布尔值。

在多项集上执行 for 循环被程序员称为"语法糖"，因为它其实用**迭代器**（iterator）对象来执行更复杂的循环。本章的稍后部分将详细讨论迭代器。现在，我们先只假设包接口的这部分操作依赖于一个名叫__iter__的方法。

前文提到，有几个 Python 函数和操作符其实在实现类里都是标准方法的简写。表 5-1 将这些方法添加到了 5.1.1 节的列表中，并且为所有操作加上了相应的参数。可以看到，第 1 列里的 b 代表的是包，第 2 列里的 self 指的是运行这个方法的对象（包）。我们还可以看到，如果已经包含了__iter__方法，那么__contains__方法是可以省略的。

表 5-1 包操作和方法的参数

用户对包的操作	包类里的方法
b = <class name>(<optional collection>)	__init__(self, sourceCollection = None)
b.add(item)	add(self, item)
b.clear()	clear(self)
b.count(item)	count(self, item)
b.isEmpty()	isEmpty(self)
b.remove(item)	remove(self, item)
len(b)	__len__(self)
str(b)	__str__(self)
for item in b:	__iter__(self)
item in b	__contains__(self, item) 如果已经包含了 __iter__方法，就不再需要该方法
b1 + b2	__add__(self, other)
b == anyObject	__eq__(self, other)

5.2 构造函数和类的实现

表 5-1 里的第 1 行展示了一个没有名字也没有包含在之前列表里的操作，这个操作就是为特定包类型创建的**构造函数**（constructor）。对于包的用户来说，这个构造函数也就是这个实现包类的名称，再加上它所对应的参数（如果需要），在表 5-1 里通过语法<class name>来代表，这个构造函数的名称是相应的类名称。在右边的列里，构造函数所对应的方法是__init__。可以看到，这个方法使用一个可选的源多项集作为参数，如果用户不提供这个参数，那么默认值就是 None。通过这个方法，用户可以创建一个空的包，或包含另一个多项集元素的包。

假定程序员可以使用两个包的实现类（ArrayBag 和 LinkedBag），那么下面这段代码就可以分别创建出一个空的链接包和一个数组包，其中数组包会包含给定列表里的数字。

```
from arraybag import ArrayBag
from linkedbag import LinkedBag

bag1 = LinkedBag()
bag2 = ArrayBag([20, 60, 100, 43])
```

5.2.1 前置条件、后置条件、异常和文档

在用代码编写接口之前，最后一步是清晰、简洁地描述各个方法的作用。这个描述不仅应该包含正常情况下调用方法时会发生的情况，还应当包括异常情况（如出错）下会发生的情况。这样的描述应当是简短的，只涉及这个方法会做什么，而不需要包含这个方法是

怎么做的。你马上就会看到，这些描述构成了使用文档字符串来介绍编码后的接口的基础。

　　就像在第 1 章里提到的，**文档字符串**（docstring）是通过三重引号括起来的字符串，当对某个资源运行 Python 中的 help 函数时，这个字符串将会显示出来。一个方法正确的文档字符串通常会包含这个方法的参数有什么、它的返回值是什么及其作用的相关说明。有时，一句话就可以表达这些信息了，例如，"返回列表里数字的总和"或"按升序排列列表里的元素"。

　　更详细的文档还可以包含前置条件和后置条件。

　　前置条件（precondition）是指一个方法要正确执行相应操作必须满足的条件。通常来说，这些条件和运行这个方法的对象状态有关。比如，某个元素必须在多项集里，然后才能被访问或删除。

　　后置条件（postcondition）是指在假设方法的前置条件为真的情况下，当方法完成执行后将会为真的条件。比如，清除多项集的后置条件是这个多项集为空。后置条件通常包含在变异器方法中，因为这些方法会修改对象的内部状态。

　　接口里的文档还应该包含对可能引发的任何异常的声明。这些异常通常是因未能遵守方法的前置条件而导致的。比如，如果目标元素不在包里，那么包的 remove 方法可能会引发 KeyError 异常。

　　接下来，你将看到在正常或异常情况下包的 remove 方法会做什么。下面是这个操作的 Python 方法的定义，其中包括详细的文档字符串，这个字符串描述了方法的参数、前置条件、后置条件以及可能的异常。可以看到，从方法的角度来看，self 参数是指代包对象的名称。

```python
def remove(self, item):
    """Precondition: item is in self.
    Raises: KeyError if item is not in self.
    Postcondition: item is removed from self."""
```

5.2.2　在 Python 里编写接口

　　有些语言（如 Java）提供了为接口编程的特殊语法。Java 接口本身不能执行任何操作，但是为要实现的类提供了必须遵守的方法模板。Python 没有这样的功能，但是可以模仿它来实现文档化以及指导实现类的开发。尽管并不会在实际的应用程序里使用这个伪接口，但它可以作为蓝图，从而指定操作并确保不同实现都有统一性。

　　要创建一个接口，就需要列出其中每个方法的定义以及相应的文档，并通过使用 pass 或 return 语句来完成各个方法。在不返回任何值的变异器方法里，你可以使用 pass 语句，而对于访问器方法都会返回一个简单的默认值，例如 False、0 或 None。把这些方法都放在一个后缀为"Interface"（接口）的类中，从而保证它们的定义可以被编译器检查。下面是在 BagInterface 类里定义的包接口列表。

```python
"""
File: baginterface.py
Author: Ken Lambert
"""

class BagInterface(object):
    """Interface for all bag types."""

    # Constructor
    def __init__(self, sourceCollection = None):
```

```
        """Sets the initial state of self, which includes the
        contents of sourceCollection, if it's present."""
        pass

    # Accessor methods
    def isEmpty(self):
        """Returns True if len(self) == 0,
        or False otherwise."""
        return True

    def __len__(self):
        """Returns the number of items in self."""
        return 0

    def __str__(self):
        """Returns the string representation of self."""
        return ""

    def __iter__(self):
        """Supports iteration over a view of self."""
        return None

    def __add__(self, other):
        """Returns a new bag containing the contents
        of self and other."""
        return None

    def __eq__(self, other):
        """Returns True if self equals other,
        or False otherwise."""
        return False

    def count(self, item):
        """Returns the number of instances of item in self."""
        return 0

    # Mutator methods
    def clear(self):
        """Makes self become empty."""
        pass

    def add(self, item):
        """Adds item to self."""
        pass

    def remove(self, item):
        """Precondition: item is in self.
        Raises: KeyError if item in not in self.
        Postcondition: item is removed from self."""
        Pass
```

这样，我们就有了一个可以用在各种不同类型包上的蓝图了，接下来可以开始考虑包的一些实现了。在接下来的两节里，我们将开发一个基于数组的包多项集和一个基于链接的包多项集。

练习题

1. 包里的元素是有序的，还是无序的？
2. 哪些操作会出现在所有多项集的接口里？

3．哪个方法负责创建多项集对象？

4．请说出接口与实现分离的 3 个原因。

5.3　开发基于数组的实现

在本节里，我们将开发一个基于数组的包接口实现——ArrayBag。

多项集类的设计者在得到接口之后，在对这个类进行设计和实现时将包含两个步骤。

● 选择一个适当的数据结构来存放多项集的元素，并且确定表示多项集状态的任何 其他数据。这些数据将在__init__方法里分配给实例变量。

● 完成接口里指定方法的代码。

5.3.1　选择并初始化数据结构

因为现在要完成一个基于数组的实现，所以 ArrayBag 类型的所有对象会包含在包的 一个数组元素里。这个数组可以是第 4 章里讨论过的 Array 类的实例，也可以是其他基 于数组的多项集，例如 Python 的 list 类型。在这个例子里，我们会使用数组来实现，从 而进一步说明数组的用法。名为 arraybag 的模块将从 arrays 模块里导入 Array 类型。

前文提到，__init__方法被用来设置多项集的初始状态。这个方法将创建一个具有初 始默认容量的数组，并且把这个数组分配给叫作 self.items 的实例变量。这个默认容量 对于所有 ArrayBag 实例来说是相同的，因此它将被定义成类变量。基于节约的原则，默 认容量将是一个像 10 这样相当小的值。

包的逻辑尺寸可能和数组的容量不一样，因此各个 ArrayBag 对象都必须在它自己的 实例变量里记录其逻辑尺寸。在__init__方法里，我们可以把这个叫作 self.size 的变 量设置为 0。

在初始化这两个实例变量之后，__init__方法还必须处理它的调用者可能提供的源多 项集参数。在这种情况下，源多项集里的所有数据需要被添加到新的 ArrayBag 对象中。 这个过程听起来非常麻烦，但是如果多想想应该怎么做，就可以发现其实只需要遍历这个 源多项集并把它的每个元素都添加到 self（新的 ArrayBag 对象）里。因为可以在任何 多项集上使用 for 循环，并且包接口已经包含了 add 方法，所以整个代码并不复杂。

这部分代码很容易编写。首先只需要复制包接口文件 baginterface.py，再把它重 命名为 arraybag.py；然后，添加一个 import 语句导入数组类，并且把这个类重命名为 ArrayBag；接着，添加一个类变量存放默认容量；最后再完成__init__方法就行了。下 面是修改后的代码。

```
"""
File: arraybag.py
Author: Ken Lambert
"""

from arrays import Array
```

```
class ArrayBag(object):
    """An array-based bag implementation."""

    # Class variable
    DEFAULT_CAPACITY = 10

    # Constructor
    def __init__(self, sourceCollection = None):
        """Sets the initial state of self, which includes the
        contents of sourceCollection, if it's present."""
        self.items = Array(ArrayBag.DEFAULT_CAPACITY)
        self.size = 0
        if sourceCollection:
            for item in sourceCollection:
                self.add(item)
```

现在，我们就可以加载这个模块并创建 ArrayBag 的实例了。但是，在完成其他一些方法之前，我们无法查看和修改它里面的内容。

5.3.2 先完成简单的方法

接下来，在 ArrayBag 类里还有 9 个方法需要完成。当面对很多事情需要完成时，你以尝试先完成那些简单的事情，把棘手的事情稍微延后一点。这个策略在现实生活里可能效果并不显著，但是在编程环境下，通常效果都不错。快速完成一些简单的事情有助于树立信心，节省精力和智力，以解决其他的难题。

这个接口里最简单的方法是 isEmpty、__len__ 和 clear。在忽略数组已满的情况下，add 方法也非常简单。下面是这 4 个方法的代码。

```
# Accessor methods

def isEmpty(self):
    """Returns True if len(self) == 0, or False otherwise."""
    return len(self) == 0

def __len__(self):
    """Returns the number of items in self."""
    return self.size

# Mutator methods
def clear(self):
    """Makes self become empty."""
    self.size = 0
    self.items = Array(ArrayBag.DEFAULT_CAPACITY)

def add(self, item):
    """Adds item to self."""
    # Check array memory here and increase it if necessary
    self.items[len(self)] = item
    self.size += 1
```

只要有可能，在类的定义里应该通过在 self 上调用方法或函数来完成各项工作。比如，如果需要在类的定义里使用包的逻辑尺寸，就应该运行 len(self) 函数而不是直接使用实例变量 self.size。然而，在 add 方法里因为只能通过变量使 size 自增，所以你必须要用到它。

add 方法会把新的元素放置在数组的逻辑结尾。这不只是因为简单，还因为这样做是最快的方法（操作时间为常数）。当然，如果数组已满，那么还必须回过头调整数组尺寸的代码。

现在，当在 Shell 窗口里尝试 ArrayBag 类时，你就可以使用 isEmpty 方法和 len 函数查看包长度的变化了，但是还不能看到它的元素。

5.3.3   完成迭代器

方法 __str__、__add__ 和 __eq__ 都是在 self 上通过使用 for 循环来完成的。你可以完成这些方法，但是更应该硬着头皮完成 __iter__ 方法，因为只有这样，才能让其他方法在运行时可以正常工作。

当 Python 看到一个基于可迭代对象的 for 循环时，它将运行这个对象的 __iter__ 方法。如果回顾一下 Array 类里的 __iter__ 方法（见第 4 章），就会注意到这个方法遵循着调用函数来完成工作的经验法则。在这种情况下，其实是调用了位于底层列表对象上的 iter 函数，并且返回相应的结果。在 ArrayBag 的 __iter__ 方法里，你可能也会想要返回在包底层数组对象上调用 iter 函数的结果。但是，这样做是错误的。这个数组可能并没有被填满，它的迭代器始终都会访问它的所有位置，这样也就包括了包含垃圾值的位置，于是会得到很多 None。显然，你必须非常小心地访问数组里的位置，让这个值不要超过包的逻辑尺寸。

为了解决这个问题，新的 __iter__ 方法将会维护一个游标，从而让它可以在一系列对象之间移动。调用者的 for 循环会触发这个进程。在每次调用 for 循环时，游标所在位置的元素将返回给调用者，然后游标前进到序列里的下一个对象。当游标到达包的长度时，__iter__ 方法的 while 循环将会终止，继而也终止了对 for 循环的调用。下面是 ArrayBag 里 __iter__ 方法的代码，在后面我们对它会进行一些简单的说明。

```
def __iter__(self):
    """Supports iteration over a view of self."""
    cursor = 0
    while cursor < len(self):
        yield self.items[cursor]
        cursor += 1
```

可以看到，这个方法对底层数组对象实现了基于索引的遍历，它会一直执行，但不会包括包的长度。通过使用 yield 语句，这个方法把每个元素返回给调用的 for 循环。本书里介绍的大多数迭代器都会使用这种模式来编写代码。

5.3.4   完成使用迭代器的方法

__eq__ 方法遵循第 2 章里讨论过的相等性测试规则。__add__ 方法也遵循第 2 章里讨论过的两个多项集串联的规则。__str__ 方法会通过使用 map 和 join 操作构建一个字符串，它包含包里所有元素的字符串表示。下面是这些方法的代码，以及对它们的解释。

```
def __str__(self):
    """Returns the string representation of self."""
    return "{" + ", ".join(map(str, self)) + "}"

def __add__(self, other):
    """Returns a new bag containing the contents
```

```
                    of self and other."""
                    result = ArrayBag(self)
                    for item in other:
                        result.add(item)
                    return result

            def __eq__(self, other):
                """Returns True if self equals other,
                or False otherwise."""
                if self is other: return True
                if type(self) != type(other) or \
                    len(self) != len(other):
                    return False
                for item in self:
                    if self.count(item) != other.count(item):
                        return False
                return True
```

这些方法都依赖于包对象是可迭代的，或支持 for 循环的事实。在__add__和__eq__方法里，包对象可以被迭代是非常明显的，因为它们会在包上显式地执行循环。除此之外，这些方法还会在包上隐式地运行一个循环。__add__方法会间接使用 ArrayBag 构造函数中的 for 循环来创建一个 self 的副本；__eq__方法会对 self 和 other（另一个包）运行 count 方法，这个 count 方法的调用只有在可迭代对象上才能正常工作。__str__方法通过用 map 函数来从包里生成字符串序列，而这个映射函数必须要假定 self（当前包）是可迭代的。

5.3.5 in 运算符和__contains__方法

Python 发现在多项集上使用 in 运算符时，它实际上是在多项集的类里运行__contains__方法。但是，如果这个类的作者没有编写这个方法，Python 就会自动生成默认方法。这个默认方法会在 self 上使用 for 循环来对目标元素进行最简单的顺序搜索。因为在平均情况下，对包进行搜索不可能会有比线性搜索更好的方法，所以可以使用__contains__的默认实现，不必在 ArrayBag 类里实现它。在后续章节中，我们会有机会实现一个自己的__contains__方法，对元素进行更有效的搜索。

5.3.6 完成 remove 方法

remove 方法在包的实现里是最具挑战性的方法。首先，需要检查前置条件是否满足，并且在违反这个条件时引发异常；然后，必须在底层数组里对目标元素进行搜索；最后，还需要把数组里的元素向左移动，关闭因移除元素而留下的空间，并且把包的尺寸减 1，以及在需要的时候对数组尺寸进行调整。下面是这个方法的代码，我们通过注释来标记了这 5 个步骤。

```
        def remove(self, item):
            """Precondition: item is in self.
            Raises: KeyError if item in not in self.
            postcondition: item is removed from self."""
            # 1. check precondition and raise an exception if necessary
            if not item in self:
                raise KeyError(str(item) + " not in bag")
            # 2. Search for index of target item
```

```
targetIndex = 0
for targetItem in self:
    if targetItem == item:
        break
    targetIndex += 1
# 3. Shift items to the right of target left by one position
for i in range(targetIndex, len(self) - 1):
    self.items[i] = self.items[i + 1]
# 4. Decrement logical size
self.size -= 1
# 5. Check array memory here and decrease it if necessary
```

　　随着元素不断被删除，底层数组中的空间也越来越多地被浪费了。你可以通过添加调整数组尺寸的相关代码来解决这个问题。就像第 4 章里提到的那样，如果数组的负载因子达到了不可接受的阈值，就应对数组尺寸进行调整。

练习题

1．解释多项集类的 __init__ 方法的作用。
2．为什么调用方法比直接在类里引用实例变量更好？
3．对于 ArrayBag 的 __init__ 方法，展示如何通过调用 clear 方法来简化代码。
4．解释为什么 __iter__ 方法可能会是多项集类里最有用的方法。
5．解释为什么在 ArrayBag 类中不用包含 __contains__ 方法。

5.4　开发基于链接的实现

　　要开发出基于链接的包多项集实现，需要关注如下两件事。

● 使用的接口和前面实现的是一样的——在文件 baginterface.py 里，所有方法被定义了。
● 需要将思维方式从数组转换到通过链接结构来存储包中的数据。

　　第一个想法可能还需要复制 baginterface 模块里的内容然后如同之前那样修改它，从而得到一个叫作 linkedbag 的新模块。但是，如果再仔细看看 ArrayBag 类，就会注意到，有些方法（如 isEmpty、__len__、__add__、__eq__ 以及 __str__）是不会直接访问数组变量的。为了减少对变量的引用，我们曾鼓励你尽可能多地调用其他方法。现在，这个策略的优越性就体现出来了：对于基于链接的实现来说，这些方法都不需要进行任何修改！

　　如果一个方法不会访问数组变量，那么它也不需要访问链接结构中的变量。因此，可以把若干个完整的方法在不进行任何修改的情况下，直接从 ArrayBag 类中复制到 LinkedBag 类。可以看到，学习实现方法的时候一个重要知识点是：始终尝试把实现数据结构隐藏在实现对象的方法调用墙之后。

　　在 LinkedBag 类里，因为无法避免直接访问数据，所以这些方法（如 __init__、__iter__、clear、add 以及 remove）会具有不同的实现。接下来，我们逐一介绍它们。

5.4.1 初始化数据结构

和 ArrayBag 类一样，LinkedBag 里的 __init__ 方法会创建实例变量，并且为它们提供初始值。在这里，这两个数据不再是一个数组和相应的逻辑尺寸，而是一个链接结构和相应的逻辑尺寸。为了保持统一，我们会使用和前面相同的变量名。但是这个时候，self.items 是一个外部指针，而不是数组了。这个指针一开始会被设置为 None，也就是处于空链接结构状态。当结构不为空时，self.items 指向链接结构里的第一个节点。

把元素从源多项集复制到新包里的代码和前面是一样的（因为很明显仍然会调用 for 循环以及相应的方法来完成它）。

linkedbag 模块在这里会导入单向链接节点类型来存放节点。类变量也不再包含默认容量，因为链接的实现不再会用到它。下面是修改之后的代码。

```
"""
File: linkedbag.py
Author: Ken Lambert
"""

from node import Node

class LinkedBag(object):
    """A link-based bag implementation."""

    # Constructor
    def __init__(self, sourceCollection = None):
        """Sets the initial state of self, which includes the
        contents of sourceCollection, if it's present."""
        self.items = None
        self.size = 0
        if sourceCollection:
            for item in sourceCollection:
                self.add(item)
```

5.4.2 完成迭代器

LinkedBag 里的 __iter__ 方法支持和 ArrayBag 相同类型的遍历，因此这两个方法的逻辑结构非常相似——都使用基于游标的循环来得到元素。在 LinkedBag 里主要的变化是游标指向链接结构里节点的指针。游标最初被设置为指向外部指针 self.items，并且在它指向 None 时停止循环。在其他情况下，我们会通过游标从当前节点中得到数据元素，然后把游标更新为指向下一个节点。下面是这个方法的新代码。

```
def __iter__(self):
    """Supports iteration over a view of self."""
    cursor = self.items
    while cursor != None:
        yield cursor.data
        cursor = cursor.next
```

5.4.3 完成 clear 和 add 方法

LinkedBag 里的 clear 方法和 ArrayBag 里相应的方法也非常相似，因此我们会把它作为练习留给你。

如果需要调整数组尺寸，ArrayBag 里的 add 方法会利用常数操作时间访问数组的逻辑结尾。但对于 LinkedBag 里的 add 方法来说，会通过把新元素放在链接结构的头部来得到常数操作时间。由于每次只会分配一个新节点的相应内存，因此永远都不会出现在 ArrayBag 里为增加数组尺寸而引起性能上的大量损耗。下面是 add 方法的新代码。

```
def add(self, item):
    """Adds item to self."""
    self.items = Node(item, self.items)
    self.size += 1
```

5.4.4　完成 remove 方法

与 ArrayBag 里的 remove 方法类似，LinkedBag 里的 remove 方法也需要先处理前置条件，然后顺序搜索目标元素。找到包含目标元素的节点时，你需要考虑下列两种情况。

- 目标元素的节点位于链接结构的开头。在这种情况下，你必须将变量 self.items 重置为这个节点后面的链接。
- 目标元素的节点是第一个节点之后的某个节点。在这种情况下，你必须将目标节点之前的那个节点指向后面的链接，并重置目标节点的下一个链接。

这两种操作都会从链接结构里断开指向目标元素的链接，并被垃圾回收器释放掉。

和前面一样，我们还是希望尽量从 ArrayBag 的实现里借用尽可能多的代码，从而只在必要的时候才重新排序以使用链接结构里的指针。用来检查前置条件和搜索循环的代码和之前的逻辑结构是相同的。区别在于，在搜索过程中会跟踪两个指针，即 probe 和 trailer。probe 最初被设置为头节点，而 trailer 则被设置为 None；当在搜索循环里移动指针时，probe 会比 trailer 领先一个节点；在循环结束时，如果找到了目标元素，probe 将指向这个元素的节点，而 trailer 则会指向这个元素之前的那个节点（如果有的话）。如果 probe 指向的是链接结构的头节点，那么 trailer 一定是 None。因此，在循环结束时，可以知道哪些指针需要被重置。如果它是前一个节点后面的指针，那么也可以访问它。下面是新 remove 方法的代码。

```
def remove(self, item):
    """Precondition: item is in self.
    Raises: KeyError if item is not in self.
    Postcondition: item is removed from self."""
    # Check precondition and raise an exception if necessary
    if not item in self:
        raise KeyError(str(item) + " not in bag")
    # Search for the node containing the target item
    # probe will point to the target node, and trailer
    # will point to the node before it, if it exists
    probe = self.items
    trailer = None
    for targetItem in self:
        if targetItem == item:
            break
        trailer = probe
        probe = probe.next
    # Unhook the node to be deleted, either the first one or
```

```
# one thereafter
if probe == self.items:
    self.items = self.items.next
else:
    trailer.next = probe.next
# Decrement logical size
self.size -= 1
```

练习题

1. 假设 a 是一个数组包，b 是一个链接包，它们都不包含任何元素。请描述在这种情况下它们在内存使用上的差异。
2. 为什么链接包仍然需要一个单独的实例变量来记录它的逻辑尺寸？
3. 为什么从链接包里删除元素之后，程序员不用担心出现内存浪费的情况？

5.5 两种包实现的运行时性能

令人惊讶的是，包的两种实现方式的运行时是非常相似的。

在这两种实现里，in 和 remove 操作都会花费线性时间，因为它们都用了顺序搜索。ArrayBag 的 remove 操作还需要移动数组里的元素，但是其他工作所累积的时间并不会超过线性时间。对于所有多项集而言，+、str 和 iter 操作也都是线性的。

==操作的运行时会有不同的几种情况，留给你作为练习。

包的其他操作都是常数时间的操作，唯一有点不同的是 ArrayBag 的 add 操作，它会偶尔因需要调整数组尺寸而变成线性时间。

这两种实现在内存上会有一定的权衡。当 ArrayBag 里的数组没有用到一半时，它使用的内存会比相同逻辑尺寸的 LinkedBag 少。在最坏情况下，LinkedBag 使用的内存是已经满的 ArrayBag 的 2 倍。

由于存在这些对内存的权衡，因此在 ArrayBag 上执行删除操作的速度通常比在 LinkedBag 上慢。

5.6 测试包的两种实现

软件资源开发的一个关键步骤是测试。本章开头提到，在学习各个部分的功能时，你可以运行相应部分的代码。通过这种方式，你可以对资源进行大致的梳理，并且改进它的实现。但是，当代码编写完成之后，你必须进行全面的测试，以树立这个资源满足其需求的信心。

使用 pyunit 这样的工具进行单元测试就可以满足上述需求。但是，这种类型的测试并不属于本书的范畴。在本书里使用的方法是：让所开发的每一个资源都包含一个测试函数。这个函数既可以保证新的多项集类符合多项集接口要求，还可以检查它们提供的操作是否能够完成预期的需求。

为了能够更好地说明如何在包类上使用测试函数，我们给出可以用来和各种包类一起运行的独立的应用程序代码。test 函数将接收一个类型作为参数，然后对这个类型的对象运行测试[1]。

```
"""
File: testbag.py
Author: Ken Lambert
A tester program for bag implementations.
"""

from arraybag import ArrayBag
from linkedbag import LinkedBag

def test(bagType):
    """Expects a bag type as an argument and runs some tests
    on objects of that type."""
    print("Testing", bagType)
    lyst = [2013, 61, 1973]
    print("The list of items added is:", lyst)
    b1 = bagType(lyst)
    print("Length, expect 3:", len(b1))
    print("Expect the bag's string:", b1)
    print("2013 in bag, expect True:", 2013 in b1)
    print("2012 in bag, expect False:", 2012 in b1)
    print("Expect the items on separate lines:")
    for item in b1:
        print(item)
    b1.clear()
    print("Clearing the bag, expect {}:", b1)
    b1.add(25)
    b1.remove(25)
    print("Adding and then removing 25, expect {}:", b1)
    b1 = bagType(lyst)
    b2 = bagType(b1)
    print("Cloning the bag, expect True for ==:", b1 == b2)
    print("Expect False for is:", b1 is b2)
    print("+ the two bags, expect two of each item:", b1 + b2)
    for item in lyst:
        b1.remove(item)
    print("Remove all items, expect {}:", b1)
    print("Removing nonexistent item, expect crash with KeyError:")
    b2.remove(99)

test(ArrayBag)
# test(LinkedBag)
```

可以看到，在这个测试程序里，所有包类型会运行相同的（在包接口里存在的）方法。这就是使用接口的重点：实现可以变化，但接口永远都不变。

5.7 使用 UML 绘制包资源

当软件工具箱里添加了越来越多的资源后，你可以通过**类图**（class diagram）对它们进

---

[1] 按照之后章节的内容，原文所提的 main 函数的定义和使用应该是 test 函数。——译者注

行可视化，以对资源进行分类。这些图的符号来自统一建模语言（Unified Modeling Language，UML）中的可视化语言。类图基于不同的细节展示了类之间的关系。在本章里，关注的主要关系是类的实现以及接口的继承关系。就目前而言，现在拥有的是两个基于同一个接口实现的类，如图 5-1 所示的类图。

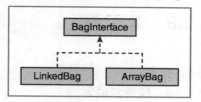

图 5-1　具有一个接口和两个实现类的类图

类和类之间的另外两个重要关系是**聚合**（aggregation）和**组合**（composition）。LinkedBag 对象会聚合 0 个或多个节点，而 ArrayBag 对象会和单个 Array 对象组合。图 5-2 展示的是将这些关系添加到了图 5-1 所示资源后的情况。在图 5-2 里，*号用来表示聚合里的 0 个或多个 Node 类的实例。

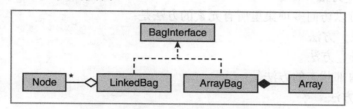

图 5-2　具有聚合和组合关系的类图

简单来说，你可以把组合视为整体与局部的关系，而聚合是一对多的关系。在第 6 章里，我们将介绍类和类之间的另一种重要关系——继承。在此之前，你应充分理解包的相关知识！

5.8　章节总结

- 接口是用户的软件资源可以使用的一组操作。
- 接口里的元素是函数和方法的定义以及它们的文档。
- 前置条件是指在函数或方法可以正确完成任务之前必须要满足的条件。
- 后置条件是指在函数或方法正确完成任务之后必须为真的条件。
- 设计良好的软件系统会把接口和它的实现分开。
- 实现是指满足接口的函数、方法或类。
- 多项集类型可以通过接口进行指定。
- 多项集类型可以有几个不同的实现类。
- 多态是指在两个或多个实现里使用相同的运算符、函数名称或方法名称。多态函数的示例是 str 和 len；多态运算符的示例是+和==；多态方法的示例包括 add 和 isEmpty。
- 包多项集类型是无序的，并且支持添加、删除和访问其元素等操作。
- 类图是一种描述类与类之间关系的可视化表示方法。
- 组合表示两个类之间整体与局部的关系。
- 聚合表示两个类之间一对多的关系。
- UML 是一种描述软件资源之间关系的可视化表示方法。

5.9　复习题

1. 包是：
   a. 线性多项集
   b. 无序多项集
2. 用来设置对象实例变量的初始状态的方法是：
   a. __init__ 方法
   b. __str__ 方法
3. 让程序员可以访问多项集里所有元素的方法是：
   a. __init__ 方法
   b. __iter__ 方法
4. 改变对象内部状态的方法是：
   a. 访问器方法
   b. 变异器方法
5. 一组可以被类的客户端使用的方法集称为：
   a. 实现
   b. 接口
6. 多态用来代表的术语是：
   a. 多个类里相同的方法名称
   b. 用来存储另一个类里所包含数据的类
7. 组合是指：
   a. 两个类之间部分与整体关系
   b. 两个类之间多对一关系
8. 包中 add 方法的平均运行时为：
   a. O(n)
   b. O(k)
9. 包中 remove 方法的平均运行时为：
   a. O(n)
   b. O(k)
10. 在什么情况下，数组包实现会比链接包实现使用更少的内存：
    a. 含有少于一半的数据
    b. 含有一半以上的数据

5.10　编程项目

1. 对于两个包实现，确定==操作的运行时。可以预见到，这里有几种情况需要分析。

2. 对于包的两个实现，确定+运算符的运行时。

3. 编码 ArrayBag 里 add 方法的代码，从而可以在需要的时候对数组尺寸进行调整。

4. 编码 ArrayBag 里 remove 方法的代码，从而可以在需要的时候对数组尺寸进行调整。

5. 在 ArrayBag 和 LinkedBag 类里添加 clone 方法。这个方法在调用的时候，不会接收任何参数，并且会返回当前包类型的一个完整副本。在下面这段代码的最后，变量 bag2 将包含数字 2、3 和 4。

```
bag1 = ArrayBag([2,3,4])
bag2 = bag1.clone()
bag1 == bag2    # Returns True
bag1 is bag2    # Returns False
```

6. **集合**是一个无序多项集，并且和包具有相同的接口。但是在集合里，元素是唯一的，而包里可以包含重复的物品。定义一个基于数组的叫作 ArraySet 的多项集新类。如果集合里的元素已经存在了，那么 add 方法将会忽略这个元素。

7. 使用链接节点定义一个叫作 LinkedSet 的多项集新类来实现集合类型。如果集合里的元素已经存在了，那么 add 方法将会忽略这个元素。

8. 有序包的行为和普通包的是一样的，但是它能够让用户在使用 for 循环时按照升序访问里面的元素。因此，添加到这个包类型里的元素，都必须具有一定的顺序并且支持比较运算符。这种类型元素的简单例子是：字符串和整数。

定义一个支持这个功能的叫作 ArraySortedBag 的新类。和 ArrayBag 一样，这个新类会基于数组，但是它的 in 操作现在可以在对数时间里运行。要完成这一点，ArraySortedBag 必须将新添加的元素按照顺序放到数组里。最简单的办法是修改 add 方法，从而让新元素插入适当的位置；然后，添加 __contains__ 方法来提供新的且更有效的搜索；最后，要把对 ArrayBag 的所有引用都替换为 ArraySortedBag。（提示：把代码从 ArrayBag 类中复制到一个新文件里，然后在这个新文件里开始修改。）

9. 确定 ArraySortedBag 里 add 方法的运行时。

10. Python 的 for 循环可以让程序员在循环迭代多项集的时候对它执行添加或删除元素的操作。一些设计人员担心在迭代过程中对多项集的结构进行修改可能会导致程序崩溃。有一种修改策略是通过禁止在迭代期间对多项集进行变异来让 for 循环成为**只读**。你可以通过对变异操作进行计数，并且判断这个计数有没有在多项集的 __iter__ 方法的任意节拍中被增加来检测这种类型的变异。当发生这种情况时，就可以引发异常从而避免计算的继续进行。把这个机制添加到 ArrayBag 类里。可以添加一个叫作 modCount 的新实例变量，这个实例变量会在 __init__ 方法里设置为 0；然后，每个变异器方法都会递增这个变量；最后，__iter__ 方法有一个叫作 modCount 的临时变量，这个临时变量的初始值是实例变量 self.modCount 的值。在 __iter__ 方法里返回一个元素后，如果这两个修改过的计数器值不相等，就立即引发异常。用一个程序来测试你的修改，从而保证满足相应的需求。

第 6 章　继承与抽象类

在完成本章的学习之后，你能够：

- 使用继承在几个类之间共享代码；
- 通过创建子类定制类的行为；
- 将几个类的冗余数据和方法提取为抽象类；
- 通过重新定义继承方法重写之前的行为；
- 确定数据和方法在类的层次结构里的位置。

工程师在设计冰箱这样的产品线时，会从最基本的模型开始——冰箱至少应配有冷藏室和冷冻室；而在构建专用的模型时，比如有外置冷水过滤器和在冷冻室里装有制冰机的冰箱，工程师并不会从头开始构建一个全新的模型，而是基于已有的模型进行定制，再加上新的功能和行为。

软件设计人员也会使用类似的做法：重用现有的模型，而不会从头开始构建全新的模型。比如，带有参数的函数就满足了在不同情况下使用相同算法的想法。带有对象的类把这个思想应用到了一组方法和相关数据上。程序员重用现有模型构建新模型最强大的方法是利用面向对象语言的一种特性——**继承**（inheritance）。当一个新类是某个更通用类的子类时，这个新类通过继承得到了已有类的所有功能和行为，就好像得到了大量的免费代码那样。对已有代码的重用消除了冗余性，简化了软件系统的维护和验证。

在本章中，我们将探讨在面向对象的软件设计中使用继承的策略，以及另一种重用代码的机制：抽象类。在这个过程中，第 5 章里的包资源将被置于一个崭新的软件框架内。这个框架为后续检验其他多项集类型奠定了基础。

6.1　使用继承定制已经存在的类

到目前为止，利用继承最简单、最直接的方法是通过继承来定制已有的类。在理想情况下，这两个类会有相同的接口，因此用户可以以相同的方式使用它们。这个新类还会为用户提供一些特殊的行为。

比如，对于第 5 章的编程项目 8 里提到的有序包类 ArraySortedBag，有序包的行为与普通包是类似的，但是有 3 个显著的不同。

- 有序包能够让用户通过 for 循环按照顺序来访问它的元素。
- 有序包的 in 操作会以对数时间运行。
- 添加到包里的元素必须是可以比较的。这也就意味着它们可以支持比较运算符<、<=、>以及>=，并且都属于同一类型。

第 5 章的编程项目 8 要求为有序包编写一个新类。虽然这个类只有 3 个方法（__init__、

add 和 __contains__），但它们与之前的包类是不同的。

在本节里，我们将展示如何通过继承和这 3 个方法创建有序包类。

6.1.1 已有类的子类

本节通过让 ArraySortedBag 类成为 ArrayBag 类的**子类**（subclass）探索继承的魔力。ArrayBag 被称为 ArraySortedBag 的**父类**（parent）或**超类**（superclass）。图 6-1 所示的类图展示了子类和超类（继承）之间的关系。其中，实线箭头代表的是子类和超类的关系，而虚线箭头代表的是类和接口的关系。

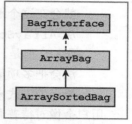

图6-1　在类图里的子类和继承

可以看到，由于 ArrayBag 类实现了 BagInterface，因此 ArraySortedBag 类也通过继承实现了这个接口。

在第 5 章的编程项目 8 里，对于 ArraySortedBag 类，把代码从 ArrayBag（最相似的类）复制到一个新文件（有最相似的类）里。然后，在这个文件里更改了类的名称，修改了 add 方法，还添加了 __contains__ 方法。

创建一个基于已有类的子类的策略则完全不同。虽然我们还会处理父类文件的副本，但现在应执行的是以下这些步骤。

- 首先**删除**所有不需要修改的方法。它们将通过继承的机制从父类中自动地包含在类里。这里特别需要注意的是，新类里仍然需要 __init__ 方法。
- 要保证继承的发生，需要将父类的名称放在类定义的括号内。
- 修改那些必须修改方法的代码（包括 __init__）。
- 添加需要的新方法。

6.1.2 修改 __init__ 方法

ArraySortedBag 类不会包含任何新的实例变量，因此看起来它的 __init__ 方法好像没有任何作用。你可能会认为，__init__ 方法已经在父类 ArrayBag 里了，所以当程序员创建 ArraySortedBag 的实例时，这个方法将会自动被调用。然而在这种情况下继承不能自动完成。因此，ArraySortedBag 里的 __init__ 方法必须要调用父类 ArrayBag 里的 __init__ 方法，让它可以初始化所包含的数据。调用父类里这个方法的语法如下。

```
ArrayBag.__init__(self, sourceCollection)
```

这种写法看起来让人觉得非常麻烦，下面逐一阐释这些步骤。

- 父类的名称 ArrayBag 能让 **Python** 选择将要运行的 __init__ 方法的版本。在这个例子里，当程序员运行 ArraySortedBag() 创建 ArraySortedBag 的新实例时，**Python** 将运行 ArraySortedBag 里的 __init__ 方法。__init__ 方法必须要执行父类 ArrayBag 里的 __init__ 方法，这是通过调用 ArrayBag.__init__ 做到的。
- 在 ArrayBag.__init__ 参数列表的开头，有一个额外的参数 self。回想一下，在执行 ArrayBag 的 __init__ 方法时，它会把源多项集里的元素添加到 self 里。

为了让 **Python** 能够在这里正确地运行 `add` 方法，`self` 必须要引用 `ArraySortedBag` 的实例，而不是 `ArrayBag` 的实例。这就是要把 `self` 作为附加参数传递给 `ArrayBag.__init__` 的原因。也就是说，`ArraySortedBag` 的实例会对 `ArrayBag` 里的 `__init__` 方法说："我正在向你传递自己的引用，因此你将会使用我的 `add` 方法（而不是你自己的），从而把可选源多项集里的元素添加到我这里。"

● 可选的源多项集也会作为参数传递给父类的 `__init__` 方法。如果存在源多项集，就会在这个地方发生一些很有趣的事情。源多项集会在类的层次结构里向上传递，从 `ArraySortedBag` 传递到它的父类 `ArrayBag`（想让这个父类帮你做一些工作）。但是，当这个多项集到达 `ArrayBag` 里 `__init__` 方法的上下文时，这个方法会把多项集里的所有元素传递回 `ArraySortedBag` 里的 `add` 方法中，从而以恰当的方式来添加它们。

用户会像对待普通包那样来创建有序包，因此有序包的 `__init__` 方法必须要和父类里的 `__init__` 方法具有相同的定义。

下面是到目前为止所讨论的 `ArraySortedBag` 里所需要修改的代码。

```python
"""
File: arraysortedbag.py
Author: Ken Lambert
"""

from arraybag import ArrayBag

class ArraySortedBag(ArrayBag):
    """An array-based sorted bag implementation."""

    # Constructor
    def __init__(self, sourceCollection = None):
        """Sets the initial state of self, which includes the
        contents of sourceCollection, if it's present."""
        ArrayBag.__init__(self, sourceCollection)
```

6.1.3   添加新的 `__contains__` 方法

`ArrayBag` 里没有 `__contains__` 方法。当在包上使用 `in` 运算符时，**Python** 会通过 `ArrayBag` 迭代器自动生成一个顺序搜索操作。若要改写有序包的这个行为，就需要在 `ArraySortedBag` 里包含 `__contains__` 方法。这样，当 **Python** 看到有序包上使用了 `in` 运算符时，它就会看到这个包的 `__contains__` 方法并调用它。

这个方法会对有序包的数组元素进行二分搜索（见第 3 章）。这个数组叫作 `self.items`，位于 `ArrayBag` 类里，可以被它的任何子类访问。因此，可以在搜索的过程中直接引用这个变量，代码如下所示。

```python
# Accessor methods
def __contains__(self, item):
    """Returns True if item is in self, or False otherwise."""
    left = 0
```

```
        right = len(self) - 1
        while left <= right:
            midPoint = (left + right) // 2
            if self.items[midPoint] == item:
                return True
            elif self.items[midPoint] > item:
                right = midPoint - 1
            else:
                left = midPoint + 1
        return False
```

6.1.4 修改已有的 add 方法

ArraySortedBag 里的 add 方法必须把新的元素放在有序数组里的适当位置。在大多数情况下,你需要通过搜索找到这个位置。但是,有两种情况不需要找到这个位置:第一种是包为空,第二种是新的元素大于或等于最后一个元素。这时,只需要把新的元素传递给 ArrayBag 类里的 add 方法进行添加就好了。(记住,只要有可能,就尽量去调用一个方法而不是自己重头实现它,尤其是当父类可以帮你做相应的工作时。)

如果不能把某个元素传递给 ArrayBag 里的 add 方法,那么必须在数组里找到大于或等于这个新元素的那个元素。然后在这个位置打开一个空间以插入新元素,并且增大包的尺寸。

下面是修改之后的 ArraySortedBag 里的 add 的代码。

```
# Mutator methods
def add(self, item):
    """Adds item to self."""
    # Empty or last item, call ArrayBag.add
    if self.isEmpty() or item >= self.items[len(self) - 1]:
        ArrayBag.add(self, item)
    else:
        # Resize the array if it is full here
        # Search for first item >= new item
        targetIndex = 0
        while item > self.items[targetIndex]:
            targetIndex += 1
        # Open a hole for new item
        for i in range(len(self), targetIndex, -1):
            self.items[i] = self.items[i - 1]
        # Insert item and update size
        self.items[targetIndex] = item
        self.size += 1
```

可以看到,ArrayBag.add 的方法调用和 self.items 的变量引用使用了不同的前缀。前者是类名,而后者是对类的实例引用。就像在前面__init__方法的例子里看到的那样,需要类名来区分 ArrayBag 里的 add 和 ArraySortedBag 里的 add (也就是 self.add)。ArraySortedBag 不会引入新的实例变量 item,因此在这里对 self.items 的引用会直接定位到 ArrayBag 类里的变量。

尽管在父类里调用方法的语法有些复杂,但是调用本身也再次彰显了代码重用的智慧。

此外，现在又有了另一个包资源，也就是用很少的成本给多项集框架增加了巨大的价值。

6.1.5　修改已有的__add__方法

当 Python 发现有两个包在使用+运算符时，Python 运行的__add__方法实际上在 ArrayBag 类和 LinkedBag 类里有相同的代码。它们唯一的区别是创建新的结果包实例的类名。对于 ArraySortedBag 来说，只需要对它的__add__也这样做就行了，代码如下所示。

```
def __add__(self, other):
    """Returns a new bag with the contents of self and other."""
    result = ArraySortedBag(self)
    for item in other:
        result.add(item)
    return result
```

很快你会看到如何封装这种重复模式——该模式在一个方法里重复了 3 次。

6.1.6　ArraySortedBag 的运行时性能

在 ArraySortedBag 上使用 in 运算符，会用到它的__contains__方法。因此，在最坏情况下，这个运算的运行时为 O(log$n$)。这和在普通包上使用 in 运算符的线性运行时相比，有了非常大的改进。

这种对搜索时间的改进，也对使用新 in 运算符的方法有影响，哪怕这些方法是在 ArrayBag 里定义的。比如，remove 方法会用 in 来检查它的前置条件。尽管使用了改进的搜索算法，但在平均情况下，这个方法还需要以线性运行时来执行删除操作。同时在前置条件的检测上它花费的时间更少。

即使没有用到 in 运算符，__eq__方法的性能也会随着改进有显著提高。当这个方法在两个相同长度的普通包上运行时，它的平均运行时为 O(n^2)。如果在 ArraySortedBag 里重新定义了__eq__方法，那么可以把它的平均运行时减少到 O(n)。这个实现用了这样一个事实：在两个有序包里进行比较的元素对能够在遍历它们时以相同的顺序出现。这个新版本的__eq__方法作为练习留给你。

6.1.7　Python 里类的层次结构的解释

在 Python 里，每个数据类型都是一个类，并且所有内置类处在同一个层次结构里。这

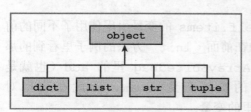

图 6-2　Python 类的一部分层次结构

个层次结构最顶层的类或者根类是 object。图 6-2 展示了 Python 类的一部分层次结构，其中包含内置的 dict、list、str 以及 tuple 类。

当定义一个新类并且在语法里省略了父类时，Python 会自动把这个类安装在 object 类下。

在设计一组新的多项集类时，最好不要让它放在内置的 Python 多项集类（如 str 或 list）中。你应

该像本书一样，先开发出自己的符合接口的类，然后把层次结构最顶层的类放在 object 类下。

Python 支持有多个父类的子类和相应的继承。这个功能在某些高级应用程序里非常有用。我们将探讨多个父类的用法。

练习题

1. 以 ArrayBag 和 ArraySortedBag 类为例，说明类的继承是如何帮助消除冗余代码的。
2. 请说明为什么 ArraySortedBag 类仍然需要包含 __init__ 方法。
3. 程序员在 ArrayBag 的子类 ArraySortedBag 的对象上调用 remove 方法，说明在这种情况下 **Python** 是怎样运行正确的方法实现的。
4. 请说明为什么在 ArraySortedBag 的 add 方法的代码里会调用 ArrayBag 里的 add 方法。

6.2 使用抽象类消除冗余代码

在学习了子类和继承之后，你可以在新的类里消除部分代码而不用一直留着它们。考虑第 5 章的有序包项目，如果保留了这些代码，你可能要忍受不必要的冗余。

另一个在包多项集里可以查看到冗余代码的地方是：在 ArrayBag 和 LinkedBag 类里。回想一下，在第 5 章里，对 ArrayBag 里的代码进行复制而创建出 LinkedBag 时，很多方法都不需要进行任何修改。这些方法在两个类里看起来是一样的，因此，根据定义可知它们是冗余的。

通过把冗余的方法保留在父类里并使用继承与其他类共享它们，可以避免有序包出现这类冗余问题。

在本节里，我们将学习把一组已有类的代码分解为通用的超类，以消除它们之间冗余的方法和数据。这样的类被称为**抽象类**（abstract class），用来表示它包含一组相关类的共同特征和行为。客户端应用程序里通常不会实例化抽象类。它的子类被称为**实体类**，用来表示它们是在客户端应用程序里创建对象的类。这两种类又和**接口**（见第 5 章）有所区别，接口仅仅是指给定类或一组类的方法，而不用有任何的实现代码。

6.2.1 设计 AbstractBag 类

程序员通常在开发了若干个类并且看到有一些冗余的方法和变量的时候，就会意识到需要抽象类了。对于包的各个类来说，最明显的冗余方法是只会调用其他方法而不会直接访问实例变量的方法，如 isEmpty、__str__、__add__、count 以及 __eq__ 方法。

处理冗余的实例变量有点麻烦。包类会用到两个实例变量 self.items 和 self.size。要找到冗余的变量，就必须查看变量所引用的数据类型。在各个不同的类里，self.items 指的是不同类型的数据结构。（这也就是它们被称为不同实现的原因。）相比而言，self.size 则是各个包类里的一个整数值。因此，只有 self.size 是冗余的实例变量,才可以被安全地移动到抽象类里。

　　__len__ 方法会访问 self.size 而不是 self.items,因此它也可以当作冗余方法。通常来说,直接访问或修改了 self.items 的方法都必须保留在实体类里。

　　你可以从包类里删除冗余的方法,然后把它们放在一个叫作 AbstractBag 的新类里;再把包类设置为 AbstractBag 的子类,之后就可以通过继承来访问这些方法。各个包类在修改之后的框架如图 6-3 所示。

　　可以看到,AbstractBag 类并没有实现包接口。这是因为 AbstractBag 只包含一部分包的方法,而另外 3 个包类仍然会通过其他的代码支持包接口。

　　还要注意的是,现在有了一个更明显的类的层次结构,它有两个继承级别。ArraySortedBag 类现在会直接从它的父类 ArrayBag 中继承一些方法和数据,并从其祖父类 AbstractBag 间接地继承一部分其他方法和数据。通常来说,类的方法和变量可以被它的任何后代类所使用。

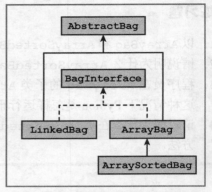

图 6-3　将抽象包类添加到多项集框架

　　要创建 AbstractBag 类,首先要把它的一个子类的内容复制到新的文件里,然后将这个文件另存为 abstractbag.py,再执行下面这些步骤。

- 删除所有不相关的导入模块,并将类重命名为 AbstractBag。
- 删除 __init__ 方法外的所有会直接访问实例变量 self.items 的方法。我们将在 6.2.2 节详细说明如何对 __init__ 方法进行修改。

6.2.2　重新编写 AbstractBag 类的 __init__ 方法

　　AbstractBag 里的 __init__ 方法负责执行以下两个步骤。

- 引入变量 self.size 并把它初始化为 0。
- 将源多项集里的元素添加到 self(如果存在)。

　　因此,只需要删除初始化 self.items 变量的代码。这部分代码将是子类里 __init__ 方法的职责。

　　下面是 AbstractBag 里 __init__ 方法的代码。

```
"""
File: abstractbag.py
Author: Ken Lambert
"""

class AbstractBag(object):
    """An abstract bag implementation."""

    # Constructor
    def __init__(self, sourceCollection = None):
        """Sets the initial state of self, which includes the
        contents of sourceCollection, if it's present."""
        self.size = 0
```

```
    if sourceCollection:
        for item in sourceCollection:
            self.add(item)
```

因此 AbstractBag 类里的其余方法包括 isEmpty、__len__、__str__、__add__、count 以及__eq__，它们和在 ArrayBag 或 LinkedBag 里的实现是一样的。

6.2.3 修改 AbstractBag 的子类

接下来，AbstractBag 的所有子类都要导入这个类，并且把它的名称放在类定义的括号里，去掉前面提到的冗余方法，然后再添加经过修改的__init__方法。

请考虑如何对 ArrayBag 里的__init__方法进行修改。这个方法仍然需要负责把 self.items 设置为一个新数组，这也是这个方法里会被保留的唯一一行代码。运行这行代码之后，还需要运行 AbstractBag 里的__init__方法，这个方法将会初始化包的尺寸，并在需要的时候添加来自源多项集里的元素。下面是对 ArrayBag 里__init__方法进行修改之后的代码。

```
"""
File: arraybag.py
Author: Ken Lambert
"""

from arrays import Array
from abstractbag import AbstractBag

class ArrayBag(AbstractBag):
    """An array-based bag implementation."""

    # Class variable
    DEFAULT_CAPACITY = 10

    # Constructor
    def __init__(self, sourceCollection = None):
        """Sets the initial state of self, which includes the
        contents of sourceCollection, if it's present."""
        self.items = Array(ArrayBag.DEFAULT_CAPACITY)
        AbstractBag.__init__(self, sourceCollection)
```

注意这两个语句在__init__方法里的顺序。运行超类里的构造函数之前，把 self.tems 初始化为一个新数组是非常重要的，这样才能把需要添加到新包里的元素添加进去。

对 LinkedBag 类的修改是类似的，这将作为练习留给你。

6.2.4 在 AbstractBag 里模板化__add__方法

如果此时执行测试函数来测试包类，那么测试+运算符（会使用 AbstractBag 里的__add__方法）时会引发异常。这个异常表示 AbstractBag 并不知道 ArrayBag（如果从其他类中复制出这个方法，就会显示出不知道 LinkedBag 或 ArraySortedBag）。显然，AbstractBag 并不知道它的任何子类，这也是导致这个错误的原因——__add__方法尝试创建一个 ArrayBag 的实例来保存结果，如下面这段代码所示。

```
def __add__(self, other):
    """Returns a new bag containing the contents
    of self and other."""
    result = ArrayBag(self)
    for item in other:
        result.add(item)
    return result
```

其实，在这里真正想要的是 self 类型的实例，并不是特定某个类的实例，而不用管它
是哪种类型。

要解决这个问题，我们可以用 Python 的 type 函数获取 self 的类型，然后以常规
的方式使用这个类型来创建一个 self 的副本。下面是适用于所有包类型的__add__方
法的代码。

```
def __add__(self, other):
    """Returns a new bag containing the contents
    of self and other."""
    result = type(self)(self)
    for item in other:
        result.add(item)
    return result
```

表达式 type(self)(self) 的用法非常强大。它仿佛在说："不管当前是什么类
型，都给我 self 类型（某个多项集），然后把它作为构造函数在同一个多项集上运行
从而得到一个副本。"这个策略不仅适用于包，还适用于所有类型的多项集。

6.3 所有多项集的抽象类

如果进一步分析 AbstractBag 类的代码，你可能会注意到一些有趣的东西。它的所
有方法（包括__init__）只是运行了其他方法或函数，或者只访问了 self.size 变量。
这些方法并没有用到包类。除了__str__方法（用来创建带有花括号的字符串）和不会比较
特定位置上元素对的__eq__方法，AbstractBag 的其他方法都可以用在任何其他类型的
多项集（如列表、栈和队列）上。除此之外，实例变量 self.size 也可以用在任何多项集
的实现里。

由此，你可以把这些方法和数据放到一个更通用的抽象类中。在这个类里，这些方法
和数据都可以用在还没有开发出其他类型的多项集上。这个叫作 AbstractCollection
的类将充当整个多项集的层次结构的基础类。

6.3.1 把 AbstractCollection 添加到多项集的层次结构里

AbstractCollection 类负责引入和初始化 self.size 变量。这个变量会被层次
结构里的所有多项集类使用。

如果需要，AbstractCollection 里的__init__方法还应该把源多项集里的元素添
加到 self 里。

这个类还会涵盖所有多项集可以用到的最通用的方法：isEmpty、__len__、count

和__add__。这里的"最通用"也就意味着它们的实现都不用子类进行任何的修改。

最后，AbstractCollection 还包含__str__和__eq__方法的默认实现。它们在 AbstractBag 里的代码适用于无序多项集，但是大多数多项集类可能是线性的，而不是无序的。因此，这两种方法会在 AbstractBag 里保持不变，而在 AbstractCollection 里会提供新的实现。新的__str__方法将用方括号把字符串括起来，新的__eq__方法将比较各个位置的元素对。AbstractCollection 新的子类仍然可以自由定制__str__和__eq__以满足它的需求。

图 6-4 展示了把新的 AbstractCollection 类添加到多项集框架里之后的情况。

可以看到，随着在层次结构里从上向下移动，这些类将从较为通用的特征转换为更具体的特征。现在，当出现一个新的多项集类型（如 ListInterface）时，我们就可以为它创建一个基于 AbstractCollection 的抽象类，然后开始准备一些需要处理的数据和方法。列表的具体实现将会放在抽象列表类下面。

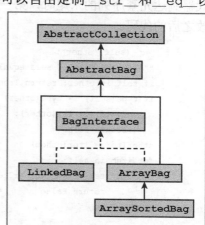

图 6-4 在多项集框架里添加了抽象多项集类的情况

要创建 AbstractCollection 类，我们还需要从另一个模块（在本例中为 AbstractBag）里复制相应的代码，然后执行以下这些步骤。

- 将类重命名为 AbstractCollection。
- 修改__str__和__eq__方法来让它们提供更合理的默认行为。

接下来，从 AbstractBag 里删除 isEmpty、__len__、count 和__add__方法。AbstractCollection 的实现和 AbstractBag 的修改将作为练习留给你。

6.3.2 在__eq__方法里使用两个迭代器

AbstractCollection 类里__eq__方法的实现会比较两个多项集里的元素对，这是通过同时迭代两个多项集里的元素序列来实现的。如果 for 循环只能在一个多项集上运行，那么该怎么实现呢？

这个问题的答案在于显式地操作第二个多项集的迭代器对象。当程序员在多项集上调用 iter 函数时，返回的将是这个多项集的迭代器对象。当程序员在迭代器对象上调用 next 函数时，这个函数将会返回迭代器序列里的当前元素，并前进到下一个元素（如果有的话）。如果序列里没有元素了，那么这个函数就会引发 StopIteration 异常。

比如，下面这段代码会执行相同的任务，但是第一个使用的是 **Python** 的 for 循环，而第二个直接操作多项集的迭代器对象。

```
# Print all the items in theCollection using a for loop
for item in theCollection:
    print(item)

# Print all the items in theCollection using an explicit iterator
iteratorObject = iter(theCollection)
```

```
try:
    while True:
        print(next(iteratorObject))
except StopIteration: pass
```

如果在 AbstractCollection 的__eq__方法里显式地使用迭代器, 不需要捕获 StopIteration 异常。因为两个多项集的长度应该是相同的, 所以当第二个多项集的迭代器到达元素序列的末尾时, 第一个多项集的 for 循环已经停止了。下面是__eq__方法修改之后的代码。

```
def __eq__(self, other):
    """Returns True if self equals other, or False otherwise."""
    if self is other: return True
    if type(self) != type(other) or \
       len(self) != len(other):
        return False
    otherIter = iter(other)
    for item in self:
        if item != next(otherIter):
            return False
    return True
```

练习题

1. 以 AbstractBag 类为例, 描述抽象类的用途, 并解释为什么不能创建抽象类的实例。
2. 对于 AbstractCollection 类里定义的__init__、isEmpty、__len__、__str__、__eq__、count 和__add__方法, 哪些方法可以在子类中重新定义? 为什么?
3. AbstractCollection 类里有两个方法未定义, 必须在子类里定义它们才能让其他方法正常运行。请问是哪两个方法?
4. 在 AbstractCollection 类里编写一个名为 clone 的新方法的代码。这个方法不接收任何参数, 执行后会返回运行对象的完整副本。用法的例子是 aCopy = someCollection.clone()。
5. 方法 add 会被 AbstractBag 类里的__init__和__add__方法调用, 但是它并没有在这个类里定义。这个方法属于哪个类? Python 是如何定位它的实现的?

6.4 多项集的专家级框架

在本章里, 我们用到了第 5 章里开发的 3 个包类的实现, 并把它们放到了类的层次结构里。尽管这些类仍然实现相同的包接口, 但它们现在共享了大量提取到抽象类里的代码。本章的主要学习目标是通过类的层次结构里的继承机制来重用代码并消除冗余代码。

在此过程中, 我们想开发出一个核心框架来与其他还没有开发的资源(如列表、字典、栈、队列、树和图多项集的各种实现）共享代码。图 6-5 展示了一个几乎完整的多项集框架。

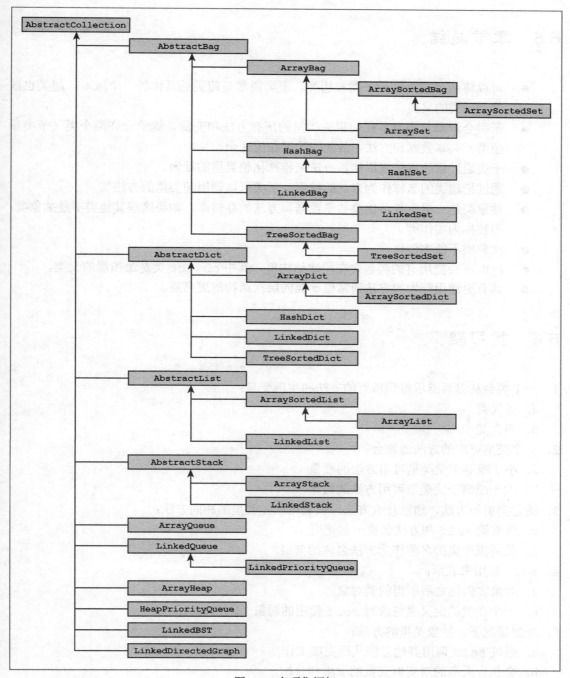

图 6-5　多项集框架

其他的编程语言（如 Java）也有类似的多项集框架，虽然它们并不会像图 6-5 所示的多项集框架那样完整，但会比 Python 的多项集框架更庞大。在后续章节里，我们将探索线性多项集、分层多项集、无序多项集和图多项集，并有机会开发出图 6-5 所示框架的各种资源。

6.5 章节总结

- 可以将两个类关联为子类和超类。子类通常是超类更具体的一个版本，超类也被称为子类的父类。
- 子类会继承父类及其任何祖先类里的所有方法和变量。继承允许两个类（子类和超类）共享数据和方法，故能消除潜在的冗余。
- 子类通过修改方法或添加新方法来特殊化超类里的行为。
- 通过把超类的名称作为方法的前缀，子类可以调用超类里的方法[①]。
- 抽象类是一组会被其他类共享数据和方法的存储库。如果这些其他类不是抽象类，则被称为实体类。
- 抽象类不能实例化。
- Python 会把所有的类包含在层次结构里，其中 object 类是最顶层的父类。
- 具有更通用行为的方法通常位于类的层次结构的更高层。

6.6 复习题

1. 一个类会从哪里继承得到所有的方法和实例变量：
   a. 后代类
   b. 祖先类
2. 一个类里可用的方法通常会：
   a. 小于或等于父类里可用方法的数量
   b. 大于或等于父类里可用方法的数量
3. 给定类里的方法，通过什么方法可以调用祖先类里的相同方法：
   a. 将前缀 self 和方法名称一起使用
   b. 使用祖先类的名称作为方法名称的前缀
4. self 总用来表示：
   a. 对象实例化之后所得的类对象
   b. 一个在类的定义里包含对 self 使用的对象
5. 理想情况下，抽象类里的方法：
   a. 通过 self 调用其他方法从而完成工作
   b. 会包含大量的对实例变量的引用和分配
6. 在 AbstractCollection 类里最应该被实现的方法是：

---

① 只有子类可以调用超类里的方法，原文并没有进行区分。——译者注

　　a. __iter__、add 和 remove

　　b. isEmpty、__len__ 和 __add__

7. 返回对象类型的函数是：

　　a. type

　　b. GetType

8. 应该在哪里定义 clone 方法，这个方法创建并返回一个特定多项集的完整副本：

　　a. 这个多项集的类

　　b. 在 AbstractCollection 类里

9. 创建新的多项集时会自动从源多项集里复制元素的方法是：

　　a. __init__

　　b. __add__

10. 在 AbstractCollection 里定义 __eq__ 方法时会：

　　a. 比较两个多项集里的元素对，在平均情况下运行时的复杂度是线性的

　　b. 查看多项集里的每个元素是否也同时在另一个多项集中，在平均情况下运行时的复杂度是平方的[①]

6.7　编程项目

　　当在下面的这些项目里创建或修改类时，请运行适当的测试程序以确保你的修改是正确的。

1. 将 __eq__ 方法添加到本章讨论过的 ArraySortedBag 类中。这个方法的运行时不应该比线性时间更差。

2. 修改第 5 章里讨论过的 LinkedBag 类，使其成为 AbstractBag 的子类。应该把那些不能移动到 AbstractBag 里的方法保留在 LinkedBag 里。

3. 完成本章讨论过的 AbstractCollection 类，然后修改 AbstractBag 类，使其成为 AbstractCollection 的子类。

4. 由第 5 章编程项目 6 和 7 可知，集合的行为和包一样，只是集合不能包含重复的元素，一些可能的实现是 ArraySet 和 LinkedSet。绘制一个类图以把它们放置在图 6-4 所示多项集框架的位置上。

5. 完成 ArraySet 和 LinkedSet 的类，使其通过继承来发挥最大的优势。

6. 有序集合和集合的行为相似，但是它能够让用户使用 for 循环的时候以升序访问它的元素，并且对于元素支持在对数时间里搜索。绘制一个类图，把有序集合的新类放置在图 6-4 所示多项集框架里的位置。

7. 完成有序集合的新类的编写。

8. 有人可能会注意到 remove 操作对包执行了两次搜索：第一次是在测试方法的前置条件时（使用 in 运算符）；第二次是定位需要删除的目标元素的位置时。消除冗余搜索的一

---

① 原文此处排版有问题。——译者注

种方法是：通过一个实例变量跟踪目标元素的位置。对于基于数组的包来说，在初始化以及没有找到目标元素时，这个位置信息将为–1。如果 in 运算符找到了目标元素，那么就把这个位置变量设置为这个元素在数组里的索引；否则，它将会被重置为–1。这样，在 remove 方法检查了前置条件之后，就不再需要进行另一次循环搜索了，只需要使用位置变量直接关闭数组里的空位置。修改 ArrayBag 类来支持这个功能。可以看到，现在必须向执行这个自定义搜索 ArrayBag 添加 __contains__ 方法了。

9. 在编程项目 8 里修改 remove 方法后，它不再适用于有序包，因为 ArraySortedBag 里 的 __contains__ 方 法 不 会 更 新 ArrayBag 里 新 的 位 置 变 量 。 请 修 改 ArraySortedBag.__contains__ 方法，让 remove 方法可以在有序包里正确工作。

10. LinkedBag 类里的 remove 方法也有编程项目 8 里所描述的冗余搜索。请修改这个类，以避免这个冗余。

第 7 章 栈

在完成本章的学习之后，你能够：
- 描述栈的功能和行为；
- 根据性能特点选择栈的实现；
- 知道栈应该用于哪些应用程序；
- 解释系统调用栈是如何为递归子程序提供运行时支持的；
- 通过栈设计并实现回溯算法。

本章将介绍**栈**（stack），这是一种在计算机科学里广泛使用的多项集。栈是可以被描述和实现的最简单的多项集。它的应用非常广泛，本章将讨论其中的 3 个应用场景，还会介绍基于数组和基于链接结构的两种标准实现。本章将以一个案例研究作为结尾。在这个案例里，栈起到了核心作用。

7.1　栈的概述

栈是一种特殊的线性多项集，它的访问被完全限制在一端——称为**栈顶端**（top）。现实生活中非常典型的例子是：在每个自助餐厅里都有摞起来的干净托盘。当需要用到一个托盘时，你会从一摞托盘的顶端取走一个；而当洗净的托盘放回厨房时，它们都会被重新垒放到顶端。一般不会有人从中间取出托盘，而且最下面的托盘可能永远都不会被使用。栈会遵循**后进先出**（Last In, First Out，LIFO）[①]协议，这就好比从洗碗机里拿出来的最后一个托盘是刚才放进去的第一个托盘。

把元素放入栈的操作称为**推入**（push），从栈里删除元素的操作称为**弹出**（pop）。图 7-1 展示了栈可能会出现的不同情况，其中栈的顶端元素加上了阴影。

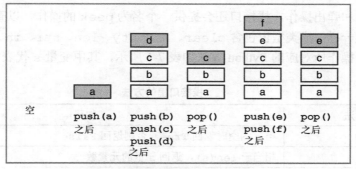

图 7-1　栈生命周期里的一些状态

---

① 后进先出的英文应该是："last in, first out"，而不是原文里的 "last-in first-out"。在词汇表里也是错误的写法。——译者注

可以看到，一开始栈为空，然后把元素 a 推入；接着再推入 3 个元素（b、c 和 d）；然后又从栈里弹出一个元素，以此类推。

关于栈的一些其他例子是：厨房碗柜里的盘子和碗或者 CD 架里的光盘。但对于不断地向桌面堆起一摞纸的这个例子，它并不是一个栈的例子，因为你可以十分方便地从这堆纸的中间位置取走若干张纸。对于真正的栈来说，能获取的元素只能是刚刚添加的那个。

栈在计算机科学里的应用非常多。这里仅列出了非常少的一部分，其中前 3 个将会在本章的稍后部分进行更详细的讨论。

- 将中缀形式的表达式转换为后缀形式，并计算后缀形式的表达式。中缀表达式（如 3+4）里的运算符会出现在它的两个操作数之间，后缀表达式（如 34+）里的运算符则在它的两个操作数之后。
- 回溯算法（在自动定理证明和玩游戏时会遇到的问题）。
- 管理计算机内存以支持函数和方法调用。
- 在文本编辑器、文字处理器、电子表格程序、绘图程序和类似的应用程序里支持撤销功能。
- 维护 Web 浏览器访问过的链接的历史记录。

7.2   使用栈

栈不是 Python 的内置类型。如果需要，Python 程序员可以使用 Python 列表来模拟基于数组的栈。如果把列表的末尾视为栈顶端，则 list 的 append 方法会把元素推入这个栈，而 list 的 pop 方法会删除并返回顶端的元素。这种用法的主要缺点是：其他的列表操作也可以对这个栈进行操作，而这些操作包括在任何位置插入、替换和移除元素。这些额外的操作违反了栈作为抽象数据类型的定义。本节将为栈的实现定义一个更为严格的接口，并通过简短的例子来展示如何使用这些操作。

7.2.1   栈接口

除了推入和弹出操作，栈接口还会提供一个名为 peek 的操作，以查看栈顶端的元素。和其他多项集一样，栈类型也包含 clear、isEmpty、len、str、in、+操作，以及一个迭代器。这些操作所对应的 Python 方法如表 7-1 所示，其中变量 s 代表栈。

表 7-1   栈接口里的方法

栈方法	作用
s.isEmpty()	当 s 为空时返回 True，否则返回 False
s.__len__()	相当于 len(s)，返回 s 里的元素数
s.__str__()	相当于 str(s)，返回 s 的字符串表达式
s.__iter__()	相当于 iter(s) 或 for item in s:，自底向顶访问 s 里的每一个元素

栈方法	作用
s.__contains__(item)	相当于 item in s。当 item 在 s 里时返回 True，否则返回 False
s1.__add__(s2)	相当于 s1 + s2，返回一个包含 s1 和 s2 中元素的新栈
s.__eq__(anyObject)	相当于 s == anyObject，当 s 等于 anyObject 的时候返回 True，否则返回 False。当两个栈里的元素都一一对应的时候，它们是相等的
s.clear()	把 s 清空
s.peek()	返回 s 顶端的元素。**前置条件**：s 必须不为空，否则会引发 KeyError 异常
s.push(item)	把 item 添加到 s 的顶端
s.pop()	删除并返回 s 顶端的元素。**前置条件**：s 必须不为空，否则会引发 KeyError 异常[1]

可以看到，pop 和 peek 方法都有一个非常重要的前置条件，如果栈的用户不满足这个前置条件，就会引发异常。使用这个接口的优点是，无论选择的是哪种栈实现，用户都会知道可以使用哪些方法以及对它们会做什么。

现在我们已经定义了栈接口，接下来介绍如何使用它。表 7-2 展示了前面列出的这些操作是如何影响栈 s 的，其中变量 a、b 和 c 代表的是栈里的元素。语法<Stack Type>代表栈的任何实现类。

表 7-2　　　　　　　　　　　　栈操作的影响

操作	操作后栈的状态	返回值	注释
s = <Stack Type>()			初始化，栈为空
s.push(a)	a		栈里只有一个元素 a
s.push(b)	a b		b 是顶端元素
s.push(c)	a b c		c 是顶端元素
s.isEmpty()	a b c	False	栈不为空
len(s)	a b c	3	栈包含 3 个元素
s.peek()	a b c	c	在不删除的情况下返回顶端元素
s.pop()	a b	c	删除并返回顶端元素，现在 b 是顶端元素
s.pop()	a	b	删除并返回顶端元素，现在 a 是顶端元素
s.pop()		a	删除并返回顶端元素
s.isEmpty()		True	栈为空
s.peek()		KeyError	在空栈执行查看操作会引发异常
s.pop()		KeyError	在空栈执行弹出操作会引发异常
s.push(d)	d		d 是顶端元素[2]

---

① 原文 pop 和 peek 方法的异常为小写 keyerror，应该是 KeyError。——译者注

② 原文最后一行中“操作后栈的状态”列是大写的 D，根据上下文应该是小写 d。——译者注

7.2.2   栈的实例化

可以假定实现这个接口的任何栈类都包含一个能够让用户创建新的栈实例的构造函数。我们稍后会讨论两个不同的实现，即 ArrayStack 和 LinkedStack。现在，先假设实现它们的代码已编写完成，你可以直接使用了。下面这段代码展示了如何实例化这两个类。

```
s1 = ArrayStack()
s2 = LinkedStack([20, 40, 60])
```

虽然不必把这两种实现的具体代码透露给用户，但据此推测用户不知道这些实现也显得过于天真。就像在第 5 章里提到的那样，同一接口的不同实现在性能上会有不同的权衡，而了解这些权衡对于用户来说非常重要。用户将根据应用程序所要求的性能特征来选择某种合适的实现方式。这些特征通常会由类的名称（数组或链接）加以暗示，并且很可能在实现的文档中提到。在介绍下面这个示例应用程序时，我们假设你已经了解了栈的各种实现的知识。

7.2.3   示例应用程序：括号匹配

编译器需要确定表达式里的括号符号是不是正确匹配的。比如，在每个左括号"["后面都应该有一个右括号"]"，每个"("后面也应该跟这一个")"，如表 7-3 所示。

表 7-3   表达式里匹配和不匹配的括号

表达式	状态	原因
(…)…(…)	匹配	
(…)…(…	不匹配	结尾缺少右括号")"
)…(…(…)	不匹配	开头的右括号")"没有对应的左括号"("，并且后面的一个左括号没有对应的右括号
[…(…)…]	匹配	
[…(…]…)	不匹配	括号的嵌套不正确

在这些例子里，3 个点用来表示不包含括号符号的任意字符串。

要解决括号匹配的问题，你可以先简单地计算左括号和右括号的数量。如果表达式中的括号是匹配的，那么这两个计数值肯定相等。但是，即使计数相等，括号也不一定是匹配的，第三个例子就说明了这一点。

一种相对更复杂的方法是使用栈。这种方法能够快速并且准确地得到正确结果。要通过这种方法来检查表达式，需要执行下面这些步骤。

- 遍历表达式，当遇到左括号时，将其推入栈中。
- 当遇到右括号时，如果栈为空，或者栈的顶端元素不是同一类型的左括号，则说明括号不匹配，因此退出整个过程，并返回表示整个表达式格式不正确的信号。
- 如不满足上述情况，则将顶端元素从栈中弹出，然后继续扫描表达式。

● 到达表达式的末尾时，栈应该为空；否则，表明括号不匹配。

下面是一个 Python 脚本，它实现了上面提到的两种类型括号的这个策略。假设模块 linkedstack 包含 LinkedStack 类。

```
"""
File: brackets.py
Checks expressions for matching brackets
"""

from linkedstack import LinkedStack

def bracketsBalance(exp):
    """exp is a string that represents the expression"""
    stk = LinkedStack()                          # Create a new stack
    for ch in exp:                               # Scan across the expression
        if ch in ['[', '(']:                     # Push an opening bracket
            stk.push(ch)
        elif ch in [']', ')']:                   # Process a closing bracket
            if stk.isEmpty():                    # Not balanced
                return False
            chFromStack = stk.pop()
            # Brackets must be of same type and match up
            if ch == ']' and chFromStack != '[' or \
               ch == ')' and chFromStack != '(':
                return False
    return stk.isEmpty()                         # They all matched up

def main():
    exp = input("Enter a bracketed expression: ")
    if bracketsBalance(exp):
        print("OK")
    else:
        print("Not OK")
if __name__ == "__main__":
    main()
```

练习题

1. 基于表 7-2，对栈完成如下操作。其他列的标题为"操作后栈的状态""返回值"以及"注释"。

操作	空
s = <Stack Type>()	
s.push(a)	
s.push(b)	
s.push(c)	
s.pop()	
s.pop()	
s.peek()	
s.push(x)	
s.pop()	
s.pop()	
s.pop()	

2. 修改 bracketsBalance 函数，让调用者通过参数提供需要匹配的括号对。该函数的第二个参数应该是一个包含左括号的列表，第三个参数应该是一个包含右括号的列表。两个列表里相应位置的括号就是需要匹配的括号对，也就是在两个列表里位置 0 的地方可能分别是 "[" 和 "]"。修改这个函数的代码，让它可以不使用文字版本的括号符号，而直接使用列表参数。（**提示**：方法 index 会返回元素在列表里的位置。）
3. 有人认为，并不需要通过栈来匹配表达式里的括号。使用一个初始值为 0 的计数器，在遇到左括号时自增，在遇到右括号时自减。如果计数值低于 0 或在处理结束时仍然为正，就表明存在错误；如果计数器在操作结束的时候是 0，并且从来没有变为负数，那么括号的匹配就是全部正确的。这个策略在遇到什么情况时会出现问题？（**提示**：圆括号和方括号也有可能成对出现。）

7.3   栈的 3 个应用程序

接下来，我们将学习栈的其他 3 个应用程序。首先，你会看到计算算术表达式的算法。这些算法适用于解决编译器设计里出现的问题，相关内容参见本章的案例研究。其次，你将学习如何用栈来解决回溯问题。编程项目里有很多关于这个技术的应用。最后，你将了解栈在计算机内存管理方面的作用。这个主题本身非常有趣，而且为理解递归打下了基础。

7.3.1   算术表达式的求值

在日常生活中，人们对于计算简单的算术表达式已经非常熟悉了，但是很少考虑计算时所涉及的规则。因此，你可能会对编写一个算法来计算算术表达式的难度感到诧异。事实证明，通过间接方法解决这个问题的效果最好。首先把表达式从大家熟悉的**中缀形式**（infix form）转换为**后缀形式**（postfix form），然后对后缀形式的表达式进行计算。在中缀形式里，每个运算符都在操作数之间；而在后缀形式中，运算符会在操作数之后。表 7-4 给出了几个简单的示例。

表 7-4   一些中缀和后缀表达式

中缀形式	后缀形式	值
34	34	34
34 + 22	34 22 +	56
34 + 22 * 2	34 22 2 * +	78
34 * 22 + 2	34 22 * 2 +	750
(34 + 22) * 2	34 22 + 2 *	112

这两种形式之间存在异同。在这两种形式中，操作数都是按照相同的顺序出现的，但是运算符不是。有些时候，中缀形式的一部分表达式需要用括号括起来，而后缀形式

永远都不会用到括号；中缀表达式会涉及优先级规则，而后缀表达式一遇到运算符就会立即应用它。比如，在计算中缀表达式 34 + 22 * 2 和等效的后缀表达式 34 22 2 * +时，步骤如下。

中缀计算：34 + 22 * 2 → 34 + 44 → 78

后缀计算：34 22 2 * + → 34 44 + → 78

在中缀表达式里使用括号和运算符优先级是为了方便人们阅读和编写它。通过消除这些括号，等效的后缀表达式为计算机提供了一种计算更方便且更有效的形式。

接下来，我们来看基于栈的算法是如何把中缀表达式转换为后缀表达式，并对生成的后缀表达式进行计算的。通过使用这些算法，计算机就可以计算中缀表达式了。实际上，转换的步骤通常都发生在编译时，而计算步骤则在运行时发生。在介绍算法时，我们可以先忽略这一点，也可以先忽略语法错误的影响，但是在案例研究和练习题里需要处理这些问题。先来看看如何计算后缀表达式，这个算法比将中缀表达式转换为后缀表达式简单。

7.3.2 计算后缀表达式

计算后缀表达式有 3 个步骤。

● 从左到右扫描表达式。

● 当遇到运算符时，把它应用于前面的两个操作数，并用计算结果替换这 3 个符号。

● 继续扫描，直至到达表达式的结尾，这个时候应该只剩下了表达式的值。

要把这个过程表示为计算机算法，需要使用一个栈存放操作数。在算法里，术语**标记**（token）是指操作数或运算符。

```
Create a new stack
While there are more tokens in the expression
    Get the next token
    If the token is an operand
        Push the operand onto the stack
    Else if the token is an operator
        Pop the top two operands from the stack
        Apply the operator to the two operands just popped
        Push the resulting value onto the stack
Return the value at the top of the stack
```

这个算法的时间复杂度是 $O(n)$，其中 n 是表达式里标记的数量（参见练习题）。表 7-5 展示了这个算法在处理表达式 4 5 6 * + 3 –时的步骤。

表 7-5　　　　　　　　　　　　　对后缀表达式求值的步骤

后缀表达式：4 5 6 * + 3 –		结果：31
已经扫描过的后缀表达式	操作数栈	注释
		还没有标记为已扫描，栈为空
4	4	推入操作数 4
4 5	4 5	推入操作数 5
4 5 6	4 5 6	推入操作数 6

续表

后缀表达式：4 5 6 * + 3 -		结果：31
已经扫描过的后缀表达式	操作数栈	注释
4 5 6 *	4 30	对顶端的两个操作数执行乘法操作
4 5 6 * +	34	对顶端的两个操作数执行加法操作
4 5 6 * + 3	34 3	推入操作数 3
4 5 6 * + 3 -	31	对顶端的两个操作数执行减法操作
		弹出最终结果

练习题

1. 手动计算下面这些后缀表达式：

　a. 10 5 4 + *

　b. 10 5 * 6 -

　c. 22 2 4 * /

　d. 3 3 6 + 3 4 / +

2. 对计算后缀表达式的算法进行复杂度分析。

7.3.3　把中缀表达式转换为后缀表达式

　　接下来，我们将介绍如何把中缀表达式转换为后缀表达式。为了简单起见，现在我们可以先把注意力集中在涉及运算符（*、/、+和-）的表达式上（本章结尾部分的练习题会扩大运算符集合）。通常，乘法和除法的优先级高于加法和减法，而括号高于默认的优先级。

　　简单来说，这个算法从左到右扫描中缀表达式的序列，同时构建出等效的后缀表达式的序列。只要遇到操作数，就会把它从中缀序列复制到后缀序列。但是，运算符将会一直保留在栈上，直到优先级更高的运算符被复制到后缀字符串里。下面是更详细的过程说明。

- 一开始，会有一个空的后缀表达式和一个空的栈，这个栈用来保存运算符和左括号。
- 从左到右扫描中缀表达式。
- 遇到操作数时，把它添加到后缀表达式中。
- 遇到左括号时，把它推入栈。
- 遇到运算符时，从栈中弹出优先级相同或更高的所有运算符，并将它们添加到后缀表达式中，然后将扫描到的运算符推入栈。
- 遇到右括号时，在栈里未遇到匹配的左括号之前，将运算符从栈里逐个弹出并添加到后缀表达式中，然后忽略这个右括号。

● 当到达中缀表达式的末尾时，把剩下的运算符从栈里逐个弹出并添加到后缀表达式中。

表 7-6 和表 7-7 里的例子说明了这个过程。

表 7-6 从中缀表达式转换为后缀表达式的步骤①

中缀表达式：4 + 5 * 6 - 3		后缀表达式：4 5 6 * + 3 -	
已经处理过的中缀表达式	运算符栈	后缀表达式	注释
			还没有被标记为扫描到。栈和后缀表达式都为空
4		4	把 4 添加到后缀表达式
4 +	+	4	把 "+" 推入栈
4 + 5	+	4 5	把 5 添加到后缀表达式
4 + 5 *	+ *	4 5	把 "*" 推入栈
4 + 5 * 6	+ *	4 5 6	把 6 添加到后缀表达式
4 + 5 * 6 -	-	4 5 6 * +	从栈里弹出 "*" 和 "+"，把它们添加到后缀表达式，并且把 "-" 推入栈
4 + 5 * 6 - 3	-	4 5 6 * + 3	将 3 添加到后缀表达式
4 + 5 * 6 - 3		4 5 6 * + 3 -	从栈里弹出剩下的运算符并把它们添加到后缀表达式

表 7-7 从中缀表达式转换为后缀表达式的步骤②

中缀表达式：(4 + 5) * (6 - 3)		后缀表达式：4 5 + 6 3 - *	
已经处理过的中缀表达式	运算符栈	后缀表达式	注释
			还没有被标记为扫描到。栈和后缀表达式都为空
(	(		把 "(" 推入栈
(4	(	4	把 4 添加到后缀表达式
(4 +	(+	4	把 "+" 推入栈
(4 + 5	(+	4 5	把 5 添加到后缀表达式
(4 + 5)		4 5 +	在遇到 "(" 之前把栈里的运算符逐个弹出并把这些运算符添加到后缀表达式
(4 + 5) *	*	4 5 +	把 "*" 推入栈
(4 + 5) * (	* (	4 5 +	把 "(" 推入栈
(4 + 5) * (6	* (	4 5 + 6	把 6 添加到后缀表达式
(4 + 5) * (6 -	* (-	4 5 + 6	把 "-" 推入栈
(4 + 5) * (6 - 3	* (-	4 5 + 6 3	把 3 添加到后缀表达式

① 第三行的后缀表达式应该为 4，原文为空；第 7 行的注释第一个加号没有意义。——译者注

② 第三行的运算符栈应为 "("，原文为空；第四行的后缀表达式应为 4，原文为空。——译者注

续表

| 中缀表达式：(4 + 5) * (6 - 3) | | | 后缀表达式：4 5 + 6 3 - * |
已经处理过的中缀表达式	运算符栈	后缀表达式	注释
(4 + 5) * (6 - 3)	*	4 5 + 6 3 -	在遇到"("之前把栈里的运算符逐个弹出并把这些运算符添加到后缀表达式
(4 + 5) * (6 - 3)		4 5 + 6 3 - *	从栈里弹出剩下的运算符并把它们添加到后缀表达式

分析这个过程的时间复杂度作为练习留给你。在本章的案例研究中，你还会看到从中缀表达式转换为后缀表达式的另一个示例。在本章最后的编程项目里，你还有机会把这个流程用在案例研究的扩展编程项目里。

练习题

1. 手动把下面这些中缀表达式转换为后缀表达式：
   a. 33 - 15 * 6
   b. 11 * （6 + 2）
   c. 17 + 3 - 5
   d. 22 - 6 + 33 / 4
2. 对中缀表达式转换为后缀表达式的算法进行复杂度分析。

7.3.4 回溯算法

回溯算法（backtracking algorithm）会从一个预定义的状态开始，然后在各个状态之间移动，以找到所需要的结束状态。在这个过程中的任何时候，当在多个可替换的状态间进行选择时，算法可能会随机选择一个状态，然后继续。如果算法到达代表错误结果的状态，就会回到刚才还没有探索的替代方案的那个位置，然后继续进行尝试。通过这种方式，这个算法要么穷举搜索了所有的状态，要么最终到达所需的结束状态。

假设你正在树林里徒步旅行。在岔路口，道路分成了两条。若沿着右边的路继续走，最终你会走到一个死胡同。为了能够继续徒步，你会必须回到刚才那个岔路口，然后走左边那条没有走过的路。这种情况下的计算机模型会跟踪所有的分支，并且能够让你直接返回到岔路口去尝试其他路径。实现回溯算法的技术主要有两种：一种是使用栈，另一种是使用递归。接下来，我们探讨使用栈的情况。

栈在这个过程中的作用是，记住每个连接点所发生的可替代状态。更确切地来说，其使用过程如下所示：

```
Create a new stack
Push the starting state onto the stack
While the stack is not empty
    Pop the stack and examine the state
    If the state represents an ending state
        Return SUCCESSFUL CONCLUSION
```

```
        Else if the state has not been visited previously
            Mark the state as visited
            Push onto the stack all unvisited adjacent states
Return UNSUCCESSFUL CONCLUSION
```

　　这种回溯算法广泛应用于许多游戏和解谜程序里。比如，可以用来解决在迷宫里找到路径的问题。例如，徒步旅行者必须找到一条通往山顶的路径。假设他离开了停车场（标记为 P），然后开始探索这个迷宫，直至到达山顶（标记为 T），如图 7-2 所示。

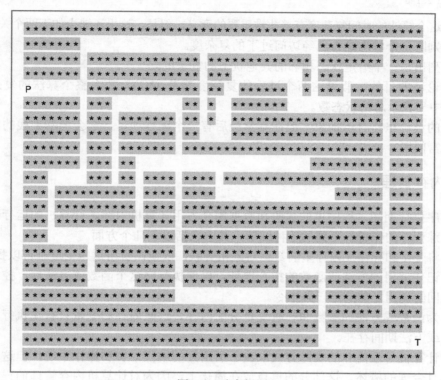

图 7-2　迷宫问题

　　现在我们来了解一下解决这个问题的程序。一开始，程序的数据模型首先会从文本文件里导入以字符网格形式存储的迷宫。字符*代表障碍物，P 和 T 分别代表停车场和山顶，空格代表可以走的路。从文件里加载迷宫之后，程序会在终端窗口里显示这个迷宫。然后，程序会要求用户按下回车键或返回键来一步一步地查看程序是如何解决这个迷宫问题的。这个模型尝试找到一条通过迷宫的路径，并根据结果返回 True 或 False。在这个模型里，迷宫被表示为字符网格（以 P、T、*或空格表示）。在搜索过程中，每个访问过的内存单元都会显示为一个点。在程序结束时，这个网格重新显示，不过这次会包含路径上的点。下面是解决这个问题核心部分的回溯算法。

```
Create a new stack
Locate the character 'P' in the grid
Push its location onto the stack
While the stack is not empty
        Pop a location, (row, column), off the stack
        If the grid contains 'T' at this location, then
```

```
        A path has been found
        Return True
    Else if this location does not contain a dot
        Place a dot in the grid at this location
        Examine the adjacent cells to this one and
        for each one that contains a space,
            push its location onto the stack
Return False
```

计算这个算法的时间复杂度有着非常重要的意义。但是，这里还缺少如下两个关键信息。

● 判断一个状态是否已经访问过了的复杂度。

● 列出与一个给定状态相邻的其他状态的复杂度。

出于论证的目的，假设这两个过程的复杂度都是 O(1)，那么整个算法的复杂度就是 O(n)，其中 n 表示总的状态数。

这里的讨论虽然有点抽象，但在本章最后有一个编程项目，它会把基于栈的回溯算法应用于迷宫问题。

7.3.5　内存管理

在程序执行期间，程序里的代码和数据都会占用计算机内存。计算机的运行时系统必须能够跟踪程序的作者看不到的各种细节，其中包括以下几个方面。

● 将变量和存储在内存里的数据对象相关联，以便在引用这些变量时可以找到它们。

● 记住调用的方法或函数的指令地址，以便执行完这个函数或方法后，控制权会返回给调用之前的下一条指令。

● 为函数或方法的参数和临时变量分配内存。这些内存和变量只有在执行这个函数或方法期间存在。

尽管计算机管理内存的实际方式取决于所用到的编程语言和操作系统，但这里会提供一个简化且合理的概述。这部分的重点放在**简化**上，因为对计算机内存管理的详细讨论超出了本书的范围。

你可能已经知道了，Python 编译器会把 Python 程序转换为字节码，然后由名为 Python 虚拟机（Python Virtual Machine，PVM）的复杂程序执行这些字节码。由 PVM 控制的内存或**运行时环境**（run-time environment）分为 6 个区域，如图 7-3 左侧部分所示。

在后面的内容里，术语**子例程**（subroutine）用来表示 Python 函数或 Python 方法。**活动记录**（activation record）一词指代一块内存，其中包含每个函数或方法调用的参数、临时变量、返回值以及返回地址。从下往上，这些区域包含下面这些内容。

● Python 虚拟机（PVM）。它执行 Python 程序。PVM 内部有两个变量，分别为 locationCounter 和 basePtr。locationCounter 指向 PVM 接下来将要执行的指令，basePtr 则指向顶部活动记录的基地址。稍后我们会更多地介绍这些变量。

● 程序中所有子例程的字节码。

● 程序的模块和类变量。

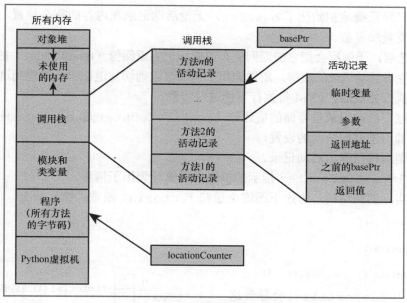

图 7-3 运行时环境的架构

- **调用栈**（call stack）。每次调用子例程时，都会创建一个活动记录并把它推入调用栈里。当子例程完成执行并将控制权返回给调用它的子例程时，活动记录就会从栈里弹出。栈中的活动记录总数等于当前各个执行阶段中子例程的调用数。稍后我们会对活动记录进行更多的介绍。
- 未使用的内存。这个区域里内存的大小会随着调用栈和对象堆的使用而增大或缩小。
- 对象堆。Python 里，对象都存储在名为堆的内存区域里。在实例化对象的时候，PVM 必须在堆上为这个对象找到合适的空间，当不再需要这个对象时，PVM 的垃圾回收器会回收这部分空间以备将来重新使用。当空间不足时，堆会扩展到标记为"未使用内存"的区域。

图 7-3 所示的活动记录包含两种类型的信息。标记为临时变量和参数的两个内存区域保存正在执行的子例程所需要的数据。其余区域所存放的数据能够让 PVM 将控制权从当前正在执行的子例程传递给调用它的子例程。

调用子例程时，PVM 会执行下面这些步骤。

- 创建子例程的活动记录并把它推入调用栈（活动记录底部的 3 个区域的大小是固定的，而顶部 2 个区域的大小取决于子例程使用的参数和局部变量的数量）。
- 将 basePtr 的当前值保存在之前标记为 basePtr 的区域里，并将 basePtr 设置为新活动记录的基地址。
- 将 locationCounter 的当前值保存在标记为**返回地址**（return address）的区域里，并将 locationCounter 设置为被调用子例程的第一条指令。
- 将调用的参数复制到标记为**参数**（parameter）的区域里。
- 在 locationCounter 所指向的位置开始执行被调用的子例程。

在执行子例程时，向 basePtr 中添加偏移量，以得到活动记录中的临时变量和参数。

因此，只要已经正确地初始化了 basePtr，无论活动记录在内存的哪个位置，都可以正确地访问本地变量和参数。

在返回之前，子例程会把它的返回值存放在标记为**返回值**（return value）的位置。因为返回值始终位于活动记录的底部，所以调用子例程可以确切知道在哪里能找到这个值。

子例程执行完成后，PVM 将执行下面这些步骤。

● 通过在活动记录里存储的值还原 locationCounter 和 basePtr 的值，重新建立调用子例程所需的设置。

● 从调用栈里弹出活动记录。

● 在 locationCounter 指示的位置继续执行调用子例程。

要查看实际的调用栈，考虑下面这个递归 factorial 函数的执行情况。

```python
def factorial(n):
    if n == 1:
        return 1
    else:
        return n * factorial(n - 1)
```

顶层调用 factorial(4)会导致这个函数进行 3 次递归调用，并且分别带有参数 3、2 和 1。当到达最后一次递归调用时，调用栈状态的简化视图如图 7-4 所示。

可以看到，栈上的每个活动记录都有包含参数内存单元和函数调用的返回值。在每个调用返回之前，它的返回值将被放置到空内存单元中，从而可以让调用者访问它。可以看到，运行这个函数所需的内存会随着问题的规模线性增长。

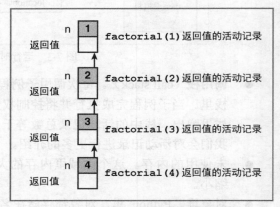

图 7-4 执行 factorial(4)所需的调用栈

7.4 栈的实现

栈有简单的行为和线性的结构，因此可以使用数组或链接结构轻松实现它。栈的两种不同实现方式也非常好地说明了使用这两种方法所需要的权衡。

7.4.1 测试驱动

两个栈实现分别是 ArrayStack 和 LinkedStack 类。在开发它们之前，你可以先编写一个简短的测试程序来展示是如何对它们进行测试的。这个程序里的代码可以对任意栈实现里的所有方法进行测试，并且可以让你了解它们的功能是否符合预期。下面是这个程序的代码。

```
"""
File: teststack.py
```

```
Author: Ken Lambert
A tester program for stack implementations.
"""

from arraystack import ArrayStack
from linkedstack import LinkedStack

def test(stackType):
    # Test any implementation with the same code
    s = stackType()
    print("Length:", len(s))
    print("Empty:", s.isEmpty())
    print("Push 1-10")
    for i in range(10):
        s.push(i + 1)
    print("Peeking:", s.peek())
    print("Items (bottom to top):", s)
    print("Length:", len(s))
    print("Empty:", s.isEmpty())
    theClone = stackType(s)
    print("Items in clone (bottom to top):", theClone)
    theClone.clear()
    print("Length of clone after clear:", len(theClone))
    print("Push 11")
    s.push(11)
    print("Popping items (top to bottom):", end = " ")
    while not s.isEmpty(): print(s.pop(), end = " ")
    print("\nLength:", len(s))
    print("Empty:", s.isEmpty())

# test(ArrayStack)
test(LinkedStack)
```

这个程序的输出结果如下所示：

```
Length: 0
Empty: True

Push 1-10
Peeking: 10
Items (bottom to top): 1 2 3 4 5 6 7 8 9 10
Length: 10
Empty: False
Push 11
Popping items (top to bottom): 11 10 9 8 7 6 5 4 3 2 1
Length: 0
Empty: True
```

可以看到，栈里的元素在栈的字符串表达式里是从底部到顶部依次打印出来的。如果元素被弹出，就会按照从顶部到底部的顺序依次打印出来。你可以通过更多的测试检验 pop 和 peek 方法的前置条件。

7.4.2 将栈添加到多项集的层次结构

就像你在第 6 章里看到的那样，通过成为多项集层次结构的一部分，多项集实现可以有一些功能。比如，包的 3 个实现（LinkedBag、ArrayBag 和 ArraySortedBag）都是两个抽象类 AbstractBag 和 AbstractCollection 的后代，这两个抽象类定义了所有包类型都会用到的一些数据和方法。

　　ArrayStack 和 LinkedStack 这两个栈的实现方式也是这样的，因此我们用类似的方式对它们进行处理。它们都会实现名为 StackInterface 的接口，如表 7-1 所示。这两个实现也是 AbstractStack 类的子类，而 AbstractStack 类又是 AbstractCollection 的子类。它们会从 AbstractStack 类里继承 add 方法，并从 AbstractCollection 里继承 size 变量和 isEmpty、__len__、__str__、__add__ 以及 __eq__ 方法。因此，唯一需要在 ArrayStack 和 LinkedStack 里实现的方法是 __init__、peek、push、pop、clear 以及 __iter__。假设已经实现了 AbstractStack 类，那么可以直接开始实现基于数组和链接的栈了。

　　栈资源的层次结构如图 7-5 所示。

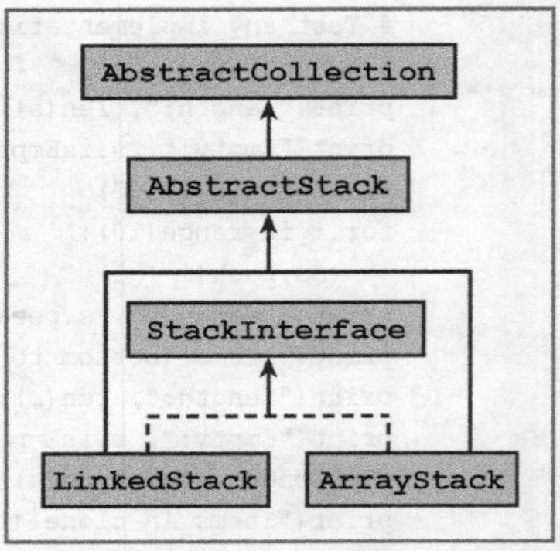

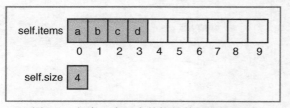

图 7-5　多项集层次结构里的栈资源

7.4.3　栈的数组实现

　　使用名为 self.items 的数组和名为 self.size 的整数来完成栈的第一个实现。一开始，这个数组的默认容量是 10 个位置，且 self.size 等于 0。顶部元素（如果存在）始终位于 self.size - 1 处。要把元素推入栈，可以把它存储在 self.items [len(self)] 这个位置上并递增 self.size；要从栈弹出元素，就需要返回 self. items[len(self) - 1] 并递减 self.size。图 7-6 展示了当栈里有 4 个元素时 self.items 和 self.size 的情况。

　　如图 7-6 所示，这个数组的当前容量为 10 个位置。要怎样避免栈溢出的问题呢？正如第 4 章里提到的，当现有的数组即将溢出或没有被充分利用时，我们可以创建一个新数组来替换现有数组。根据第 4 章的分析，我们可以在使用 push 操作填满数组之后把它容量增加一倍，也可以在使用 pop 操作使 3/4 的空间为空的情况下把它的容量减半。

图 7-6　包含 4 个元素的栈的数组存储情况

　　基于数组的栈实现会用到第 4 章里开发的 Array 类，并且和第 6 章里开发的 ArrayBag 类非常相似。和 ArrayBag 一样，ArrayStack 也是一个抽象类的子类。在这里，它的父类是 AbstractStack。如前所述，在 ArrayStack 类里只需要提供 __init__、clear、push、pop、peek 以及 __iter__ 这些操作。

　　下面是 ArrayStack 的代码，其中一些部分将作为练习留给你。

```
"""
File: arraystack.py
"""

from arrays import Array
from abstractstack import AbstractStack
```

```python
class ArrayStack(AbstractStack):
    """An array-based stack implementation."""

    DEFAULT_CAPACITY = 10  #  For all array stacks

    def __init__(self, sourceCollection = None):
        """Sets the initial state of self, which includes the
        contents of sourceCollection, if it's present."""
        self.items = Array(ArrayStack.DEFAULT_CAPACITY)
        AbstractStack.__init__(self, sourceCollection)

    # Accessors
    def __iter__(self):
        """Supports iteration over a view of self.
        Visits items from bottom to top of stack."""
        cursor = 0
        while cursor < len(self):
            yield self.items[cursor]
            cursor += 1

    def peek(self):
        """Returns the item at top of the stack.
        Precondition: the stack is not empty.
        Raises KeyError if the stack is empty."""
        # Check precondition here
        return self.items[len(self) - 1]

    # Mutators
    def clear(self):
        """Makes self become empty."""
        self.size = 0
        self.items = Array(ArrayStack.DEFAULT_CAPACITY)

    def push(self, item):
        """Inserts item at top of the stack."""
        # Resize array here if necessary
        self.items[len(self)] = item
        self.size += 1

    def pop(self):
        """Removes and returns the item at top of the stack.
        Precondition: the stack is not empty."""
        Raises KeyError if the stack is empty.
        Postcondition: the top item is removed from the stack."""
        # Check precondition here
        oldItem = self.items[len(self) - 1]
        self.size -= 1
        # Resize the array here if necessary
        return oldItem
```

可以看到,peek 和 pop 方法并没有加上前置条件。如果违反要求,安全的实现将通过引发异常强制执行这些前置条件。这部分实现将作为练习留给你。同样留为练习的还有在 push 和 pop 操作里调整数组尺寸的代码。

7.4.4 栈的链接实现

就像第 6 章里实现链接包那样,栈的链接实现也会使用节点的单向链接序列来完成。

有效的推入和弹出操作会在链接序列的开头添加或删除节点。在这个实现里，实例变

量 self.items 会指向这个序列开头的节点
（如果存在）。当栈为空时，self.items 会是
None。图 7-7 展示了一个包含 3 个元素的栈的链
接表示。

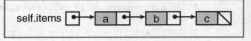

图 7-7　包含 3 个元素的栈的链接表示

栈的链接实现会用到两个类：LinkedStack 和 Node。Node 类（见第 4 章）包含如
下两个字段。

- data——栈里的元素。
- next——指向下一个节点的指针。

由于新的元素只会在链接结构的一端执行添加和删除操作，因此 pop 和 push 方法很
容易实现。图 7-8 展示了将元素推入链接栈的过程，也就是需要将当前的 self.items 指针传
递给 Node 类的构造函数，并将这个新节点赋值给 self.items。这和 LinkedBag 中的
add 方法是一样的。

图 7-9 展示了从链接栈中弹出元素的过程。

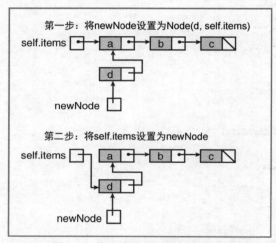

图 7-8　将元素推入链接栈的过程

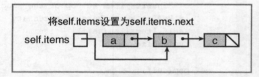

图 7-9　从链接栈中弹出元素的过程

尽管链接结构可以让 push 和 pop 操作更简单，但是 __iter__ 方法的实现会变得更复
杂，这是因为必须要从链接结构的尾部到头部的顺序来访问这些元素。遗憾的是，要在单
向链接结构里进行遍历，只能从栈的顶端开始，并依靠链接到下一个元素的指针来逐步访
问它的尾部。

好在可以用递归来简化这个步骤。在 __iter__ 方法里，我们会创建一个临时列表并定
义一个递归辅助函数。这个函数会接收一个节点作为参数。在首次调用这个函数时，参数
节点是栈链接结构（变量 self.items）的头部。如果这个节点不为 None，那么使用这个
节点的 next 字段来递归调用这个函数，从而向链接结构的尾部前进。当调用返回时，我们
会把节点中的数据添加到临时列表里。当这个辅助函数的顶层调用返回之后，我们就可以
返回一个基于这个临时列表的迭代器。

下面是 LinkedStack 的相关代码。

```python
from node import Node
from abstractstack import AbstractStack

class LinkedStack(AbstractStack):
    """ Link-based stack implementation."""

    def __init__(self, sourceCollection = None):
        self.items = None
        AbstractStack.__init__(self, sourceCollection)

    # Accessors
    def __iter__(self):
        """Supports iteration over a view of self.
        Visits items from bottom to top of stack."""
        def visitNodes(node):
            if node != None:
                visitNodes(node.next)
                tempList.append(node.data)
        tempList = list()
        visitNodes(self.items)
        return iter(tempList)

    def peek(self):
        """Returns the item at top of the stack.
        Precondition: the stack is not empty."""
        if self.isEmpty():
            raise KeyError("The stack is empty.")
        return self.items.data

    # Mutators
    def clear(self):
        """Makes self become empty."""
        self.size = 0
        self.items = None

    def push(self, item):
        """Inserts item at top of the stack."""
        self.items = Node(item, self.items)
        self.size += 1

    def pop(self):
        """Removes and returns the item at top of the stack.
        Precondition: the stack is not empty."""
        if self.isEmpty():
            raise KeyError("The stack is empty.")
        oldItem = self.items.data
        self.items = self.items.next
        self.size -= 1
        return oldItem
```

7.4.5 抽象栈类的作用

栈接口里的方法会被平均地实现在实体类（ArrayStack 或 LinkedStack）和抽象类 AbstractCollection 里。这可能会让你想知道在它们之间的 AbstractStack 类的作用。

如果回顾前面列出的栈接口，你会发现缺少了一个关键方法——add。尽管栈的接口已经包含了与 add 方法具有相同功能的 push 方法，但可能还会有很多客户（包括多项集框架本身里的重要客户）更愿意使用 add 方法。

比如第 6 章里提到的，AbstractCollection 里的__init__方法会使用 add 方法来把源多项集里的元素添加到 self 里。如果这个 self 是栈，那么 Python 会引发异常，并指出对于栈来说 add 方法没有被定义。

要解决这个问题并保持和其他多项集接口的统一，需要在栈类型里添加 add 方法。把这个方法放置在一个逻辑上可以让所有栈类型都能使用的位置，而这个位置正是在 AbstractStack 类里。因为在上下文中 self 始终都是栈，所以 add 方法可以通过简单地调用 self.push 来执行所需的任务。

下面是 AbstractStack 的相关代码。

```
"""
File: abstractstack.py
Author: Ken Lambert
"""

from abstractcollection import AbstractCollection

class AbstractStack(AbstractCollection):
    """An abstract stack implementation."""

    # Constructor
    def __init__(self, sourceCollection):
        """Sets the initial state of self, which includes the
        contents of sourceCollection, if it's present."""
        AbstractCollection.__init__(self, sourceCollection)

    # Mutator methods
    def add(self, item):
        """Adds item to self."""
        self.push(item)
```

7.4.6 两种实现的时间和空间复杂度分析

除了__iter__方法，栈的其他方法都很简单，而且它们的最大运行时都是 O(1)，也就是常数时间。在数组实现里，分析会变得稍微复杂一些。当数组容量翻倍时，push 方法的运行时会升至 O(n)（也就是线性时间），其余时候的复杂度仍然保持为 O(1)。pop 方法中也可以得到类似的结论。因此，就像在第 4 章提到的，平均情况下这两个操作仍然都是 O(1)。当然，程序员也必须要确定可变的响应时间能不能被接受，以便据此选择合适的实现。

两种实现里的__iter__方法都需要线性运行时。但是，在链接实现里会用到递归函数，这会影响系统的调用栈，从而导致内存线性增长。我们可以使用双向链接结构来避免这个问题。这样，迭代器可以从最后一个节点开始，并顺着指向前面节点的链接到达第一个节点。我们将在第 9 章详细讨论这种结构。

包含 n 个对象的多项集需要足够多的空间来保存这 n 个对象的引用。现在我们分析一下这两个栈的实现需要多少内存。n 个元素的链接栈需要 n 个节点，而每个节点里包含两个引用：一个指向元素，另一个指向下一个节点。除此之外，还必须要有一个指向顶部节点的变量和一个存放大小的变量，这样总空间的需求为 $2n+2$。

对于数组实现来说，实例化栈时，其总的空间需求是固定的。这个空间由一个初始容量为 10 的引用和一个指向数组的变量构成，这个变量将用来跟踪栈的大小，并且引用这个数组本身。假设整数和引用占用相同的空间，那么总的空间需求就是数组容量+2。就像在第 4 章提到过的那样，只要负载因子大于 1/2，数组实现会比链接实现更节省空间。数组实现的负载因子虽然有可能会降到 0，但是通常来说会在 1/4～1 变化。

练习题

1. 讨论使用数组和使用 Python 列表实现 ArrayStack 类的区别。请说明需要进行哪些权衡？
2. 添加代码到 ArrayStack 的 peek 和 pop 方法里，以便在违反前置条件时引发异常。
3. 修改 ArrayStack 里的 pop 方法，从而在没有充分利用数组的时候，减小它的容量。

7.5 案例研究：计算后缀表达式

这个案例研究将给出一个计算后缀表达式的程序，以便用户输入任意的后缀表达式，然后显示出这个表达式的值。如果这个表达式无效，则显示一条错误消息。这个程序的核心是基于栈计算后缀表达式的算法。

7.5.1 案例需求

编写一个计算后缀表达式的交互式程序。

7.5.2 案例分析

用户的交互接口应该有广泛的普适性。为了满足不同教育背景的人的需求，用户的交互接口应该可以接收各种不同的表达式，并且最终得到一个代表结果的成绩单。表达式里的错误不应该导致程序停止运行，而是要生成消息，从而指明计算过程是在哪里崩溃的。考虑到这些要求，下面这样的用户交互接口会是很好的交互模式。

```
Enter a postfix expression: 6 2 5 + *
6 2 5 + *
42
Enter a postfix expression: 10 2 300 *+ 20/
10 2 300 * + 20 /
30
Enter a postfix expression: 3 + 4
3 + 4
Error:
Too few operands on the stack
Portion of the expression processed: 3 +
Operands on the stack:              : 3
Enter a postfix expression: 5 6 %
5 6 %
Error:
```

```
Unknown token type
Portion of the expression processed: 5 6 %
Operands on the stack:              : 5 6
Enter a postfix expression:
>>>
```

用户在提示符下输入表达式，程序就会显示出相应的结果。输入的表达式只能有一行文本，在标记之间可以包含任意个空格，只要相邻的操作数之间有一定数量的空格。用户按下回车键或返回键之后，程序会显示一个按照每个标记之间恰好只有一个空格的格式化之后的表达式，然后在下一行输出这个表达式的值或相应的错误消息。最后给出提示，要求用户输入另一个表达式。这时，用户可以在不输入任何值的情况下，按回车键或返回键退出程序。

程序需要检测并报告所有输入错误（无论是有意还是无意的）。常见的错误如下。

- 表达式包含太多操作数。换句话说，当到达表达式末尾时，栈上还有一个以上的操作数。
- 表达式包含的操作数太少。换句话说，当遇到运算符时，栈上的操作数少于两个。
- 表达式包含无法识别的标记。程序期望表达式由整数，4 个算术运算符（+、-、*、/）和空白（空格或制表符）组成。其他字符都会被视为无法识别的标记。
- 表达式涵盖了除以 0 的情况。

下面这个例子展示了每种类型的错误以及相应的错误消息。

```
Expression:
Error: Expression contains no tokens
Portion of expression processed: none
The stack is empty
Expression: 1 2 3 +
Error: Too many operands on the stack
Portion of expression processed: 1 2 3 +
Operands on the stack: 1 5
Expression: 1 + 2 3 4 *
Error: Too few operands on the stack
Portion of expression processed: 1 +
Operands on the stack: 1
Expression: 1 2 % 3 +
Error: Unknown token type
Portion of expression processed: 1 2 %
Operands on the stack: 1 2
Expression: 1 2 0 / +
Error: divide by zero
Portion of expression processed: 1 2 0/
Operands on the stack: 1
```

与通常一样，会假定已经存在了视图和数据模型。在后面的内容里，PF 是单词**后缀**（postfix）的缩写。图 7-10 所示为展示各个类之间关系的类图。可以看到，数据模型和计算器都会用到扫描器。在前面的内容里，我们已经知道了为什么计算器需要用到扫描器。数据模型会通过扫描器来格式化表达式字符串。可以通过直接操作表达式字符串来完成此任务，但是使用扫描器会让整个程序更简单，而且这里产生的性能损失几乎可以忽略不计。

视图的类叫作 `PFView`。当用户按下回车键或返回键时，视图类将会运行数据模型里定义好了的 3 种方法。

- 视图类要求数据模型格式化表达式字符串，从而让每个标记之间只有一个空格，然后显示出已被格式化的字符串。
- 视图类要求数据模型对表达式求值，然后显示返回的值。
- 视图类能够捕获数据模型引发的各种异常，也可以向数据模型询问检测到错误时相关的各种条件，并显示出适当的错误消息。

数据模型类叫作 `PFEvaluatorModel`。它用来格式化和计算表达式字符串，当字符串里存在语法错误时引发异常，并报告它当前的内部状态。为了能够完成这些任务，数据模型类可以把它的工作划分为两个主要过程：其一，扫描字符串并提取标记；其二，计算标记序列。

第一个过程的输出将被作为第二个过程的输入。这两个过程都很复杂，并且还会出现一些其他问题。基于这两个原因，我们可以把它们单独封装在名为 Scanner（扫描器）和 PFEvaluator 的类里。

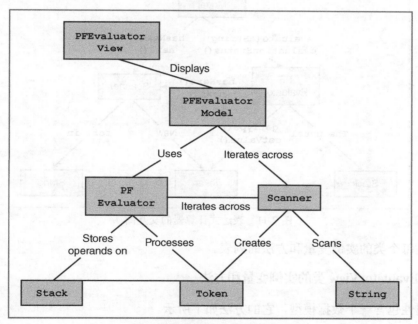

图 7-10 表达式计算器的类图

基于会用到的方式，Scanner 会把字符串作为输入，并且返回一系列标记作为输出。这个扫描器并不是一次性全部返回这些标记，而是通过对 `hasNext` 和 `next` 方法进行响应来返回这些标记。

计算器会把扫描器作为输入，通过遍历扫描器里的标记可以得到并返回表达式的值或引发异常。在此过程中，计算器会用到本章前面介绍过的基于栈的算法。计算器可以随时提供有关其内部状态的信息。

如果扫描器要返回标记，那么就需要一个 Token 类。Token 类的实例包含了值和类型两部分内容。可能的类型可以是由任意整数常量代表的 PLUS、MINUS、MUL、DIV 以及 INT。前 4 个整数常量的值代表的是相应的字符+、−、*和/，而 INT 类型的值则是从子字符串（如"534"）里转换出的数字字符。标记可以通过把它的值转换为字符串来提供自身的字符串表达式。

7.5.3　案例设计

接下来，我们会更详细地了解各个类的内部运作方式。图 7-11 所示的表达式计算器的交互图总结了在各个类之间运行的方法。

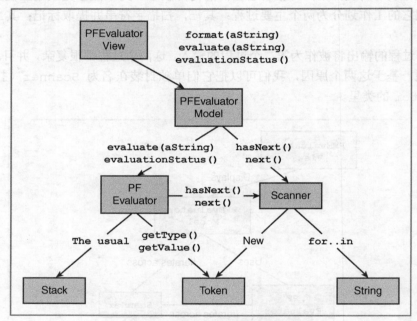

图 7-11　表达式计算器的交互图

下面是每个类的实例变量和方法的列表。

1. PFEvaluatorView 类的实例变量和方法

它的属性包含一个数据模型，它的方法如下所示。

```
PFEvaluatorView()
    Creates and saves a reference to the model.

run()
    While True:
        Retrieve the expression string from the keyboard.
        If the string is empty, return.
        Send it to the model for formatting.
```

```
Send it to the model for evaluation.
Either print the value or catch exceptions raised by the
  evaluator,
ask the model for the associated details, and display error
messages.
```

2. PFEvaluatorModel 类的实例变量和方法

这个数据模型会和扫描器以及计算器通信，因此需要对它们进行引用。计算器是它的一个实例变量，因为计算器将会被多个方法所引用。与此对应的是，扫描可以只是 format 方法的本地临时变量。它所包含的公共方法如下所示：

```
format(expressionStr)
    Instantiate a scanner on the expression string.
    Build a response string by iterating across the scanner and
      appending a
    string representation of each token to the response string.
    Return the response string.

evaluate(expressionStr)
    Ask the evaluator to evaluate the expression string.
    Return the value.

evaluationStatus()
    Ask the evaluator for its status.
    Return the status.
```

3. PFEvaluator 类的实例变量和方法

计算器的属性里包含栈、扫描器和一个叫作 expressionSoFar 的字符串变量，这个变量用来保存到目前为止已经处理的那部分表达式字符串。这里用到的栈是 ArrayStack。它的公共方法如下所示。

```
PFEvaluator(scanner)
    Initialize expressionSoFar.
    Instantiate an ArrayStack.
    Save a reference to the scanner.

evaluate()
    Iterate across the scanner and evaluate the expression.
    Raise exceptions in the following situations:
        The scanner is None or empty.
        There are too many operands.
        There are too few operands.
        There are unrecognizable tokens.
        A divide by 0 exception is raised by the PVM.

evaluationStatus()
    Return a multipart string that contains the portion of the
      expression
```

processed and the contents of the stack.

4. Scanner 类的实例变量和方法

假设已经有第三方提供了扫描器。因此，不用再去考虑它的内部工作原理，而且它的公共方法只有 next() 和 hasNext()。如果你对这部分内容感兴趣，可以从老师那里或本书的配套网站上获得完整的源代码。

```
Scanner(sourceStr)
    Save a reference to the string that will be scanned and tokenized.

hasNext()
    Return True if the string contains another token and False
        otherwise.

next()
    Return the next token. Raise an exception if hasNext() returns
        False.
```

5. Token 类的实例变量和方法

标记的属性有 type 和 value，它们都是整数变量。type 属性可以是下面这些 Token 类的变量之一。

```
UNKNOWN        = 0            # unknown
INT            = 4            # integer
MINUS          = 5            # minus operator
PLUS           = 6            # plus operator
MUL            = 7            # multiply operator
DIV            = 8            # divide operator
```

符号常量的实际值可以是任意值。标记的 value 是整数操作数的数字形式，或者操作符的字符代码，比如，'*'对应乘法运算符。

它的公共方法如下所示。

```
Token(value)
    Construct a new integer token with the specified value.

Token(ch)
    If ch is an operator (+, -, *, /), then construct a new operator
        token;
    otherwise, construct a token of unknown type.

getType()
    Return a token's type.

getValue()
    Return a token's value.

isOperator()
    Return True if the token is an operator, and False otherwise.

__str__()
    Return the token's numeric value as a string if the token is an
    integer; otherwise, return the token's character representation.
```

7.5.4 案例实现

视图类里的代码除了使用了 try-except 语句会稍微显得有点复杂，其他都是普通代码。扫描器的内部工作原理并没有在这里给出，但你可以在本书的配套资源中找到它。目前就只剩下标记类和计算器类，代码如下所示：

```
"""
File: tokens.py
Tokens for processing expressions.
"""

class Token(object):

    UNKNOWN = 0                         # unknown
    INT = 4                             # integer
    MINUS = 5                           # minus     operator
    PLUS = 6                            # plus      operator
    MUL = 7                             # multiply  operator
    DIV = 8                             # divide    operator
    FIRST_OP = 5                        # first   operator code

    def __init__(self, value):
        if type(value) == int:
            self.type = Token.INT

        else:
            self.type = self.makeType(value)
        self.value = value

    def isOperator(self):
        return self._type >= Token.FIRST_OP

    def __str__(self):
        return str(self.value)

    def getType(self):
        return self.type

    def getValue(self):
        return self.value

    def makeType(self, ch):
        if ch == '*':   return Token.MUL
        elif ch == '/': return Token.DIV
        elif ch == '+': return Token.PLUS
        elif ch == '-': return Token.MINUS
        else:           return Token.UNKNOWN;

"""
File: model.py
Defines PFEvaluatorModel and PFEvaluator
"""

from tokens import Token
from scanner import Scanner
from arraystack import ArrayStack
```

```python
class PFEvaluatorModel(object):

    def evaluate(self, sourceStr):
        self.evaluator = PFEvaluator(Scanner(sourceStr))
        value = self.evaluator.evaluate()
        return value

    def format(self, sourceStr):
        normalizedStr = ""
        scanner = Scanner(sourceStr);
        while scanner.hasNext():
            normalizedStr += str(scanner.next()) + " "
        return normalizedStr

    def evaluationStatus(self):
        return str(self.evaluator)

class PFEvaluator(object):

    def __init__(self, scanner):
        self.expressionSoFar = ""
        self.operandStack = ArrayStack()
        self.scanner = scanner

    def evaluate(self):
        while self.scanner.hasNext():
            currentToken = self.scanner.next()
            self.expressionSoFar += str(currentToken) + " "
            if currentToken.getType() == Token.INT:
                self.operandStack.push(currentToken)
            elif currentToken.isOperator():
                if len(self.operandStack) < 2:
                    raise AttributeError ( \
                        "Too few operands on the stack")
                t2 = self.operandStack.pop()
                t1 = self.operandStack.pop()
                result = \
                    Token(self.computeValue(currentToken,
                                            t1.getValue(),
                                            t2.getValue()))
                self.operandStack.push(result)
            else:
                raise AttributeError ("Unknown token type")
    if len(self.operandStack) > 1:
        raise AttributeError (
            "Too many operands on the stack")
    result = self.operandStack.pop()
    return result.getValue()

def __str__(self):
    result = "\n"
    if self.expressionSoFar == "":
        result += \
            "Portion of expression processed: none\n"

    else:
        result += "Portion of expression processed: " + \
            self.expressionSoFar + "\n"
    if self.operandStack.isEmpty():
        result += "The stack is empty"
```

```
else:
    result += "Operands on the stack: " + \
            str(self.operandStack)
return result

def computeValue(self, op, value1, value2):
    result = 0
    theType = op.getType()
    if theType == Token.PLUS:
        result = value1 + value2
    elif theType == Token.MINUS:
        result = value1 - value2
    elif theType == Token.MUL:
        result = value1 * value2
    elif theType == Token.DIV:
        result = value1 // value2
    else:
        raise AttributeError ("Unknown operator")
    return result
```

7.6 章节总结

- 栈是一个线性多项集，只允许从名为顶端的那一边访问。元素可以推入顶端或从顶端弹出。
- 栈上的其他操作包括查看顶端元素、确定元素数量、确定栈是否为空，以及返回它的字符串表达式。
- 栈在应用程序里是以后进先出的方式来管理数据元素的。会用到栈的应用程序包括在表达式里匹配括号符号、计算后缀表达式、回溯算法，以及为虚拟机上的子例程调用管理内存。
- 数组和单向链接结构都可以简单地实现栈。

7.7 复习题

1. 下面哪个例子是栈：
   a. 在结账台前排队的顾客
   b. 一副扑克牌
   c. 文件目录系统
   d. 收费站排队的汽车
   e. 洗衣篮
2. 对栈进行修改的操作是：
   a. 添加和删除
   b. 推入和弹出
3. 栈也被称为：

　　a．先进先出数据结构

　　b．后进先出数据结构

4．表达式 3 + 4 * 7 的等效后缀表达式是：

　　a．3 4 + 7 *

　　b．3 4 7 *

5．后缀表达式 22 45 11 * −的等效中缀表达式是：

　　a．22 − 45 * 11

　　b．45 * 11 − 22

6．后缀表达式 5 6 + 2 *的值是：

　　a．40

　　b．22

7．函数或方法参数所用到的内存会被分配在什么位置：

　　a．对象堆

　　b．调用栈

8．两个栈变异器操作的运行时是：

　　a．线性的

　　b．常数的

9．栈的链接实现用到的节点的特点是：

　　a．包含指向下一个节点的链接

　　b．包含指向下一个和上一个节点的链接

10．栈的数组实现会把顶端元素放置在：

　　a．数组的第一个位置

　　b．最后插入的那个元素之后的位置

7.8　编程项目

1．完成并测试在本章里讨论的栈多项集类型的链接和数组实现。验证在违反前置条件时会不会引发异常，以及基于数组的实现能不能根据需要添加或删除额外的存储空间。

2．编写一个程序，使用栈检测输入的字符串是不是回文。回文是一种正序和反序都相同的字符序列，如 noon。

3．完成案例研究里讨论的运行表达式计算器所需要的类。

4．通过案例研究中的表达式计算器将^运算符添加到表达式处理的语言里。这个运算符的语义和 Python 幂运算符的相同。因此，表达式 2 2 3 ^ ^的计算结果是 256。

5．编写一个将中缀表达式转换为后缀表达式的程序。这个程序应该用到案例研究里开发出的 Token 类和 Scanner 类。这个程序应该包含执行输入和输出的 main 函数，以及一个名为 IFToPFConverter 的类。程序的 main 函数接收一个输入字符串，并通过它创建一个扫描器；然后将扫描器作为参数传递给转换器对象的构造函数；接下来运行转换器对象的 convert 方法，通过本章介绍的算法来转换中缀表达式，这个方法将会返回代表后缀表达式字符串的标记列表；最后，`main` 函数显示这个字符串。在这期间，还应该在 `Token` 类里定义一个新方法 `getPrecedence()` 以返回表示操作符优先级的整数。（注意：对于这个项目来说，可以假设用户输入的中缀表达式的语法始终是正确的。）

6. 将^运算符添加到编程项目 5 里开发的中缀到后缀转换器的表达式处理语言里。这个运算符的优先级应该高于*或/，并且它是向右关联的，也就是说，这个运算符的连续应用程序是从右到左而不是从左到右进行计算的。因此，表达式 2^2^3 的值等于 2^(2^3) 也就是 256，而不是（2 ^ 2）^ 3（64）。必须修改中缀到后缀转换器的算法以把操作数和运算符放置在后缀字符串的恰当位置上。

7. 修改编程项目 6 中的程序，使其能在转换为后缀表达式时检查中缀字符串里是否存在语法错误。错误检测和恢复策略可以和案例研究里使用的策略类似。在 `IFToPFConverter` 类里，可以添加一个名为 `conversionStatus` 的方法。于是转换器一旦检测到语法错误，就会引发异常，`main` 函数在 `try-except` 语句里捕获这个异常。然后，`main` 函数就可以调用 `conversionStatus` 方法来获取发生错误时需要打印的信息了。这些信息应该包括在检测到错误位置时已被扫描的表达式部分。错误消息也需要尽可能地具体。

8. 把前面完成的中缀到后缀转换器集成到案例研究的后缀表达式计算器里。这样，程序的输入将是一个中缀表达式，输出则是它的值或错误消息。这个程序的主要组件是转换器和计算器。如果转换器检测到语法错误，那么就不会运行计算器。因此，计算器可以假定它的输入都是语法正确的后缀表达式（但是这个表达式仍然可能会包含语义错误，如尝试除以 0）。

9. 编写一个解决本章里讨论的迷宫问题的程序。在这个问题中，你可以使用第 4 章开发的 `Grid` 类。程序应在启动时从文本文件里输入迷宫的描述，然后显示这个迷宫，尝试找到迷宫的解，显示结果，最后再显示包含解的迷宫。

10. 在第 3 章里，通过计数器对象可以得到在排序算法里执行的指令数。在编程项目 9 的迷宫程序里添加一个计数器，以得到这个程序解决迷宫问题时会访问的单元数量，并在程序终止时显示这个计数。

第8章 队　列

在完成本章的学习之后，你能够：

- 描述队列的功能以及它所包含的操作；
- 根据性能特点选择队列的实现；
- 了解队列应该用于哪些应用程序；
- 解释队列和优先队列之间的区别；
- 了解优先队列应该用于哪些应用程序。

在本章中，我们将探讨队列，这是另一个在计算机科学里广泛使用的线性多项集。队列有若干种不同的实现策略，有些是基于数组的，有些则是基于链接结构的。为了说明队列的应用程序，我们将开发一个模拟超市收银排队的案例，最后会介绍一种名为优先队列的特殊队列，然后在另一个案例研究里介绍如何使用它。

8.1　队列的概述

和栈一样，队列也是线性多项集。但是，对于队列来说，插入被限制在名为**后端**（rear）的那一端，移除则被限制在名为**前端**（front）的另一端。因此队列支持的是**先进先出**（First In，First Out，FIFO）①协议。队列在日常生活中无处不在，只要任何人或事是按照先到先得的原则进行排队或服务的，就都是队列的使用情况。比如，商店里结账的队伍、高速公路收费站的等待队伍以及机场更换登机牌的队伍都是常见的队列的例子。

队列有两个基本操作：add（把元素添加到队列的后端）和 pop（把队列里的元素从前端移除）。图 8-1 展示了一个队列生命周期不同阶段的状态。可以看到，队列的前端在左侧，而队列的后端在右侧。

一开始，队列为空，然后添加了一个名为 a 的元素，接下来添加了另外 3 个名为 b、c 和 d 的元素，之后弹出了一个元素，如此往复。

和队列相关的一个多项集被称为**优先队列**（priority queue）。在队列里，弹出元素或下一个需要服务的元素总

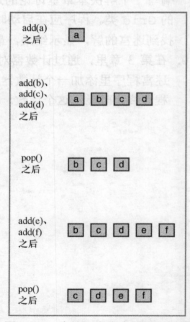

图 8-1　一个队列在生命周期不同阶段的状态

---

① 先进先出的英文应该是："first in, first out"，而不是原文里的 "first-in first-out"，在词汇表里是正确的用法。——译者注

是等待时间最长的那个元素。但是在某些情况下，这个限制过于严格了，因此可以把等待时间和优先级的概念结合起来。在优先队列里，优先级较高的元素先于优先级较低的元素被弹出，优先级相同的元素则按照 FIFO 的顺序被弹出。比如，在飞机场乘客登机时，头等舱乘客会先排队并登机，接下来才是低优先级的经济舱乘客排队并登机。但这并不是真正的优先队列。因为在这里，当头等舱队列里的乘客都已登机，并且经济舱队列开始登机之后，迟到的头等舱乘客只能在第二个队列（经济舱队列）的末尾排队等候了。而在真正的优先队列里，头等舱乘客会立即跳过所有经济舱的乘客直接登机。

计算机科学里的大多数队列都涉及调度来对共享资源进行访问，下面列出了一些例子。

- **CPU 访问**——进程排队等待访问共享的 CPU 资源。
- **磁盘访问**——进程排队等待访问共享的辅助存储设备。
- **打印机访问权限**——打印作业会排队等待访问共享终端的激光打印机。

进程的调度可以用于简单队列或优先队列。比如，通常需要键盘输入和屏幕输出的进程会比那些只有庞大计算量的进程具有更高的 CPU 优先级。由于人类用户一般会根据计算机的响应时间来判断计算机的速度，因此这样做会给人以计算机速度很快的印象。

等待共享资源的进程也可以基于预期使用时间进行优先级排序，需要更短时间的进程的优先级高于需要更长时间的进程，这也是为了缩短系统的响应时间。想象一下，如果有 20 个打印作业正在排队等待访问打印机，假设其中 19 个作业都只有 1 页，而剩下那一个作业是 200 页长，把更短的作业给予更高的优先级并且首先打印，则会让更多的用户感到满意。

8.2　队列接口及其使用

如果急需使用队列，Python 程序员也可以用 Python 列表来模拟队列。虽然把列表的哪一端视为队列的前端和后端都没有关系，但最简单的策略就是用 list 的 append 方法将元素添加到这个队列的后端，然后通过 list 的 pop(0) 方法删除并返回队列前端的元素。就像用这种方法实现的栈一样，这个选项的主要缺点是所有其他的列表操作（如在任何位置插入、替换和删除元素）也可以操纵队列。这些额外的操作违反了队列作为抽象数据类型的意义。除此之外，在 Python 列表对象的开头删除元素是线性时间的操作。在本节里，我们为队列的各种实现定义一个更严格的接口（或者说是一组特定的操作），并说明如何使用这些操作。

除了 add 和 pop 操作，peek 操作也非常有用，这个操作会在队列的开头查看并返回相应的元素。队列接口里的其他操作都是多项集的标准操作，如表 8-1 所示。

表 8-1　　　　　　　　　　　　　　　　　　队列接口里的方法

队列方法	功能
q.isEmpty()	当 q 为空时返回 True，否则返回 False
__len__(q)	相当于 len(q)，返回 q 里的元素数量
__str__(q)	相当于 str(q)，返回 q 的字符串表达式
q.__iter__()	相当于 iter(q) 或 for item in q:，从前端到后端访问 q 里的每一个元素

队列方法	功能
q.__contains__(item)	相当于 item in q。当 item 在 q 里时返回 True,否则返回 False
q1__add__(q2)	相当于 q1 + q2。返回一个新队列，里面先包含 q1 里的元素，然后包含 q2 里的元素
q.__eq__(anyObject)	相当于 q == anyObject,当 q 等于 anyObject 时返回 True,否则返回 False。当两个队列里的元素都一一对应时，它们就是相等的
q.clear()	把 q 清空
q.peek()	返回 q 前端的元素。前置条件：q 必须不为空,否则会引发 KeyError 异常
q.add(item)	把 item 添加到 q 的后端
q.pop()	删除并返回 q 前端的元素。前置条件：q 必须不为空,否则会引发 KeyError 异常

可以看到，pop 和 peek 方法都有一个非常重要的前置条件，如果队列的用户不满足这个前置条件，就会引发异常。

现在我们已经定义了队列接口，接下来看看如何使用它。表 8-2 展示了前面列出的这些操作是如何影响队列 q 的，即队列操作的状态。

表 8-2   队列操作的状态

操作	操作后队列的状态	返回值	注释
q = <Queue Type>()			初始化，队列为空
q.add(a)	a		队列里有一个元素 a
q.add(b)	a b		a 在队列的前端，b 在后端
q.add(c)	a b c		c 在队列的后端
q.isEmpty()	a b c	False	队列不为空
len(q)	a b c	3	队列包含 3 个元素
q.peek()	a b c	a	在不删除的情况下返回队列前端的元素
q.pop()	b c	a	删除并返回前端元素。现在 b 是队列前端的元素
q.pop()	c	b	删除并返回 b
q.pop()		c	删除并返回 c
q.isEmpty()		True	队列为空
q.peek()		KeyError	在空队列执行查看操作会引发异常
q.pop()		KeyError	在空队列执行弹出操作会引发异常
q.add(d)	d		d 在队列的前端①

---

① 原文倒数第二、第三行的第三列的值是小写的 exception 和首字母大写的 Exception，根据上下文和第 7 章里的内容，这里应该是 KeyError。——译者注

　　假定可以实现这个接口的任何队列类都包含一个能够让用户创建新队列实例的构造函数。在本章的后面我们会讨论两个不同的实现，分别是 ArrayQueue 和 LinkedQueue。现在，先假设实现它们的代码已经编写完成，那么就可以直接使用它们。下面这段代码展示了如何实例化这两个类。

```
q1 = ArrayQueue()              # Create empty array queue
q2 = LinkedQueue([3, 6, 0])    # Create linked queue with given items
```

练习题

1. 使用表 8-2 所示的表格，完成对队列进行操作的序列。

操作	操作后栈的状态	返回值
q = <Queue Type>()①		
q.add(a)		
q.add(b)		
q.add(c)		
q.pop()		
q.pop()		
q.peek()		
q.add(x)		
q.pop()		
q.pop()		
q.pop()		

2. 定义一个名为 stackToQueue 的函数。这个函数会接收一个栈作为参数，然后生成并返回一个 LinkedQueue 实例，这个实例会包含栈里的所有元素。假设这个函数所接收的栈实现了第 7 章里描述的接口。这个函数的后置条件是，栈会和调用这个函数之前的状态相同，并且队列里的前端元素是栈顶端的元素。

8.3　队列的两个应用

　　接下来，我们将介绍队列的两个应用：第一个是计算机模拟，另一个是 CPU 的轮询调度。

8.3.1　计算机模拟

　　计算机**模拟**（simulation）可以用来研究现实世界系统的行为，尤其是直接使用系统进行实验会非常危险或不可能完成的场景。比如，计算机模拟可以用来模拟繁忙的高速公路

---

① 第一行第一列的值原文为'Create q'，根据上下文和第 7 章的内容应该是'q = <Queue Type>()'。——译者注

上的交通流量，从而让城市规划人员据此试验影响交通流量的各种因素，如高速公路上车辆的数量和类型、不同类型车辆的速度限制、高速公路上的车道数以及收费站的设置密度等。这种模拟输出能够得出在指定时间段内在指定点之间移动的车辆总数和平均行驶时间等数据。通过对各种不同的输入组合进行模拟，规划人员可以在不受时间、空间和金钱的约束下确定如何最好地对高速公路的路段进行升级。

　　第二个关于模拟的例子是：一家超市的经理需要确定一天里不同时间需要安排的收银员数量。关于这个问题，应该有新顾客到达的频率、可用的收银员数量、顾客购物车里的商品数量以及可以接受的等待时间这些重要因素。

　　把这些因素输入模拟程序里，然后就可以得到能够处理的顾客总数、每个顾客等待服务的平均时间，以及在模拟结束时仍在排队的顾客数量。通过不同的输入情况（特别是顾客到达的频率和可用的收银员的数量），模拟程序可以帮助经理为一天中繁忙和闲暇时段做出更有效的人员配备决策。如果添加一个量化不同结账设备效率的输入，经理甚至可以决定是需要增加更多收银员还是购买更好、更高效的设备才能带来更大的成本效益。

　　这两个例子和常见模拟问题的一个共同特征是，基本要素的瞬时变化。考虑顾客到达收银台的频率，如果顾客会以精确的间隔抵达超市，并且每位顾客的购物车里有相同数量的商品，就可以很容易地确定需要几名收银员值班。但是，这种规律并不能反映出超市的真实情况。因为有时候可能会同时出现若干名顾客，而在其他时候可能会有几分钟都没有新的顾客到来。除此之外，购物车里的商品数量也会因顾客而异。因此，每个顾客结账所需的服务量也会不同。所有这些可变性导致我们很难设计一个公式来回答系统里哪怕是非常简单的问题，例如，顾客的等待时间是如何随值班收银员的数量而变化的。另外，模拟程序通常会模仿实际情况并且收集相关的统计信息，从而避免对公式的需求。

　　模拟程序会使用一种简单的技术来模拟可变性。对于前面的例子，假设平均每 4 分钟会到达一个新顾客。对于模拟时间里的每 1 分钟，程序都会生成一个 0～1 的随机数。如果这个随机产生的数字小于 1/4，那么程序就会把一个新顾客添加到结账的队伍里；否则，什么都不做。如果采纳的是基于概率分布函数的更复杂的方案，那么可以产生更加切合实际的结果。显然，程序每次运行的时候结果都会稍有不同，但这并不是什么问题，反而增加了模拟的真实感。

　　通过这些例子，接下来我们将学习队列所扮演的常见角色。这两个示例里都涉及了服务提供商和服务使用者。在第一个例子里，服务提供商包括收费站和行车道，服务使用者是在收费站等待和在车道上行驶的车辆。在第二个例子里，收银员会提供等待的顾客所需要的服务。要在程序里模拟这些条件，我们可以把每个服务提供商和服务使用者通过队列关联起来。

　　模拟就是通过这些队列进行操作的。在虚拟时钟的每一个节拍中，模拟器都会将不同数量的使用者添加到队列里，并为位于各个队列前端的使用者提供一个单位的服务。使用者在得到所需数量的服务后就会离开队列，后面的使用者得到服务。在模拟的过程中，程序会统计各种信息，例如每个使用者在队列里等待了多少个虚拟时钟以及每个提供商忙碌时间的百分比。时钟的长短根据需要匹配的模拟问题进行选择，它可能代表 1 毫秒、1 分钟或者 10 年。对于程序本身来说，时钟对应的是这个程序需要处理的主循环里的一次遍历。

可以使用面向对象的方法来实现模拟程序。比如，对于模拟超市收银来说，每个顾客都是一个 `Customer` 类的实例。顾客对象会跟踪顾客什么时候开始排队、什么时候开始获得服务，以及需要多少服务。同样地，收银员是 `Cashier` 类的实例，每个收银员对象都有一个用来存放顾客对象的队列。模拟器类负责协调顾客和收银员的活动。在每一个时钟里，模拟器对象都会执行下面这些操作。

- 适当地生成新的顾客对象。
- 将顾客分配给收银员。
- 告诉收银员为队列最前面的顾客提供一个单位的服务。

我们可以基于本章的第一个案例研究的思路开发一个程序，然后在练习题里对这个程序进行扩展。

8.3.2 CPU 的轮询调度

大多数现代计算机允许多个进程共享一个 CPU。有很多种不同的技术可以对这些进程进行调度。最常见的一种是**轮询调度**（round-robin scheduling），它会把新的进程添加到**就绪队列**（ready queue）的末尾，而就绪队列由等待使用 CPU 的进程组成。就绪队列里的每个进程将会依次弹出，并获得所分配到的一定的 CPU 时间片。用完时间片后，进程将返回到队列的后端，如图 8-2 所示。

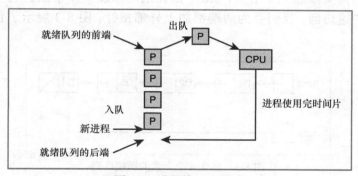

图 8-2　进程的 CPU 调度

通常来说，并不是所有进程同样迫切地需要使用 CPU。比如，用户对计算机的主观满意度在很大程度上取决于计算机对键盘和鼠标输入的响应时间。因此，优先处理这些输入的进程不言而喻会显得非常有意义。轮询调度可以使用优先队列，进而为每个进程分配适当的优先级来满足这个要求。这里讨论的后续内容，将在本章的第二个案例研究里展开。这个案例研究将会分析如何使用优先队列以在急诊室里安排不同的患者。

练习题

1. 假设在一家 24 小时营业的超市里顾客会以每 2 分钟一名的准确频率结账，同时一位收银员为一位顾客提供服务正好需要 5 分钟。若要满足需求，则需要多少位收银员值班？

顾客需要排队吗？每位收银员每小时有多少空闲时间？

2. 现在假设频率（每 2 分钟有一位顾客，每位顾客结账需要 5 分钟）代表的是平均值。定性描述这将会如何影响顾客等待的时间。这种变化会影响每位收银员的平均空闲时间吗？描述在这两种情况下，如果收银员数量减少或增加，分别会发生什么情况？

8.4　队列的实现

本章介绍的队列实现方法和栈使用的方法是类似的。队列的结构可以通过数组实现或通过链接实现。为了直接获得一些默认行为，我们可以把这些队列的实现作为多项集框架里 AbstractCollection 类（见第 6 章）的子类。我们会先讨论链接实现，因为它更直观一些。

8.4.1　队列的链接实现

队列和栈的链接实现有很多共同点：LinkedStack 和 LinkedQueue 这两个类都使用支持单向链接的 Node 类来实现节点；pop 操作在两个多项集里都删除序列里的第一个节点。但是，LinkedQueue.add 和 LinkedStack.push 是不一样的。Push 操作会在序列的开头添加一个节点，add 则在末尾添加一个节点。为了提供对队列链接结构两端的快速访问，我们会为两端都加上外部指针。图 8-3 展示了包含 4 个元素的链接队列。

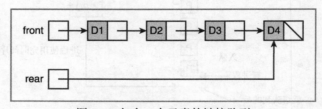

图 8-3　包含 4 个元素的链接队列

LinkedQueue 类的实例变量 front 和 rear 的初始值都是 None。在多项集框架里，已经定义了名为 size 的变量，用来跟踪队列中当前的元素数量。

在 add 操作的过程中，程序会创建一个新节点，然后把最后一个节点指向的下一个指针设置为这个新节点，并且把变量 rear 也指向新节点，如图 8-4 所示。

以下是 add 方法的代码。

```
def add(self, newItem):
    """Adds newItem to the rear of the queue."""
    newNode = Node(newItem, None)
    if self.isEmpty():
        self.front = newNode
    else:
        self.rear.next = newNode
```

```
self.rear = newNode
self.size += 1
```

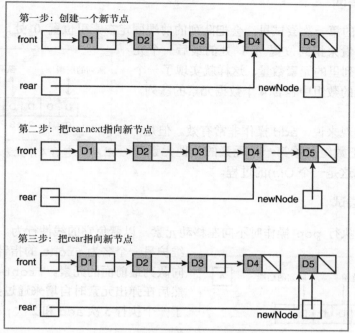

第一步：创建一个新节点

第二步：把rear.next指向新节点

第三步：把rear指向新节点

图 8-4　将元素添加到链接队列的后端

前文提到，`LinkedQueue.pop` 方法和 `LinkedStack.pop` 方法是类似的。不同的地方在于，如果在执行 pop 操作之后队列为空，那么 front 和 rear 指针都必须设置为 None。代码如下：

```
def pop(self):
    """Removes and returns the item at front of the queue.
    Precondition: the queue is not empty."""
    # Check precondition here
    oldItem = self.front.data
    self.front = self.front.next
    if self.front is None:
        self.rear = None
    self.size -= 1
    return oldItem
```

请自行实现关于所有 `LinkedQueue` 类的功能，包括对 pop 和 peek 方法的前置条件的验证。

8.4.2　队列的数组实现

栈的数组实现与队列的数组实现相比，不像与链接实现有那么多共同点了。栈的数组实现只需要在数组的逻辑结尾访问元素，但是队列的数组实现必须访问逻辑开头和逻辑结尾之间的元素。若要以有效的计算方式来执行这个操作会很复杂，因此会不断演进我们的实现，最终在第三次尝试时得到一个很好的解。

1. 第一次尝试

在实现队列的第一次尝试里，会把队列的前端固定在索引位置 0 处，并维护一个叫作
rear 的索引变量来指向位置 $n-1$ 处的最后一个元
素，其中 n 是队列里的元素数量。这样就实现了一个
在 6 个内存单元的数组中包含 4 个数据元素的队列，
如图 8-5 所示。

对于这个实现来说，add 操作非常有效。但是，
pop 操作需要把数组里除第一个元素的其他元素都
向左移动，因此这是一个 O(n)的过程。

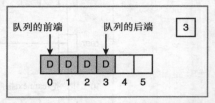

图 8-5　包含 4 个元素的队列的数组实现

2. 第二次尝试

可以在每次执行 pop 操作时不向左移动元素，以避免它的线性行为。修改后的实现将
维护另一个名为 front 的指针。这个指针会指
向队列最前面的元素。front 指针从 0 开始，
然后在弹出元素时自增来通过数组。图 8-6 展示
了一个执行 5 次 add 和 2 次 pop 操作之后的队
列。

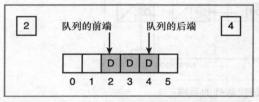

图 8-6　包含 front 指针的队列的数组实现

可以看到，在这个方案里，队列中 front
指针左边的内存单元不会被再次使用，除非把
所有的元素都向左移动，这个操作可以在 rear 指针要到达结尾的时候执行。这样，pop
操作的最大运行时就是 O(1)了，但这是以 add 操作的最大运行时从 O(1)增长到 O(n)为代价
的。除此之外还有一个遗憾，队列中 front 指针左侧的数组内存一直被浪费着。

3. 第三次尝试

通过使用**环形数组**（circular array）实现，我们可以同时让 add 和 pop 操作拥有良好的
运行时。这个实现有点类似于前面的实现：front 和 rear 指针一开始都指向数组的开头。

但是，在这个实现里，front 指针会在数组里"追逐"rear 指针。在 add 操作执行
的过程中，rear 指针将向后移动从而远离 front 指针；而在执行 pop 操作时，front 指
针将追回一个位置。当这两个指针里的任何一个到达数组结尾时，这个指针被重置为 0。这
就相当于把队列绕成了一个环，又回到了数组的开头，并且不需要移动任何元素。

假设有一个数组实现的队列包含 6 个内存单元，并且已经添加了 6 个元素，然后弹出
了 2 个元素。根据这个方案，下一次的 add 操作会把 rear 指针重置为 0。图 8-7 展示了
add 操作将 rear 指针重置为 0 之前和之后的数组状态。

接下来好像变成了 rear 指针在追逐 front 指针，直到 front 指针到达数组的末尾，
然后它重置为 0。可以看到，add 和 pop 操作的最大运行时现在都是 O(1)。

顺着这个思路，你应该思考当队列已满时会发生什么，以及在这种实现下如何检测到
这种情况。通过维护队列里的元素计数，我们可以确定队列是满还是空的。如果元素计数

等于数组的尺寸，应调整数组的大小。

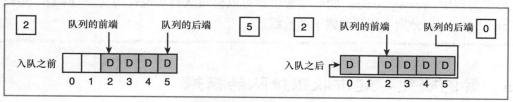

图 8-7 将数据放在队列的环形数组里

调整大小后，我们应该让队列里的数据占据新数组的前半段，并且把 front 指针设置为 0。要实现这个操作，需要执行下面这些步骤。

- 创建一个新数组，它的大小是当前数组的两倍。
- 使用 for 循环来遍历队列，把元素复制到新数组里，并且从这个新数组的位置 0 开始进行复制。
- 复位 items 变量以指向新数组。
- 将 front 指针设置为 0，rear 指针设置为队列的长度减 1。

基于数组的队列的具体尺寸调整代码取决于队列的迭代器。因为这个迭代器可能需要在环形数组里遍历，所以它的代码将比本书前面开发的基于数组的多项集中迭代器的代码更为复杂。ArrayQueue 类的环形数组实现的其他部分将作为练习留给你。

8.4.3　两种实现的时间和空间复杂度分析

对于这两个队列类的时间和空间分析，与相应栈类的时间和空间分析是相同的，因此不再详述细节。首先考虑队列的链接实现。__str__、__add__ 和 __eq__ 方法的运行时为 O(n)，其他所有方法的最大运行时为 O(1)。特别要注意的是，由于在队列的链接结构里存在指向标头节点和尾节点的外部链接，因此可以在常数时间内访问这些节点。总的空间需求是 $2n+3$，其中 n 是队列的大小。这 n 个节点都会有一个数据的引用和一个指向下一个节点的指针。除此之外，还有额外的 3 个内存单元用来存放队列的逻辑尺寸和头尾指针。

对于队列的环形数组实现，如果数组是静态的，那么除 __str__、__add__ 和 __eq__ 以外的其他所有方法的最大运行时都是 O(1)。特别需要指出的是，在执行 add 或 pop 操作的过程中，数组里的任何元素都不会移位。如果数组是动态的，那么只有在调整数组尺寸的时候 add 和 pop 操作的最大运行时才会达到 O(n)，但平均运行时仍然为 O(1)。就像在第 4 章里提到的那样，数组实现的空间利用率还是取决于负载因子。当负载因子大于 1/2 时，数组实现能比链接实现更有效地使用内存；当负载因子低于 1/2 时，内存使用的效率会更低。

练习题

1. 编写一段代码，使其在执行 add 操作的过程中使用 if 语句来调整环形数组实现中 ArrayQueue 的后端索引。可以假设队列实现使用变量 self.rear 和 self.items 分别引用后端索引和数组。

2. 编写一段代码，使其在执行 add 操作的过程中使用%操作符而不是 if 语句来调整环形数组实现中 ArrayQueue 的后端索引。可以假设队列实现使用变量 self.rear 和 self.items 分别引用后端索引和数组。

8.5 案例研究：超市收银排队的模拟

在这个案例研究里，我们将开发一个程序来模拟超市的收银台。为了简化程序，我们将省略在实际超市里可能会出现的一些重要因素，但会在部分练习中要求你加入这些因素。

8.5.1 案例需求

编写一个程序，使用户可以预测在各种条件下超市收银排队的行为。

8.5.2 案例分析

为简单起见，我们给这个案例加上如下限制。
- 只有一个收银台，也只有一名收银员。
- 每个顾客购买的商品数量是相同的，而且需要相同的处理时间。
- 新顾客到达收银台的概率不会随时间变化。

这个模拟程序的输入如下。
- 模拟应该运行的总时间（以分钟为单位）。
- 服务单个顾客所需的分钟数。
- 新顾客在下一分钟到达收银台的概率。这个概率应该是一个大于 0 且小于或等于 1 的浮点数。

这个模拟程序的输出包括已服务的顾客总数、时间用完后还在排队的顾客数量，以及每位顾客的平均等待时间。表 8-3 对超市收银模拟的输入和输出进行了总结。

表 8-3   **超市收银模拟的输入和输出**

输入	输入值的范围	输出
总时间	0≤总时间≤1000	已服务的顾客总数
单个顾客所需的平均分钟数	0<平均时间≤总时间	还在排队的顾客数量
下一分钟新顾客到达的概率	0<概率≤1	平均等待时间

8.5.3 用户交互接口

下面是这个系统和用户的交互接口。

```
Welcome the Market Simulator
Enter the total running time: 60
```

```
Enter the average time per customer: 3
Enter the probability of a new arrival: 0.25
TOTALS FOR THE CASHIER
Number of customers served: 16
Number of customers left in queue: 1
Average time customers spend
Waiting to be served: 2.3
```

8.5.4 类和它们的职责

根据类和它们所承担的职责，我们可以将这个系统划分为一个 main 函数和若干个模型类。main 函数负责与用户进行交互，验证输入的 3 个值以及与模型进行通信。这个函数的设计和实现不需要注释，当然我们也无须在这里给出它的代码。表 8-4 里列出了模型里需要的类。

表 8-4   模型里需要的类

类	职责
MarketModel	超市模型会做下面这些事情： ● 执行模拟 ● 创建收银员对象 ● 把新的顾客对象发送给收银员 ● 维护一个抽象时钟 ● 在时钟的每一个节拍，告诉收银员为顾客提供一个单位的服务
Cashier	收银员对象的行为： ● 包含一个存放顾客对象的队列 ● 按照指示将新顾客对象添加到自己的队列里 ● 依次从队列里删除顾客 ● 根据指示为当前顾客提供一个单位的服务，并在服务完成后释放顾客
Customer	顾客对象的行为： ● 获取顾客的到达时间以及需要多少服务 ● 知道收银员在什么时候提供了足够的服务。当满足新顾客到达的概率时，基于这个类产生新的顾客对象
LinkedQueue	收银员对象会用它存放排队的顾客对象

这些类之间的关系如图 8-8 所示。

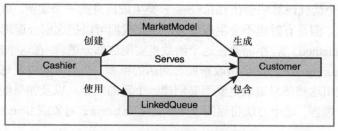

图 8-8   超市结账模拟器的类图

超市结账模拟器的协作图如图 8-9 所示。

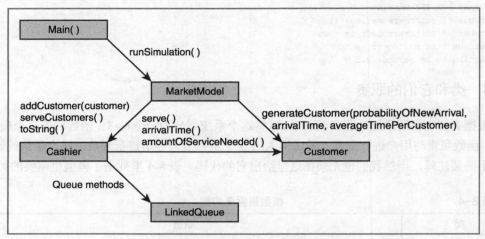

图 8-9 超市结账模拟器的协作图

接下来，我们逐一设计和实现这些类。

我们对结账的情况做了限制，因此 MarketModel 类的设计非常简单。它的构造函数会执行下面这些操作。

● 保存输入数据——新到顾客的概率、模拟的时间以及每位顾客所需的平均时间[①]。

● 创建一个收银员对象。

除此之外，这个类需要的唯一方法是 runSimulation。这个方法运行模拟结账过程的抽象时钟。在时钟的每一个节拍中，这个方法会做如下 3 件事。

● 让 Customer 类基于新到顾客的概率和随机数生成器的输出生成一个新顾客。

● 如果生成了新顾客，则把这个新顾客发送给收银员。

● 让收银员向当前的顾客提供一个单位的服务。

模拟结束后，runSimulation 方法会把收银员的结果返回到视图里。下面是这个方法的伪代码。

```
for each minute of the simulation
    ask the Customer class to generate a new customer
    if a customer is generated
        cashier.addCustomer(customer)
        cashier.serveCustomers(current time)
return cashier's results
```

可以看到，这个伪代码算法会让 Customer 类生成自身的一个实例。顾客很可能会在任何给定的时间内到达，但是有时也不会生成顾客，因此我们可以把这部分逻辑隐藏在 Customer 类的**类方法**（class method）里，不需要在这个函数里实现这部分逻辑。在这个模型里，Customer 类的 generateCustomer 方法会接收新顾客到达的概率、当前时间以及每个顾客所需的平均时间。这个方法使用这些信息来确定要不要创建一个新的顾客，以及如果创建了新的顾客，应该如何初始化这个顾客。这个方法将返回一个新的 Customer 对象或 None 值。运行类方法的

---

① 原文这里的序号有问题。——译者注

语法和运行实例方法的语法是一样的，只是点左侧所使用的名称是这个类的名称。

下面是 MarketModel 类的完整代码。

```
"""
File: marketmodel.py
"""
from cashier import Cashier
from customer import Customer

class MarketModel(object):

    def __init__(self, lengthOfSimulation, averageTimePerCus,
                 probabilityOfNewArrival):
        self.probabilityOfNewArrival = probabilityOfNewArrival
        self.lengthOfSimulation = lengthOfSimulation
        self.averageTimePerCus = averageTimePerCus
        self.cashier = Cashier()

    def runSimulation(self):
        """Run the clock for n ticks."""
        for currentTime in range(self.lengthOfSimulation):
            # Attempt to generate a new customer
            customer = Customer.generateCustomer(
                self.probabilityOfNewArrival,
                currentTime,
                self.averageTimePerCus)
            # Send customer to cashier if successfully
            # generated
            if customer != None:
                self.cashier.addCustomer(customer)
            # Tell cashier to provide another unit of service
            self.cashier.serveCustomers(currentTime)

    def __str__(self):
        return str(self.cashier)
```

收银员负责为排队的顾客提供服务。在这个过程中，收银员会统计已服务的顾客数量以及他们排队等候的时间。在模拟结束时，这个类的__str__方法会返回这些数据以及队列里还剩下的顾客数量。这个类包含下面这些实例变量。

```
totalCustomerWaitTime
customersServed
queue
currentCustomer
```

最后这个变量用来保存当前正在接受服务的顾客。

为了允许超市模型将新顾客发送给收银员，这个类实现了 addCustomer 方法。这个方法会以顾客为参数，并将顾客添加到收银员的队列里。

serveCustomers 方法处理在一个时钟节拍中收银员的执行动作。这个方法能够以当前时间为参数，并且按照几种不同的方式进行响应，如表 8-5 所示。

表 8-5　　　　　　　　　　　　一个时钟节拍中收银员的执行动作

条件	含义	执行动作
当前顾客为 None，并且队列为空	没有可以服务的顾客	什么都不做，直接返回

条件	含义	执行动作
当前顾客为 None，并且队列不为空	队列的前端有一个顾客在等待	● 弹出一个顾客对象，使其成为当前被服务的顾客 ● 得到顾客对象实例化的时间，确定他等待了多长时间，并把这个时间添加到所有顾客等待的总时间里 ● 增加已服务的顾客数量 ● 为顾客提供一个单位的服务，如果顾客所需的服务已完成，就释放顾客对象
当前顾客不为 None	为当前顾客服务	为顾客提供一个单位的服务，如果顾客所需的服务已完成，就释放顾客对象

下面是 serveCustomers 方法的伪代码。

```
if currentCustomer is None
    if queue is empty
        return
    else
        currentCustomer = queue.pop()
        totalCustomerWaitTime = totalCustomerWaitTime +
            currentTime - currentCustomer.arrivalTime()
        increment customersServed
        currentCustomer.serve()
        if currentCustomer.amountOfServiceNeeded() == 0
            currentCustomer = None
```

下面是 Cashier 类的代码。

```
"""
File: cashier.py
"""

from linkedqueue import LinkedQueue

class Cashier(object):

    def __init__(self):
        self.totalCustomerWaitTime = 0
        self.customersServed = 0
        self.currentCustomer = None
        self.queue = LinkedQueue()

    def addCustomer(self, c):
        self.queue.add(c)

    def serveCustomers(self, currentTime):
        if self.currentCustomer is None:

            # No customers yet
            if self.queue.isEmpty():
                return
            else:
                # Pop first waiting customer
                # and tally results
                self.currentCustomer = self.queue.pop()
                self.totalCustomerWaitTime += \
                    currentTime - \
                    self.currentCustomer.getArrivalTime()
                self.customersServed += 1
```

```
        # Give a unit of service
        self.currentCustomer.serve()
        # If current customer is finished, send it away
        if self.currentCustomer.getAmountOfServiceNeeded() == 0:
            self.currentCustomer = None

    def __str__(self):
        result = "TOTALS FOR THE CASHIER\n" + \
                 "Number of customers served: " + \
                 str(self.customersServed) + "\n"
        if self.customersServed != 0:
            aveWaitTime = self.totalCustomerWaitTime / \
            self.customersServed
         result += "Number of customers left in queue: " \
             + str(len(self.queue)) + "\n" \
                 "Average time customers spend\n" + \
                 "waiting to be served: " \
                 + "%5.2f" % aveWaitTime
    return result
```

Customer 类会维护顾客的到达时间和所需的服务量，其构造函数会使用超市模型里提供的数据进行初始化。这个类包含下面这些实例方法。

- getArrivalTime()——返回顾客到达收银员队列的时间。
- getAmountOfServiceNeeded()——返回剩余的服务单位数。
- serve()——将服务单位的数量减 1。

除此之外，还有一个名为 generateCustomer 的**类方法**。类方法和实例方法的不同之处在于，类方法是在类上进行调用的，而不是在这个类的实例或对象上调用的。generateCustomer 方法会接收新顾客到达的概率、当前时间以及每位顾客所需的服务单位数量作为参数。如果这个概率大于或等于一个 0～1 的随机数，这个方法会返回一个包含给定时间和服务单位的新的 Customer 实例；否则，这个方法会返回 None，表示没有生成任何顾客实例。下面展示了这个方法是如何使用的。

```
>>> Customer.generateCustomer(.6, 50, 4)
>>> Customer.generateCustomer(.6, 50, 4)
<__main__.Customer object at 0x11409e898>
```

可以看到，第一次调用这个方法看起来没有返回任何内容，这是因为这个函数实际上返回了 None，而在 IDLE 里，这个值不会被打印出来。第二次调用返回了一个新的 Customer 对象。

在 Python 里定义类方法的语法如下。

```
@classmethod
def <method name>(cls, <other parameters>):
    <statements>
```

Customer 类的代码如下。

```
"""
File: customer.py
"""

import random

class Customer(object):

    @classmethod
    def generateCustomer(cls, probabilityOfNewArrival,
                         arrivalTime,
```

```
                              averageTimePerCustomer):
        """Returns a Customer object if the probability
        of arrival is greater than or equal to a random number.
        Otherwise, returns None, indicating no new customer.
        """
        if random.random() <= probabilityOfNewArrival:
            return Customer(arrivalTime, averageTimePerCustomer)
        else:
            return None

    def __init__(self, arrivalTime, serviceNeeded):
        self.arrivalTime = arrivalTime
        self.amountOfServiceNeeded = serviceNeeded

    def getArrivalTime(self):
        return self.arrivalTime

    def getAmountOfServiceNeeded(self):
        return self.amountOfServiceNeeded

    def serve(self):
        """Accepts a unit of service from the cashier."""
        self.amountOfServiceNeeded -= 1
```

8.6 优先队列

前文提到，优先队列是一种特殊的队列。当把元素添加到优先队列里时，它们会被赋予相应的优先级顺序。在删除元素时，优先级较高的元素会在优先级较低的元素之前被删除，而具有相同优先级的元素通常是按照 FIFO 的顺序被删除的。如果 A < B，就代表元素 A 的优先级高于元素 B。也就是说，可以在优先队列里对整数、字符串或者任何其他支持比较运算符的对象进行排序。如果某个对象不支持比较运算符，那么可以把它们和优先级包装或绑定在另一个支持这些运算符的对象里。这样优先队列就可以让相同类型的不同对象进行比较了。

优先队列与队列非常相似，因此它们都包含相同的接口，也就是一组操作（见表 8-1）。表 8-6 展示了优先队列在生命周期里的各种状态。可以看到，在这个例子里，数据元素都是整数，因此整数越小，其优先级越高。

表 8-6 优先队列在生命周期里的各种状态

操作	操作后队列的状态	返回值	注释
q = <Priority queue type>()			初始化，队列为空
q.add(3)	3		队列里只有一个元素 3
q.add(1)	1 3		因为 1 有更高的优先级，所以 1 在队列的前端，3 在后端
q.add(2)	1 2 3		2 比 3 有更高的优先级，因此 2 在 3 前面
q.pop()	2 3	1	删除并返回前端元素。现在 2 是队列前端的元素
q.add(3)	2 3 3		新插入的 3 按照 FIFO 的顺序在旧的 3 后面
q.add(5)	2 3 3 5		5 的优先级最低，所以它在最后

前文提到，如果一个对象本身并不支持可比性，可以把它和优先级包装在另一个可以进行比较的对象里。可以定义一个**包装器类**（wrapper class）来为不支持可比性的元素构建可比性元素，这个新类被称为 Comparable。它包含的构造函数接收一个数据元素和这个元素的优先级作为参数。优先级必须是整数、字符串或其他支持比较运算符的对象。当使用比较运算符时，Python 会查找对象的比较方法。创建好包装器对象后，我们可以使用 getItem、getPriority、__str__、__eq__、__le__ 以及 __lt__ 方法来提取元素和它的优先级，返回它的字符串表达式，并根据优先级进行比较。下面是 Comparable 类的代码。

```python
class Comparable(object):
    """Wrapper class for items that are not comparable."""

    def __init__(self, data, priority = 1):
        self.data = data
        self.priority = priority

    def __str__(self):
    """Returns the string rep of the contained datum."""
        return str(self.data)

    def __eq__(self, other):
        """Returns True if the contained priorities are equal
        or False otherwise."""
        If self is other: return True
        if type(self) != type(other): return False
        return self.priority == other.priority

    def __lt__(self, other):
        """Returns True if self's priority < other's priority,
        or False otherwise."""
        return self.priority < other.priority

    def __le__(self, other):
        """Returns True if self's priority <= other's priority,
        or False otherwise."""
        return self.priority <= other.priority

    def getData(self):
        """Returns the contained datum."""
        return self.data

    def getPriority(self):
        """Returns the contained priority."""
        return self.priority
```

可以看到，__str__ 方法也包含在了 Comparable 类里，因此队列的 __str__ 方法对于这些元素的行为有一定的预期。

在执行插入操作的过程中，优先队列并不知道它比较的是包装器里的元素还是直接比较元素，因此在使用 peek 方法、pop 方法或在 for 循环里访问包装之后的元素时，必须在比较之前使用 getItem 方法把它从包装里取出来。比如，假设标记为 a、b 和 c 的元素之间不能进行比较，但它们在队列里的优先级分别是 1、2 和 3。那么，把这些元素添加到名为 queue 的优先队列里并且从队列里取出它们的代码如下。

```python
queue.add(Comparable(a, 1))
queue.add(Comparable(b, 2))
```

```
queue.add(Comparable(c, 3))
while not queue.isEmpty():
    item = queue.pop().getItem()
    <do something with item>
```

在本书中，我们会讨论优先队列的两种实现。在本章里，我们讨论了优先队列的有序列表的实现，会扩展前面介绍的 LinkedQueue 类。在第 10 章里，我们将介绍优先队列的另一个实现方式——使用称为堆的数据结构。

有序列表是指按自然顺序维护的可以比较的元素列表。优先队列里的列表应当始终能够在列表的一端得到或删除最小的元素，并且元素可以按顺序插入正确的位置。

如果始终从结构的开头删除最小的元素，那么单向链接结构是存放这种类型列表的最佳选项。如果这个结构是从 LinkedQueue 类里使用的单向链接结构继承而来的，那么可以通过运行这个类的 pop 方法删除这个元素。在新的子类 LinkedPriorityQueue 里，只有 add 方法需要被修改，它的定义会被覆盖。

add 方法的新实现会在列表里搜索新元素的位置。它将考虑下面这些情况。

● 如果队列为空或者新的元素大于或等于后端的元素，那么像之前一样添加它。（将元素放置在后端。）

● 如果不是上述情况，从头开始并向右移动，直至找到新的元素小于当前节点里的元素。这时，就需要在当前节点和上一个节点（如果存在）之间插入一个包含这个元素的新节点。为了完成插入操作，搜索会使用两个指针，分别称为 probe 和 trailer。当搜索停止时，probe 将会指向新元素位置之后的那个节点。如果这个节点不是第一个节点，trailer 指向的就是新元素位置之前的那个节点，因此，可以把新节点的下一个指针设置为 probe 指针。如果 probe 指针未指向第一个节点，那么把上一个节点指向的下一个指针设置为新节点；否则，把队列的 front 指针设置为新节点。

为了说明在第二种情况下的工作过程，图 8-10 描绘了在包含 3 个整数 1、3 和 4 的优先队列里为 2 执行 add 操作的过程。在这个过程中 probe 和 trailer 指针的调整是需要特别注意的。

虽然执行 add 方法的代码很复杂，但好在不用在新类里编写其他的方法。除此之外，可以在第一种情况下通过使用 LinkedQueue 的 add 方法来重用部分逻辑。

下面是 LinkedPriorityQueue 类的代码：

```
"""
File: linkedpriorityqueue.py
"""

from node import Node
from linkedqueue import LinkedQueue

class LinkedPriorityQueue(LinkedQueue):
    """A link-based priority queue implementation."""

    def __init__(self, sourceCollection = None):
        """Sets the initial state of self, which includes the
        contents of sourceCollection, if it's present."""
        LinkedQueue.__init__(self, sourceCollection)

    def add(self, newItem):
        """Inserts newItem after items of greater or equal
```

```
priority or ahead of items of lesser priority.
A has greater priority than B if A < B."""
if self.isEmpty() or newItem >= self.rear.data:
    # New item goes at rear
    LinkedQueue.add(self, newItem)
else:
    # Search for a position where it's less
    probe = self.front
    while newItem >= probe.data:
        trailer = probe
        probe = probe.next
    newNode = Node(newItem, probe)
    if probe == self.front:
        # New item goes at front
        self.front = newNode
    else:
        # New item goes between two nodes
        trailer.next = newNode
    self.size += 1
```

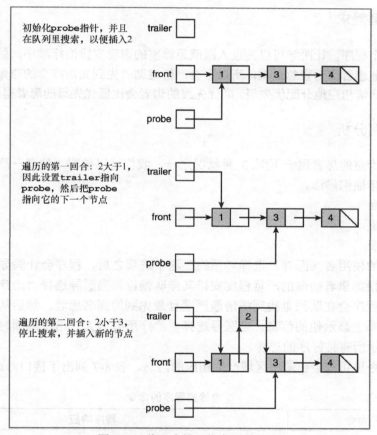

图 8-10 将元素插入优先队列

除了 add 方法，LinkedPriorityQueue 的时间复杂度和空间复杂度的分析与 LinkedQueue 是一样的。在这里，add 方法必须要搜索插入元素的正确位置。只要找到了这个位置，重新组合链接只是一个常数时间的操作，但搜索本身是线性的，因此 add 方法现在的时间复杂度是 O(n)。

练习题

提出一种基于数组实现优先队列的策略。它的空间/时间复杂度会和链接的实现方式不同吗？这里需要处理的权衡是什么？

8.7 案例研究：急诊室调度程序

去过繁忙的医院急诊室的人都知道，人们必须排队就医。虽然大家都在同一个地点等待，但实际上他们的就诊顺序并不相同，医导会根据患者病情的急迫程度安排就诊顺序。在案例研究中，我们将开发一个使用优先队列执行这种调度的程序。

8.7.1 案例需求

编写一个程序，让医导可以为进入医院急诊室的患者安排治疗顺序。假设因为某些患者的病情比其他患者更为紧急危重，所以不会严格遵循"先到先治疗"的原则，而是在他们入院时根据其病情相应地分配优先级。高优先级的患者会比低优先级的患者得到更及时的诊疗。

8.7.2 案例分析

来到急诊室的患者属于下面 3 种状况之一，我们可以按照"致命→严重→一般"这样的优先级安排他们候诊。
- 致命
- 严重
- 一般

当程序的使用者（医导）选择"预约"这个选项之后，程序会让医导输入患者的姓名和病情，并根据患者病情的严重程度安排其排队候诊。当医导选择"治疗下一个病人"这个选项时，程序会在队列里找到病情最严重且最先到的那名患者，然后从队列里移除这名患者并在屏幕上显示他的信息。当医导选择"治疗所有病人"这个选项时，程序将从列表里删除并显示所有排好序的患者。

每个命令按钮都会在输出区域产生相应的消息。表 8-7 列出了接口对命令的响应。

表 8-7　　　　　　　　　　急诊室程序的命令

用户命令	程序响应
预约	医导输入患者的姓名和病情，然后输出添加到<condition>队列中的<patient name>
治疗下一个病人	输出将要治疗的<patient name>
治疗所有病人	输出将要治疗的<patient name>

下面是和基于终端的接口进行交互的结果。

```
Main menu
1 Schedule a patient
2 Treat the next patient
3 Treat all patients
4 Exit the program
Enter a number [1-4]: 1
Enter the patient's name: Bill
Patient's condition:
1 Critical
2 Serious
3 Fair
Enter a number [1-3]: 1
Bill is added to the critical list.
Main menu
1 Schedule a patient
2 Treat the next patient
3 Treat all patients
4 Exit the program
Enter a number [1-4]: 3
Bill / critical is being treated.
Martin / serious is being treated.
Ken / fair is being treated.
No patients available to treat.
```

8.7.3　类

这个应用程序由一个名为 ERView 的视图类和若干个模型类组成。视图类会和用户进行交互，并在数据模型上运行方法。ERModel 类维护患者的优先队列。Patient 类代表患者，Condition 类代表 3 种病情的状况。类与类之间的关系如图 8-11 所示。

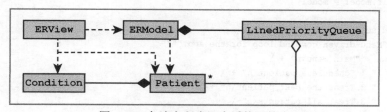

图 8-11　急诊室程序调度系统里的类

8.7.4　案例设计与实现

Patient 类和 Condition 类用来维护患者的姓名和病情。这两个类都可以进行比较（根据病人的病情），也可以通过字符串查看它们。下面是这两个类的代码。

```python
class Condition(object):

    def __init__(self, rank):
        self.rank = rank

    def __ge__(self, other):
        """Used for comparisons."""
        return self.rank >= other.rank

    def __str__(self):
        if self.rank == 1:               return "critical"
```

```
            elif self.rank == 2:              return "serious"
            else:                              return "fair"

class Patient(object):

    def __init__(self, name, condition):
        self.name = name
        self.condition = condition

    def __ge__(self, other):
        """Used for comparisons."""
        return self.condition >= other.condition

    def __str__(self):
        return self.name + " / " + str(self.condition)
```

ERView 类使用典型的菜单驱动循环。我们可以使用几个辅助方法来构造代码。下面是它的代码。

```
"""
File: erapp.py
The view for an emergency room scheduler.
"""

from model import ERModel, Patient, Condition

class ERView(object):
    """The view class for the ER application."""

    def __init__(self, model):
        self.model = model

    def run(self):
        """Menu-driven command loop for the app."""
        menu = "Main menu\n" + \
            " 1 Schedule a patient\n" + \
            " 2 Treat the next patient\n" + \
            " 3 Treat all patients\n" \
            " 4 Exit the program\n"
        while True:
            command = self.getCommand(4, menu)
            if command == 1: self.schedule()
            elif command == 2: self.treatNext()
            elif command == 3: self.treatAll()
            else: break

    def treatNext(self):
        """Treats one patient if there is one."""
        if self.model.isEmpty():
            print("No patients available to treat.")
        else:
            patient = self.model.treatNext()
            print(patient, "is being treated.")

    def treatAll(self):
        """Treats all the remaining patients."""
```

```
        if self.model.isEmpty():
            print("No patients available to treat.")
        else:
            while not self.model.isEmpty():
                self.treatNext()

    def schedule(self):
        """Obtains patient info and schedules patient."""
        name = input("\nEnter the patient's name: ")
        condition = self.getCondition()
        self.model.schedule(Patient(name, condition))
        print(name, "is added to the", condition, "list\n")

    def getCondition(self):
        ""Obtains condition info."""
        menu = "Patient's condition:\n" + \
            " 1 Critical\n" + \
            " 2 Serious\n" + \
            " 3 Fair\n"
        number = self.getCommand(3, menu)
        return Condition(number)

    def getCommand(self, high, menu):
        """Obtains and returns a command number."""
        prompt = "Enter a number [1-" + str(high) + "]: "
        commandRange = list(map(str, range(1, high + 1)))
        error = "Error, number must be 1 to " + str(high)
        while True:
            print(menu)
            command = input(prompt)
            if command in commandRange:
                return int(command)
            else:
                print(error)

# Main function to start up the application
def main():
    model = ERModel()
    view = ERView(model)
    view.run()

if __name__ == "__main__":
    main()
```

ERModel 类会使用优先队列来安排患者。它的实现将作为编程项目留给你。

8.8　章节总结

- 队列是一个线性多项集，元素在一端（称为后端）进行添加，然后从另一端（称为前端）删除元素。因此，它按照先进先出（**FIFO**）的顺序对元素进行访问。
- 对队列的其他操作包括查看前端的元素、确定元素的数量、确定队列是否为空，以及返回队列的字符串表达式。

- 队列用在需要按照 FIFO 顺序管理数据元素的应用程序里。这些应用程序包括调度元素，从而对资源进行处理或访问。
- 数组和单向链接结构支持简单的队列实现。
- 优先队列同时使用了优先级方案和 FIFO 顺序来调度里面的元素。如果两个元素具有相同的优先级，那么按照 FIFO 的顺序对它们进行调度；否则，会根据某些属性（如数字或字母内容），将元素从最小到最大进行排序。通常来说，在任何情况下，在优先队列里插入元素时，优先级更小的元素会被首先删除。

8.9 复习题

1. 队列的例子有（选择所有满足的选项）：
   a. 在结账台前排队的顾客
   b. 一副扑克牌
   c. 文件目录系统
   d. 收费站排队的一排汽车
   e. 洗衣篮
2. 对队列进行修改的操作是：
   a. 添加和删除
   b. 添加和弹出
3. 队列也被称为：
   a. 先进先出的数据结构
   b. 后进先出的数据结构
4. 包含元素 a b c 的队列前端在左侧。经过两次弹出操作之后，队列还包含：
   a. a
   b. c
5. 包含元素 a b c 的队列前端在左侧。在执行 add(d) 操作之后，队列包含：
   a. a b c d
   b. d a b c
6. 链接结构里节点等对象的内存分配在：
   a. 对象堆
   b. 调用栈
7. 3 个队列变异器操作的运行时是：
   a. 线性的
   b. 常数的
8. 队列的链接实现用到了：
   a. 包含指向下一个节点链接的节点
   b. 包含指向下一个和上一个节点链接的节点

    c. 包含指向下一个节点链接的节点，以及指向第一个节点和最后一个节点的外部指针

9. 在队列的环形数组实现里：

    a. `front` 索引在数组里追逐 `rear` 索引

    b. `front` 索引总是小于或等于 `rear` 索引

10. 优先队列里元素排列的顺序是：

    a. 最小（最高优先级）到最大（最低优先级）

    b. 最大（最高优先级）到最小（最低优先级）

8.10　编程项目

1. 完成本章讨论的队列多项集的链接实现。验证不满足前置条件时是否引发异常。

2. 完成并测试本章里讨论的队列多项集的环形数组实现。验证当没有满足前置条件时是否引发了异常，并验证实现有没有根据需要对存储空间进行增加或缩小。

3. 在把文件发送到共享打印机上打印时，这个文件会和其他作业一起放进打印队列。在打印这个作业之前，可以通过访问队列来删除它。也就是说，队列支持 `remove` 操作。把这个方法添加到队列的实现里。这个方法应该接收一个元素作为参数，它可以删除队列里给定的元素，如果没有找到这个元素，就引发异常。

4. 修改超市收银台模拟器，让它能够模拟有多个收银台的商店。添加收银员的数量作为新的用户输入。实例化时，模型需要创建一个包含这些收银员的列表。在生成顾客时，将其发送给从收银员列表里随机选择的收银员。在抽象时钟的每个节拍里，需要让每个收银员都为顾客提供服务。在模拟结束时，显示所有收银员的结果。

5. 在现实生活中，顾客结账时不会随机选择收银员。通常来说，他们至少会基于以下两个因素选择：

    a. 顾客排队结账的等待时间；

    b. 和收银员的物理距离。

    修改编程项目 4 里的模拟程序，从而让顾客考虑第一个因素。

6. 修改编程项目 5 里的模拟程序，让它同时考虑以上两个因素。可以假定顾客一开始随机接近一位收银员的收银台，然后会选择离这个收银台较近的左右两行队伍里的一行。这个模拟里应该至少有 4 位收银员。

7. 模拟器的接口要求用户输入处理一位顾客所需的平均分钟数。但是，这样会在模拟里为每个顾客分配相同的处理时间。在现实生活中，处理时间会在平均值附近波动。修改编程项目 6 中 Customer 类的构造函数，让它随机生成 $1\sim x[x=(平均时间*2+1)]$ 的服务时间。

8. 请基于案例研究完成急诊室调度程序。

9. 修改第 7 章里的迷宫应用程序，让它使用队列而不是栈来求解。在同一个迷宫上运行两个不同版本的应用程序，并统计它们分别所需选择的点数。可以从这些结果的差异里得出什么结论？

10. 描述使用队列进行回溯搜索目标会比使用栈更有效的情况。

第 9 章 列　　表

在完成本章的学习之后，你能够：

- 描述列表的功能及其操作方式；
- 根据性能特点选择列表的实现；
- 了解列表的应用；
- 描述列表迭代器的功能及其操作方式；
- 了解列表迭代器的应用；
- 开发递归列表的一些处理功能。

本章将探讨列表，这是本书讨论的 3 个主要线性多项集中的最后一个（另外两个是栈和队列）。列表支持的操作范围比栈和队列都要宽泛，因此列表使用的范围更广，实现起来也更加困难。尽管 Python 包含内置的列表类型，但是列表也有若干种不同的实现方式，Python 使用的只是其中之一。本章会讨论两个最常见的列表实现：基于数组和基于链接结构的实现。为了让你更好地理解列表里大量的基本操作，我们会把这些操作分为 3 类：基于索引的操作、基于内容的操作以及基于位置的操作，并会开发一种名为列表迭代器（list iterator）的特殊对象，以支持基于位置的操作。本章的案例研究将展示如何开发一种名为有序列表的特殊类型列表。

9.1　列表的概述

列表支持对线性多项集里任意位置的元素进行操作。列表中一些常见的例子如下。

- 食谱——这是指令列表。
- 字符串——这是字符列表。
- 文档——这是单词列表。
- 文件——这是磁盘上数据块的列表。

在所有这些示例中，顺序非常重要，打乱元素顺序会让多项集里的数据变得毫无意义。但是，列表里的元素并不一定是有序的。字典里的单词和电话簿里的名称都是有序列表的例子，这一句话里的一连串单词同样构成了列表，但它并不是按照字母顺序排列的。尽管列表里的元素在逻辑上始终都是连续的，但它们在内存里不必是物理连续的。列表的数组实现会使用物理位置表示逻辑顺序，但链接实现则不需要。

列表里的第一个元素位于它的**头部**（head），而列表里最后一个元素位于它的**尾部**（tail）。列表里的元素不会随着时间的推移而改变相互之间的相对位置，而且添加和删除也只会影响修改位置处的前后关系。计算机科学家通常把列表里的位置用 0 到长度减 1 来表示。每个数字位置也被称为**索引**（index）。如果把列表可视化，则索引从左到右逐渐增加。图 9-1

展示了列表是如何为了响应一系列操作而变化的。表 9-1 给出了对这些操作的描述，它们只是列表提供的操作的一小部分。

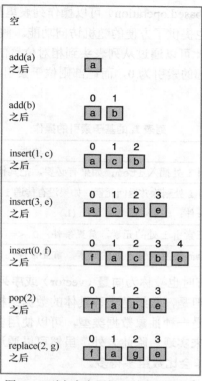

图 9-1 列表生命周期里的各种状态①

表 9-1 图 9-1 里使用的操作

操作	功能
add(item)	把 item 添加到列表的尾部
insert(index, item)	在位置 index 处插入 item，如果有必要，把其他元素向右移动
replace(index, item)	把位置 index 处的元素替换为 item
pop(index)	在位置 index 处删除元素，如果有必要，把其他元素向左移动

9.2 使用列表

如果你看过许多有关数据结构的书以及 Python 提供的 list 类，就会注意到它提供了两大类操作：基于索引的操作和基于内容的操作。除此之外，我们还可以添加第三类操作，即基于位置的操作。在学习列表的用法之前，我们应先了解这些操作。

① 原图第二、三行是"append(a)之后"，根据上下文和列表所提供的功能，append 应该是 add。原图倒数第二行是"remove(2)之后"，根据上下文和列表所提供的功能，remove 方法的参数是元素而不是索引，应该改为 pop。——译者注

9.2.1　基于索引的操作

基于索引的操作（index-based operation）可以操作列表里指定索引处的元素。在基于数组的实现方式里，这些操作也提供了方便的随机访问功能。假设一个列表包含 n 个元素。由于列表是线性排列的，因此可以通过从列表头到相对位置的距离（$0 \sim n-1$）准确地引用列表里的某个元素。列表头部的索引为 0，而尾部则位于索引 $n-1$ 处。表 9-2 列出了列表 L 的基于索引的基本操作。

表 9-2　　　　　　　　　　　　　　　列表 L 的基于索引的操作

列表方法	功能
L.insert(i, item)	在索引 i 处插入 item，如果有必要，把其他元素向右移动
L.pop(i = None)	在索引 i 处删除并返回元素，如果没有传递 i，那么删除并返回最后一个元素 前置条件：0 <= i <= len(L)
L[i]	返回在索引 i 处的元素，前置条件：0 <= i <= len(L)
L[i] = item	用 item 替换索引 i 处的元素，前置条件：0 <= i <= len(L)

从这个角度来看，列表有时也被称为**向量**（vector）或**序列**（sequence），在使用下标时，也很容易让人联想到数组。但是，数组是一种具体的数据结构，基于单个物理内存块具有特定且不变的实现。列表则是一种抽象数据类型，可以使用多种不同的方式存储数据，这些方式里的一种会使用数组来实现。除此之外，虽然可以通过数组操作序列来模拟各种列表的操作，但列表的基本操作会比数组多得多。

9.2.2　基于内容的操作

基于内容的操作（content-based operation）不是基于索引，而是基于列表的内容进行操作。这些操作通常会接收一个元素作为参数，然后对这个元素和列表进行相应的处理。有些操作会先搜索与指定元素相等的元素，然后再执行下一步操作。表 9-3 列出了列表 L 的 3 个基于内容的基本操作。可以看到，我们使用 add 而不是 append 方法来和其他多项集保持一致。

表 9-3　　　　　　　　　　　　　　　列表 L 的 3 个基于内容的操作

列表方法	功能
L.add(item)	把 item 添加到列表的尾部
L.remove(item)	把 item 从列表里删除，前置条件：item 在列表里
L.index(item)	返回 item 在列表里第一次出现的位置，前置条件：item 在列表里

9.2.3　基于位置的操作

基于位置的操作（position-based operation）是基于当前建立的名为**游标**（cursor）的位置执行的操作。这些操作让程序员能够通过移动这个游标来浏览整个列表。在某些编程语言里，另一个名为**列表迭代器**（list iterator）的独立对象也可以提供这些操作。本书也采用同样的策略。尽管列表支持了迭代器（程序员可以通过 for 循环来访问列表里的元素），但列表迭代器的功能更为强大。和简单的迭代器不同，列表迭代器支持移动到前一个位置、直接移动到第一个位置以及直接移动到最后一个位置这些操作。除了这些游标的导航操作，列表迭代器还支持在游标位置插入、替换和删除元素这些操作。列表迭代器的实现将在本章的后面介绍，在这里，可以先来看看它的逻辑结构和支持的行为。

程序员通过在列表上运行 listIterator 方法可以创建列表迭代器对象，代码如下所示：

```
listIterator = aList.listIterator()
```

这个列表可以为空或已经包含了元素。在这段代码里，通过列表接口连接了两个对象（列表迭代器和列表），如图 9-2 所示。这个列表可以称为列表迭代器的**后备存储**（backing store）。

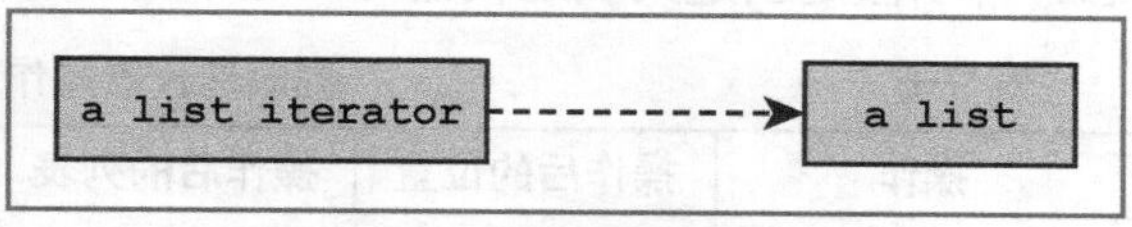

图 9-2　列表迭代器关联到它的后备存储（列表）

对于后备存储里的元素，列表迭代器的游标总会处于这 3 个位置中的一个：在第一个元素之前、两个相邻元素之间或者最后一个元素之后。

一开始，在非空列表上创建列表迭代器时，游标的位置会在第一个元素之前。但如果列表为空，则游标的位置是不存在的。在浏览任何非空列表时，你都可以把游标移动到列表的开头或结尾来重置游标的位置。在这些任意的位置，你可以以某种方式导航到另一个位置。表 9-4 列出了一些对于列表迭代器 LI 的导航操作。

表 9-4　一些对于列表迭代器 **LI** 的导航操作

操作	功能
LI.hasNext()	如果游标后面存在元素，则返回 True；如果游标不存在或位于最后一个元素之后，则返回 False
LI.next()	返回下一个元素并将游标向右移动一个位置 前置条件：hasNext 返回 True，并且在最后一次执行 next 或 previous 操作之后，列表没有进行过任何变异操作
LI.hasPrevious()	如果游标前面存在元素，则返回 True；如果游标不存在或位于第一个元素之前，则返回 False
LI.previous()	返回上一个元素并将游标向左移动一个位置 前置条件：hasPrevious 返回 True，并且在最后一次执行 next 或 previous 操作之后，列表没有进行过任何变异操作
LI.first()	如果有元素，则游标将移动到第一个元素之前
LI.last()	如果有元素，则游标将移动到最后一个元素之后

其他基于位置的操作可以对列表进行修改。表 9-5 列出了列表迭代器 LI 在游标处可以执行的变异器操作。

表 9-5	列表迭代器 LI 在游标处可以执行的变异器操作
操作	功能
LI.insert(item)	如果存在游标，则在它的后面插入 item；否则，在列表的尾部插入 item
LI.remove()	删除最后一次执行 next 或 previous 操作时所返回的元素 前置条件：在最后一次执行 next 或 previous（至少执行过一次）操作之后，列表没有进行过任何变异操作
LI.replace(item)	替代最后一次执行 next 或 previous 操作时所返回的元素 前置条件：在最后一次执行 next 或 previous（至少执行过一次）操作之后，列表没有进行过任何变异操作

表 9-6 列出了在列表迭代器上执行的一系列操作，并且给出了每个操作之后列表的状态。可以假定创建列表迭代器时，这个列表为空。

表 9-6		列表迭代器操作对列表的影响		
操作	操作后的位置	操作后的列表	返回值	注释
实例化	不存在	空		新的列表迭代器
insert(a)	不存在	a		如果游标不存在，则在列表的尾部插入元素
insert(b)	不存在	a b		如果游标不存在，则在列表的尾部插入元素
hasNext()	不存在		False	如果游标不存在，则没有前一个和后一个元素
first()	0	, a b		如果有元素，则将游标移动到第一个元素之前
hasNext()	0		True	由于在游标右面存在元素，因此存在下一个元素
next()	1	a , b	a	返回 a 并将游标向右移动一个位置
replace(c)	1	c , b		用 c 替换最近在 next 处返回的 a
next()	2	c b ,	b	返回 b 并将游标向右移动一个位置
next()	2	c b ,	Exception	游标已经在列表的尾部，不能再移动到下一个元素
hasNext()	2	c b ,[①]	False	游标已经在列表的尾部，因此没有下一个元素
hasPrevious()	2	c b ,	True	在游标左边存在元素，因此存在前一个元素
previous()	1	c , b	b	返回 b 并将游标向左移动一个位置
insert(e)	1	c , e b		把 e 插入当前游标右边位置
remove()	1	c , e b	Exception	在最后一次执行 next 或 previous 操作之后，有一次 insert 操作
previous()	0	, c e b	c	返回 c 并将游标向左移动一个位置
remove()	0	, e b		删除最近由 previous 返回的 c

---

① 原文表格第四、六行第三列根据上下文应该有值；原文表格第十三行第三列的值 c b，有错，应为 c，b；原文表格第十三、十六行第三列的值格式有错，没有着重表示返回元素。——译者注

记住，一旦创建了列表迭代器的游标，它的位置只会位于第一个元素之前、最后一个元素之后或两个元素之间。在表 9-6 里，用逗号和一个用来存放**当前位置**（current position）的整数变量来代表游标。如果列表包含 n 个元素，那么如下规则成立。

● 当前位置为 i（如果游标位于索引 i 的元素之前，其中 $i=0,1,2,\cdots,n-1$）。

● 当前位置为 n（如果游标位于最后一个元素之后）。

可以看到，在表 9-6 里，只有当列表里至少有一个元素并且运行了 first 或 last 方法之后，当前位置才会存在。在此之前，方法 hasNext 和 hasPrevious 都只会返回 False，并且不能运行 next、previous、remove 和 replace 方法。这时，可以在列表迭代器上运行 insert 操作来把元素不断添加到列表的尾部。

从操作规范里可以知道，只有没有执行 insert 或 remove 操作，才能成功地对 next 或 previous 操作返回的元素执行 remove 和 replace 操作。表 9-6 对最新返回的元素采用了代码体形式。如果没有突出显示任何元素，那么是不能执行 remove 或 replace 操作的。这些元素（如果存在）可以位于游标的任何一边，也就是在 next 操作后的左侧或在 previous 操作后的右侧。

当列表再次为空时，它的游标会重新处于不存在的状态。

下面这段代码也说明了列表迭代器的用法。可以先假设已经在 ArrayList 类里定义并支持了前面提到的那些操作。

```
print("Create a list with 1-9")
lyst = ArrayList(range(1, 10))
print("Length:", len(lyst))
print("Items (first to last): ", lyst)

# Create and use a list iterator
listIterator = lyst.listIterator()
print("Forward traversal: ", end = "")
listIterator.first()
while listIterator.hasNext():
    print (listIterator.next(), end = " ")

print("\nBackward traversal: ", end = "")
listIterator.last()
while listIterator.hasPrevious():
    print(listIterator.previous(), end = " ")

print("\nInserting 10 before 3: ", end = "")
listIterator.first()
for count in range(2):
    listIterator.next()
listIterator.insert(10)
print(lyst)

print("Removing 2: ", end = "")
listIterator.first()
for count in range(3):
    listIterator.next()
listIterator.remove()
print(lyst)

print("Removing all items")
```

```
listIterator.first()
while listIterator.hasNext():
    listIterator.next()
    listIterator.remove()
print("Length:", len(lyst))
```

这段代码的输出如下。

```
Create a list with 1-9
Length: 9
Items (first to last): 1 2 3 4 5 6 7 8 9
Forward traversal: 1 2 3 4 5 6 7 8 9
Backward traversal: 9 8 7 6 5 4 3 2 1
Inserting 10 before 3: 1 2 10 3 4 5 6 7 8 9
Removing 2: 1 10 3 4 5 6 7 8 9
Removing all items
Length: 0
```

可以看到，使用列表迭代器进行遍历是从将游标移到第一个位置或最后一个位置开始的。记住，某些操作还会有其他一些限制。比如，replace 和 remove 操作要求紧跟 next 或 previous 操作来建立当前位置，而 next 和 previous 这两个操作分别假定 hasNext 或 hasPrevious 会返回 True。这些操作将在本章的后面进行详细讨论。

9.2.4 列表接口

虽然列表有很多操作，但是通过分类可以避免混淆。表 9-7 对这些操作进行了总结，其中 L 代表列表，LI 代表在列表上创建的列表迭代器。

表 9-7　　　　　　　　　　　　　　基本列表操作总结

基于索引的操作	基于内容的操作	基于位置的操作
L.insert(i, item)	L.add(item)	LI.hasNext()
L.pop(i)	L.remove(item)	LI.next()
L[i]	L.index(item)	LI.hasPrevious()
L[i] = item		LI.first()
		LI.last()
		LI.insert(item)
		LI.remove(item)
		LI.replace(item)

根据前面对这些列表操作的讨论，你应该把这些操作分到两个接口里。就像在第 5 章里提到的那样，Python 里的接口不会包含任何功能代码，只充当包含这些代码实现的组织原则。这两个接口里的第一个包含基于索引的操作和基于内容的操作，这与 Python 的 list 类里的那些操作类似。在本章的后面，我们会基于这个接口开发出两个分别叫作 ArrayList 和 LinkedList 的实现。第二个接口包含列表迭代器的操作。列表迭代器的各个实现都和给定的列表实现有关。尽管两个接口都设置了操作，但我们仍可以把它们分别叫作 ListInterface 和 ListIteratorInterface。

图 9-3 里的 UML 图展示了实现类是如何与这两个接口相关的。在列表接口里，我们还

添加了对于所有多项集都通用的基本方法：isEmpty、__len__、__str__、__iter__、__add__、__eq__、count 和 clear 以及 listIterator 方法。从列表迭代器类到列表类的箭头表示依赖关系。

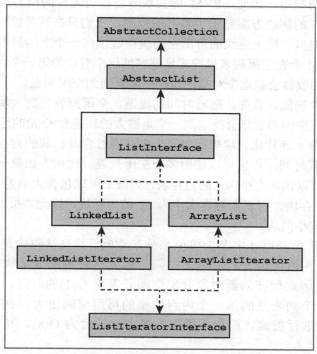

图 9-3　列表和列表迭代器的接口和实现类

练习题

1. 列表中基于索引的操作的前置条件是什么？
2. 基于位置操作的 insert 方法和基于索引操作的 insert 方法有什么不同？

9.3　列表的应用

列表可能是计算机科学里使用最为广泛的多项集。我们将在本节介绍 3 个使用了列表的重要应用：堆存储管理、磁盘文件管理以及其他多项集的实现。

9.3.1　堆存储管理

在第 7 章里，我们介绍了 Python 的内存管理里的"调用栈"。接下来，我们将介绍对象堆（第 7 章里也介绍过）里是如何通过链接列表来管理可用空间的。前文提到，对象堆是

Python 虚拟机为所有新的数据对象分配的各种大小内存段的内存区域。当某个对象不再被程序引用时，Python 虚拟机（PVM）会把这个对象的内存片段返回给堆来让其他对象使用。堆管理方案会对应用程序的整体性能产生重大影响，尤其是当应用程序在执行过程中创建并废弃许多对象的情况下。因此，PVM 的实现者会花费大量的精力来以最有效的方式组织堆。他们精心设计的解决方案超出了本书的范围，我们只在这里给出一个简化方案。

在这个简化方案里，堆上连续的可用空间块被链接在一个空闲列表中。当应用程序实例化新对象时，PVM 会在空闲列表里搜索足够容纳这个对象的第一个内存块。当不再需要这个对象时，垃圾回收器会把这个对象的内存空间返回到空闲列表。

这个方案有两个缺陷。首先，随着时间的流逝，空闲列表里的大块空间被分割成许多较小的块；其次，在空闲列表里会搜索到一个足够大的块需要 O(n)的运行时，其中 n 是列表里的块数。为了防止碎片化，垃圾回收器会定期通过合并相邻的内存块来重新组织空闲列表。为了减少搜索时间，你也可以使用多个空闲列表。比如，如果一个对象引用需要 4字节，那么列表 1 可以包含大小为 4 的内存块，列表 2 可以包含大小为 8 的内存块，列表 3包含大小为 16 的内存块，列表 4 包含大小为 32 的内存块，以此类推。最后一个列表包含所有大于某些指定大小的块。

在这个方案里，总是以 4 字节为单位来分配空间，并且从包含足够大的内存块的第一个非空列表的开头取得用于新对象的空间。因为从列表的开头执行访问和删除操作的复杂度是 O(1)，因此现在为新对象分配空间只需要 O(1)的时间，除非这个对象所需要的空间比最后一个列表里的第一个内存块里的可用空间更大。在这种情况下，你必须对最后一个列表进行搜索，而这个操作的最大运行时为 O(n)，其中 n 是最后一个列表的大小。

刚才为了简化对这部分内容的讨论，我们忽略了两个问题。第一个问题是如何确定应该在什么时候运行垃圾回收器。运行垃圾回收器会在应用程序上耗费时间，但如果不运行，也就意味着永远都不去补充空闲列表。第二个问题涉及垃圾回收器如何标识不再被引用的对象，也就是那些不再需要的对象。（这些问题的解决方案不在本书的讨论范围之内。）

9.3.2　磁盘文件管理

计算机文件系统有 3 个主要组成部分：文件目录、文件本身和可用空间。要了解它们是如何共同创建文件系统的，应该先了解磁盘的物理格式。图 9-4 展示了磁盘的物理格式的标准排列。磁盘的表面被分为同心的磁道，每个磁道又被细分为扇区。这些磁道的数量取决于磁盘的容量以及它的物理尺寸。但是，所有磁道包含相同数量的扇区，并且所有扇区包含相同数量的字节。为了便于讨论，假设一个扇区包含 8 KB 的数据以及为指针保留的一些其他字节。扇区是在磁盘里转移信息的最小单位，无论它的实际大小如何，可以用一对数字(t, s)来指定磁盘上扇区的位置，其中 t 是磁道号，而 s 是扇区号。图 9-4 展示了有 n 个磁道的磁盘，其中磁道 0 里的 k 个扇区分别被标记为 0～$k-1$[①]。

---

① 原文里描述的是旧式非分区记录的磁盘记录方式，因此不同磁道的扇区数都是一样的；而在新式分区记录的磁盘记录方式里，不同磁道的扇区数是不同的。——译者注

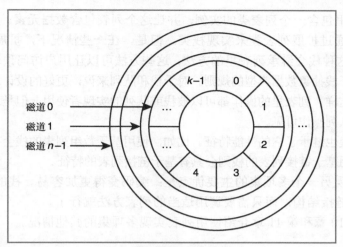

图 9-4 磁盘表面的磁道和扇区

文件系统的目录可以组织成一个分层多项集。在这里并不需要详细介绍这个结构。可以假设目录占据了磁盘上的前几个磁道，并且目录里的每一个条目都代表一个文件。这些条目包含文件的名称、创建日期、大小等。此外，它还保存包含文件第一个字节的扇区地址。根据文件的大小，文件可能会被完全包含在一个扇区里，也可能跨越多个扇区。通常来说，存放文件内容的最后一个扇区只会被部分填充，而且不会尝试使用这个扇区里还未使用的空间。组成文件的扇区不需要在物理上相邻，这是因为除了最后一个扇区，其他每个扇区都会以包含文件下一部分扇区的指针作为结尾。那些没有使用的扇区在空闲列表里链接在一起。创建新文件时，将会从这个列表里分配相应的空间。在删除旧文件时，它们的空间将会返回到列表里。

由于所有扇区的大小是相同的，而且在扇区里分配了空间，因此文件系统不会有 Python 对象堆遇到的碎片化问题。尽管如此，这里仍然还是存在一些困难的。为了向磁盘传输数据或从磁盘中读取数据，我们必须要先把读/写磁头放置在正确的磁道上，然后磁盘进行旋转从而让所需的扇区位于磁头之下，最后才能进行数据传输。而在这 3 个步骤中，数据传输花费的时间最少。幸运的是，磁盘在单次旋转时，可以直接把数据写入多个相邻的扇区或从多个相邻的扇区中读取数据，而不用再重新定位磁头。因此，当一个多扇区文件没有分散在磁盘上时，磁盘系统的性能将会得到优化。但是，随着时间的流逝和不同大小的文件的创建和销毁，这种多扇区文件被分散的现象会变得越来越普遍，因此文件系统的性能也会逐渐下降。为了应对这个问题，文件系统会包括一个辅助程序，这个辅助程序可以自动运行，也可以根据用户的需求直接运行。它会重新组织文件系统，从而让每个文件里的扇区都相互连续，并且使其物理和逻辑顺序相同。

9.3.3 其他多项集的实现

列表经常用来实现其他一些多项集，例如栈和队列。通常有两种方法可以实现新的多项集。

● 扩展列表类，以使新类成为列表类的子类。

● 在新类里包含一个列表类的实例，并让这个列表包含数据元素。

比如，可以通过扩展列表类来实现栈类。但是，在一些情况下，扩展列表类并不是很好的选择。因为这种栈会继承列表里的方法，这些方法可以让用户访问顶端以外其他位置的元素，从而违反了栈抽象数据类型的规则。对于栈和队列来说，更好的设计思路是把列表包含在栈或队列里。这样，列表里的操作都可以被栈或队列的实现者使用，但是对它的用户来说，只有基本的栈或队列操作可见。

列表的多项集也继承了它的性能特征。比如，使用基于数组列表的栈会有基于数组列表的性能特征，而使用基于链接列表的栈则会具有基于链接列表的特征。

使用列表实现另一个多项集的主要优点是：编码变得更加容易。栈的实现者不用再调用具体的数组或链接结构，而只需要调用适当的列表方法就行了。

我们将在第 10 章和第 11 章介绍使用列表实现多项集的其他情况。

9.4　列表的实现

在本章的前面，我们提到了实现列表的两种常见数据结构：数组和链接结构。我们将在本节介绍列表基于数组的实现和基于链接的实现。

9.4.1　AbstractList 类的作用

关于列表的实现，我们还是遵循第 6～8 章里讨论包、栈和队列类时建立的模式，不是从头开始，而是每个具体的列表类都来自一个名为 AbstractList 的抽象类。因为这个类是 AbstractCollection 的子类，所以列表类也继承了常用的多项集方法以及变量 self.size。那么能在 AbstractList 里包含一些列表的其他方法，从而减少在实体类里定义方法的数量吗？

答案是"当然可以"。回想一下，基于内容操作的 index 方法是对指定元素的位置进行搜索。由于搜索可以使用简单的 for 循环来完成，因此可以在 AbstractList 里定义这个方法。基于内容操作的 remove 和 add 方法，在调用 index 方法得到元素的位置之后，就可以分别调用基于索引操作里的 pop 或 insert 方法来删除或添加元素。因此，也可以在 AbstractList 里定义这两个基于内容的操作。

除了这些方法，AbstractList 类还会维护一个被称为 self.modCount 的新的实例变量。列表迭代器使用这个变量对某些方法的前置条件进行验证。这部分内容将会在本章稍后部分讨论。下面是 AbstractList 类的代码。

```
"""
File: abstractlist.py
Author: Ken Lambert
"""

from abstractcollection import AbstractCollection

class AbstractList(AbstractCollection):
    """An abstract list implementation."""
```

```python
    def __init__(self, sourceCollection):
        """Maintains a count of modifications to the list."""
        self.modCount = 0
        AbstractCollection.__init__(self, sourceCollection)

    def getModCount(self):
        """Returns the count of modifications to the list."""
        return self.modCount

    def incModCount(self):
        """Increments the count of modifications
        To the list."""
        self.modCount += 1

    def index(self, item):
        """Precondition: item is in the list.
        Returns the position of item.
        Raises: ValueError if the item is not in the list."""
        position = 0
        for data in self:
            if data == item:
                return position
            else:
                position += 1
        if position == len(self):
            raise ValueError(str(item) + " not in list.")

    def add(self, item):
        """Adds the item to the end of the list."""
        self.insert(len(self), item)

    def remove(self, item):
        """Precondition: item is in self.
        Raises: ValueError if item in not in self.
        Postcondition: item is removed from self."""
        position = self.index(item)
        self.pop(position)
```

9.4.2 基于数组的实现

列表接口中基于数组的实现是一个名为 ArrayList 的类。ArrayList 通过在第 4 章里介绍的 Array 类的实例来维护它的数据元素。ArrayList 里有初始的默认容量，这个容量会在需要的时候自动增加。

因为 ArrayList 类是 AbstractList 的子类，所以在这个类里只定义了基于索引的操作、__iter__ 方法和 listIterator 方法。

基于索引操作里的 __getitem__ 和 __setitem__ 方法使用数组变量 self.item 里的下标运算符。insert 和 pop 方法会用第 4 章里介绍的方式来移动数组里的元素。有关 ArrayListIterator 类的讨论会在本章的后面进行。下面是 ArrayList 类的代码。

```
"""
File: arraylist.py
Author: Ken Lambert
"""
```

```python
from arrays import Array
from abstractlist import AbstractList
from arraylistiterator import ArrayListIterator
class ArrayList(AbstractList):
    """An array-based list implementation."""

    DEFAULT_CAPACITY = 10

    def __init__(self, sourceCollection = None):
        """Sets the initial state of self, which includes the
        contents of sourceCollection, if it's present."""
        self.items = Array(ArrayList.DEFAULT_CAPACITY)
        AbstractList.__init__(self, sourceCollection)

    # Accessor methods
    def __iter__(self):
        """Supports iteration over a view of self."""
        cursor = 0
        while cursor < len(self):
            yield self.items[cursor]
            cursor += 1

    def __getitem__(self, i):
        """Precondition: 0 <= i < len(self)
        Returns the item at position i.
        Raises: IndexError."""
        if i < 0 or i >= len(self):
            raise IndexError("List index out of range")
        return self.items[i]

    # Mutator methods
    def __setitem__(self, i, item):
        """Precondition: 0 <= i < len(self):
        Replaces the item at position i.
        Raises: IndexError."""
        if i < 0 or i >= len(self):
            raise IndexError("List index out of range")
        self.items[i] = item

    def insert(self, i, item):
        """Inserts the item at position i."""
        # Resize array here if necessary
        if i < 0: i = 0
        elif i > len(self): i = len(self)
        if i < len(self):
            for j in range(len(self), i, -1):
                self.items[j] = self.items[j - 1]
        self.items[i] = item
        self.size += 1
        self.incModCount()

    def pop(self, i = None):
        """Precondition: 0 <= i < len(self).
        Removes and returns the item at position i.
        If i is None, i is given a default of len(self) - 1.
```

```
        Raises: IndexError."""
        if i == None: i = len(self) - 1
        if i < 0 or i >= len(self):
            raise IndexError("List index out of range")
        item = self.items[i]
        for j in range(i, len(self) - 1):
            self.items[j] = self.items[j + 1]
        self.size -= 1
        self.incModCount()
        # Resize array here if necessary
        return item

    def listIterator(self):
        """Returns a list iterator."""
        return ArrayListIterator(self)
```

9.4.3 列表的链接实现

在本书前面章节里，我们使用链接结构实现了包、栈和队列。用于实现链接栈的单向链接结构（见第 7 章）只包含指向头部但不指向尾部的指针。但是对于链接列表而言，这不是一个很好的选择。因为在这种实现里，列表的 add 方法必须遍历整个节点序列才能找到列表的尾部。

用来实现链接队列的单向链接结构（见第 8 章）在这里能够更好地工作。由于在这个结构里，会有另一个指针指向结构的尾部，因此，列表的 add 方法可以把新元素直接放在链接结构的末尾，并在需要的时候对头部链接进行调整。

但是，要删除单向链接结构里最后一个位置的元素时，仍然需要从结构的头部遍历到最后一个节点之前的那个节点。因此，弹出最后一个元素的操作虽然在基于数组的列表里是常数时间的操作，但在链接列表里是线性时间的操作。此外，单向链接结构并不是一个支持列表迭代器的理想结构。列表迭代器允许游标往任意一个方向移动，但是单向链接结构只支持移动到下一个节点。这时可以通过使用双向链接结构来解决这些问题，在双向链接结构里，每个节点都有一个指向上一个节点的指针以及一个指向下一个节点的指针。

就像第 4 章里提到的那样，如果在结构的开头添加一个额外的节点，就可以简化操作双向链接结构所需的代码。这个节点被称为**哨兵节点**（sentinel node）或者虚拟头节点，它向前指向第一个数据节点，并且反向指向最后一个数据节点。额外的头指针将会指向这个哨兵节点。最终生成的结构类似于第 4 章里介绍的环状链接结构。哨兵节点不包含列表元素，并且当列表为空时仍然存在。图 9-5 展示了一个空的环状链接结构和包含一个数据元素的环状链接结构。

从图 9-5 可以看出，哨兵节点的下一个指针指向了第一个数据节点，而它指向前一个节点的指针指向了最后一个数据节点。因此，在实现里不再需要额外的尾指针。除此之外，在执行插入或删除第一个或最后一个数据节点的操作时，不用对实现里的头指针进行设置。

双向链接结构的基本构建块是一个具有两个指针的节点：next（指向右边）以及 previous（指向左边）。这种类型的节点被称为 TwoWayNode，是第 4 章里定义的 Node 类的子类。

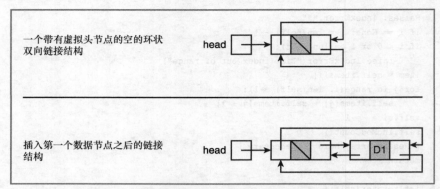

一个带有虚拟头节点的空的环状
双向链接结构

head

插入第一个数据节点之后的链接
结构

head   D1

图 9-5　两个带有哨兵节点的环状双向链接结构

下面这段代码显示了 LinkedList 类的初始化代码以及它的 __iter__ 方法。

```
"""
File: linkedlist.py
Author: Ken Lambert
"""

from node import TwoWayNode
from abstractlist import AbstractList

class LinkedList(AbstractList):
    """A link-based list implementation."""

    def __init__(self, sourceCollection = None):
        """Sets the initial state of self, which includes the
        contents of sourceCollection, if it's present."""
        # Uses a circular structure with a sentinel node
        self.head = TwoWayNode()
        self.head.previous = self.head.next = self.head
        AbstractList.__init__(self, sourceCollection)

    # Accessor methods
    def __iter__(self):
        """Supports iteration over a view of self."""
        cursor = self.head.next
        while cursor != self.head:
            yield cursor.data
            cursor = cursor.next
```

可以看到，__init__ 方法会创建一个没有数据的节点（这就是哨兵节点）。但是 __iter__ 方法会把游标设置为头部节点的下一个节点（也就是包含数据的第一个节点，如果存在），而不是哨兵节点。当游标循环到头部节点时，迭代器的循环将终止。

剩下还没有开发的是一些基于索引的方法：__getitem__、__setitem__、insert 和 pop。这些方法都必须从头部节点之后的节点开始，在链接结构里不断遍历，直至到达第 i 个节点。这时就可以返回或修改（__getitem__ 或 __setitem__）在这个节点里的数据，或者把这个节点删除（pop），或者在这个节点之前插入（insert）一个新节点。因为搜索第 i 个节点是 4 个方法都必须要执行的操作，所以可以有一个名为 getNode 的辅助方法。这个方法以目标节点的索引位置作为参数，返回指向第 i 个节点的指针。然后，这 4 个方法就可以使用这个指针来相应地操控链接结构了。

下面是 getNode、__setitem__ 和 insert 方法的代码，其他方法作为练习留给你。

```python
# Helper method returns node at position i
def getNode(self, i):
    """Helper method: returns a pointer to the node
    at position i."""
    if i == len(self):        # Constant-time access to head node
        return self.head
    if i == len(self) - 1:       # or last data node
        return self.head.previous
    probe = self.head.next
    while i > 0:
        probe = probe.next
        i -= 1
    return probe

# Mutator methods
def __setitem__(self, i, item):
    """Precondition: 0 <=i < len(self)
    Replaces the item at position i.
    Raises: IndexError."""
    if i < 0 or i >= len(self):
        raise IndexError("List index out of range")
    self.getNode(i).data = item

def insert(self, i, item):
    """Inserts the item at position i."""
    if i < 0: i = 0
    elif i > len(self): i = len(self)
    theNode = self.getNode(i)
    newNode = TwoWayNode(item, theNode.previous, theNode)
    theNode.previous.next = newNode
    theNode.previous = newNode
    self.size += 1
    self.incModCount()
```

可以看到，在__setitem__ 和 insert 方法里都使用了 getNode 方法。所有这些方法都在调用 getNode 定位节点之前，保证这个索引值在范围之内。除此之外，由于链接结构包含了一个哨兵节点，因此 insert 方法不用再处理在结构的开头和末尾进行插入的特殊情况。

9.4.4 两种实现的时间和空间复杂度分析

对列表方法的运行时进行分析和在第 4 章里对数组和链接结构进行的分析是类似的。在访问和替换这些方法里，不同的实现所带来的性能差异最为明显的方法是__getitem__ 和__setitem__。在 ArrayList 里，这两个方法只要通过数组的下标操作就可以在常数时间内运行；而在 LinkedList 里，它们必须在链接结构里进行线性搜索才能找到第 i 个节点。

对于另外两个基于索引的操作——insert 和 pop 方法，虽然在不同的实现里运行时都是线性的，但是它们表现出了对时间和空间的不同权衡。ArrayList 方法只需要常数时间来定位目标元素的位置，但需要线性时间来移动元素以完成这两个过程。相反，LinkedList 方法需要线性时间来定位目标元素，但只需要常数时间就能插入或删除节点。

基于内容的 index 方法在两种实现里都是 O(*n*)的时间复杂度。基于内容的 remove 方法会先运行 index 方法，然后再执行 pop 方法。因此，在两种实现方式里，这个方法不会比线性时间更差。但是，在 LinkedList.pop 里会再次搜索元素的位置。可以通过在 LinkedList 里直接实现搜索过程，并使用 remove 方法来避免这种浪费。

add 方法（也被称为 insert 方法）的运行看起来是线性时间的。但是，当位置在列表的末尾或超出列表的末尾时，两种实现方式里的 insert 方法都能够以常数时间运行。因此，add 也是 O(1)的复杂度。

表 9-8 列出了列表方法的运行时复杂度。

表 9-8　　　　　　　　　　　　　　列表方法的运行时复杂度

列表方法	ArrayList	LinkedList
__getitem__(i)	O(1)	O(*n*)
__setitem__(i, item)	O(1)	O(*n*)
insert(i, item)	O(*n*)	O(*n*)
pop(i)	O(*n*)	O(*n*)
add(item)	O(1)	O(1)
remove(item)	O(*n*)	O(*n*)
index(item)	O(*n*)	O(*n*)

列表实现的空间分析过程和之前分析过的栈以及队列中的类似。使用数组实现至少需要包含下面这些元素。

* 可以容纳 capacity 大小的数组，其中 capacity≥*n*。
* 对数组的引用。
* 用来存放元素数量和修改次数的变量。

因此，数组实现需要的总内存至少为 capacity+3。

使用链接实现至少需要包含下面这些元素。

* *n*+1 个节点，其中每个节点包含 3 个引用。
* 对头部节点的引用。
* 用来存放元素数量和修改次数的变量。

因此，链接实现的总内存需求为 3*n*+6。

在比较两个实现的内存需求时，必须要记住的一点是，数组实现的空间利用率取决于负载因子。当负载因子高于 1/3 时，数组实现会比链接实现更为有效地使用内存；当负载因子低于 1/3 时，数组对内存的使用效率更低。

练习题

1. 在实现包、栈和队列时，哪种列表实现更好？
2. 有人建议 ArrayList 应该是 ArrayBag 的子类，而 LinkedList 应该是 LinkedBag

的子类。试讨论这个建议的优缺点。

9.5　实现列表迭代器

前文提到，列表迭代器是附加在列表上的对象，它赋予列表基于位置进行操作的能力。表 9-4 和表 9-5 里列出的这些操作能够让程序员通过移动游标查看和修改列表。在本节里，我们将为基于数组的列表开发一个列表迭代器，而把为基于链接的列表开发列表迭代器的任务作为练习留给你。

9.5.1　列表迭代器的角色和职责

当程序员在列表上运行 listIterator 方法时，这个方法会返回列表迭代器类的一个新实例。列表迭代器对象取决于它所关联的列表，因为它需要访问列表来对元素执行查找、替换、插入以及删除操作。所以，列表迭代器在创建的时候会维护一个对创建它的列表（也就是后备存储）的引用。

除了支持基本的操作，列表迭代器还要对前置条件进行验证。这些前置条件有 3 个。

● 如果 hasNext 或 hasPrevious 操作返回 False，那么程序员不能执行 next 或 previous 操作。

● 程序员不能在列表迭代器上连续地运行变异器方法，在每次操作变异器方法之前，都需要执行 next 或 previous 操作来创建游标的位置。

● 程序员在使用列表迭代器时，不能使用列表的变异器方法对列表自身执行变异操作。

为了能够更好地对这些前置条件进行验证，列表迭代器里维护了两个额外的变量。第一个变量用来记录自己的修改计数。创建列表迭代器时，这个变量将被设置为列表里修改计数的值，这样列表和列表迭代器就都知道自己进行了多少次修改。当运行列表自身的变异器时，会增加列表的修改计数变量，从而对列表的修改次数进行记录。当在列表迭代器上运行某些方法（如 next 或 previous）时，列表迭代器会把自身的修改计数与列表的修改计数加以比较。如果两个值不同，那么就是有人在上下文里错误地运行了列表的变异器，这时就会引发异常。在通过列表迭代器的方法改变列表时，列表迭代器也会增加自身的修改计数，让这两个修改计数值保持一致。

第二个辅助变量用来追踪列表迭代器在列表上可以执行变异的位置。在基于数组的实现里，在还没有建立位置时，这个变量的值是–1。当程序员在列表迭代器上成功执行了 next 或 previous 操作时，这个变量的值就会成为列表的索引。因此，在列表迭代器里执行 insert 和 remove 等变异器方法时，可以通过检查这个变量来验证前置条件，并且在成功修改了列表之后，把这个变量重置为–1。

9.5.2　设置和实例化列表迭代器类

基于数组的列表迭代器类被称为 ArrayListIterator。这个类包含下面这些实例变量。

- self.backingStore——创建这个迭代器的列表。
- self.modCount——迭代器修改计数的变量。
- self.cursor——迭代器的导航方法（first、last、hasNext、next、hasPrevious 以及 previous）操控的游标位置。
- self.lastItemPos——用在迭代器的变异器方法 insert、remove 和 replace 里的游标位置。这个位置是通过执行 next 或 previous 方法而建立的，在运行 insert 或 remove 操作后这个变量将被重置为未定义。

回想一下，ArrayList 里的 listIterator 方法在列表迭代器的实例化过程中把后备存储（self）传递给它。这样，列表迭代器就可以在这个对象上运行列表里的方法并对它进行修改了。下面是 ArrayListIterator 类里关于这部分的代码。

```
"""
File: arraylistiterator.py
Author: Ken Lambert
"""

class ArrayListIterator(object):
    """Represents the list iterator for an array list."""

    def __init__(self, backingStore):
        """Set the initial state of the list iterator."""
        self.backingStore = backingStore
        self.modCount = backingStore.getModCount()
        self.first()

    def first(self):
        """Resets the cursor to the beginning
        of the backing store."""
        self.cursor = 0
        self.lastItemPos = -1
```

9.5.3　列表迭代器里的导航方法

在基于数组的列表里，导航方法 hasNext 和 next 可以在游标从前往后移动的情况下使用。这个游标的初始值是 0，并且当程序员在列表迭代器上运行了 first 方法后会被重置为 0。只要游标小于后备存储的长度，hasNext 方法将一直返回 True。

为了将游标向前移动，next 方法必须先验证两个前置条件，再从后备存储里返回元素。一个前置条件是，方法 hasNext 必须返回 True。另一个前置条件是，两个修改计数（一个属于列表迭代器，另一个属于后备存储）必须相等。如果它们不相等，就意味着有人使用了列表操作或连续使用列表迭代器里的变异器方法修改了后备存储。如果一切顺利，那么 next 方法就会把 self.lastItemPos 设置为和 self.cursor 相同的值，将后者加 1，然后返回在后备存储里 self.lastItemPos 这个位置上的元素。下面是这两个方法的代码。

```
def hasNext(self):
    """Returns True if the iterator has
    a next item or False otherwise."""
```

```
        return self.cursor < len(self.backingStore)

    def next(self):
        """Preconditions: hasNext returns True.
        The list has not been modified except by this
        iterator's mutators.
        Returns the current item and advances the cursor.
        to the next item."""
        if not self.hasNext():
            raise ValueError("No next item in list iterator")
        if self.modCount != self.backingStore.getModCount():
            raise AttributeError(
                "Illegal modification of backing store")
        self.lastItemPos = self.cursor
        self.cursor += 1
        return self.backingStore[self.lastItemPos]
```

在基于数组的列表里，last、hasPrevious 和 previous 可以在游标从后往前移动的情况下使用。last 方法会把游标的位置设置为列表里最后一个元素的右侧，这个位置等于列表的长度。如果游标位置大于 0，那么 hasPrevious 方法将会返回 True。previous 方法将会查看和 next 方法类似的两个前置条件。不同的是，它会把 self.lastItemPos 设置为和 self.cursor 具有相同的值，把游标减 1 后返回在后备存储里 self.lastItemPos 这个位置上的元素。下面是这 3 个方法的代码。

```
    def last(self):
        """Moves the cursor to the end of the backing store."""
        self.cursor = len(self.backingStore)
        self.lastItemPos = -1

    def hasPrevious(self):
        """Returns True if the iterator has a
        previous item or False otherwise."""
        return self.cursor > 0

    def previous(self):
        """Preconditions: hasPrevious returns True.
        The list has not been modified except
        by this iterator's mutators.
        Returns the current item and moves
        the cursor to the previous item."""
        if not self.hasPrevious():
            raise ValueError("No previous item in list iterator")
        if self.modCount != self.backingStore.getModCount():
            raise AttributeError(
                "Illegal modification of backing store")
        self.cursor -= 1
        self.lastItemPos = self.cursor
        return self.backingStore[self.lastItemPos]
```

9.5.4 列表迭代器里的变异器方法

变异器方法 remove 和 replace 要验证两个前置条件。一个是，必须已经建立游标，这也就意味着变量 self.lastItemPos 的值不能是-1；另一个是，两个修改计数必须相等。insert 方法只会查看修改计数相等这个前置条件。这些方法用来完成下面这些任务。

- replace 方法的任务最为简单，替换在后备存储里当前位置上的元素，并把 self.lastItemPos 重置为–1。在执行替换操作期间，列表迭代器的修改计数不会增加。
- 如果游标已经被定义了，那么 insert 方法可以把元素插入后备存储的当前位置，并把 self.lastItemPos 重置为–1；否则，这个元素将被添加到后备存储的末尾。无论是哪种情况，列表迭代器的修改计数都会增加。
- remove 方法能够在后备存储的当前位置处弹出元素，并把列表迭代器的修改计数加 1。如果 self.lastItemPos 小于 self.cursor，那么意味着 remove 是在 next 操作之后运行的，因此还需要把游标减 1。最后，self.lastItemPos 将会被重置为–1。

下面是这 3 个变异器方法的代码。

```python
def replace(self, item):
    """Preconditions: the current position is defined.
    The list has not been modified except by this
    iterator's mutators."""
    if self.lastItemPos == -1:
        raise AttributeError(
            "The current position is undefined.")
    if self.modCount != self.backingStore.getModCount():
        raise AttributeError(
            "List has been modified illegally.")
    self.backingStore[self.lastItemPos] = item
    self.lastItemPos = -1


def insert(self, item):
    """Preconditions:
    The list has not been modified except by this
    iterator's mutators."""
    if self.modCount != self.backingStore.getModCount():
        raise AttributeError(
            "List has been modified illegally.")
    if self.lastItemPos == -1:
    # Cursor not defined, so add item to end of list
        self.backingStore.add(item)
    else:
        self.backingStore.insert(self.lastItemPos, item)
    self.lastItemPos = -1
    self.modCount += 1


def remove(self):
    """Preconditions: the current position is defined.
    The list has not been modified except by this
    iterator's mutators."""
    if self.lastItemPos == -1:
        raise AttributeError(
            "The current position is undefined.")
    if self.modCount != self.backingStore.getModCount():
```

```
        raise AttributeError(
            "List has been modified illegally.")
item = self.backingStore.pop(self.lastItemPos)
# If the item removed was obtained via next,
# move cursor back
if self.lastItemPos < self.cursor:
        self.cursor -= 1
self.modCount += 1
self.lastItemPos = -1
```

9.5.5 设计链接列表的列表迭代器

对于链接列表，你也可以用刚刚描述的 `ArrayListIterator` 类。但是，列表迭代器的这个实现会在后备存储上运行基于索引的 `__getitem__` 和 `__setitem__` 方法，因此当这个后备存储为链接列表时，`next`、`previous` 和 `replace` 操作的运行时将是线性的。和基于数组的列表在这些操作里是常数时间的复杂度相比，这种性能损失是不可接受的。

在另一种实现方式里，你可以通过游标跟踪后备存储里链接结构的节点。导航方法通过把游标设置到下一个或上一个节点来调整游标。这些操作都是常数时间的操作，因此在链接列表里通过位置进行导航操作的效率，并不比在基于数组的列表里进行导航操作的效率低。直接访问后备存储的链接结构还可以在常数时间内执行插入、删除和替换元素的操作。请自行实现链接列表的列表迭代器。

9.5.6 列表迭代器实现的时间和空间复杂度分析

在列表迭代器的链接实现里所有方法的运行时都是 $O(1)$。仅这一点，就能让它明显胜过基于数组的实现，因为后者的 `insert` 和 `remove` 方法的复杂度都是 $O(n)$。

9.6 案例研究：开发有序列表

在这个案例研究中，我们将探讨如何开发一个非常有用的多项集类型有序列表。

9.6.1 案例需求

开发一个有序列表多项集。

9.6.2 案例分析

在第 6 章里开发有序包类时，我们把有序包类作为包类的子类，因为这两个类有相同的接口。那么有序列表和普通列表是不是也拥有相同的接口呢？如果答案为"是"，那么在设计和实现过程中就会使用和开发与有序包类似的方法。

遗憾的是，这个答案应该为"不是"。有序列表的确包含了普通列表里的大多数方法，但是有两点不同。insert 和 __setitem__ 方法会把元素放置在列表的指定位置。但是，不能让程序员把元素放在有序列表里的任意位置。如果允许这样的操作，程序员就可以把较大的元素放在较小的元素之前，反之亦然。因此，必须在有序列表的接口里移除这两个方法。

对于在列表里放置元素这种限制，同样会影响到列表迭代器在有序列表上的接口。程序员应该能够像以前一样访问和删除元素，但是不能使用有序列表上的列表迭代器执行插入或替换操作。

有序列表里方法 add 和 index 的行为方式会和普通列表中的有所不同。在这里，add 方法将先搜索适当的位置，再把这个元素插入列表里。现在列表是有序的，因此可以通过对指定元素进行二分搜索来找到 index 操作。

除此之外，我们可以假设会使用标准比较运算符来对元素加以比较。因此，可以插入有序列表里的类都应该包括 __le__ 和 __gt__ 方法。

表 9-9 汇总了名为 ListedListInterface 的有序列表接口里的各项操作[①]。

表 9-9　　　　　　　　　　　　　　　有序列表的操作

有序列表的方法	功能
L.add(item)	把 item 插入到 L 的合适位置
L.remove(item)	把 item 从 L 里删除 前置条件：item 要在 L 里
L.index(item)	返回 L 里第一个 item 实例的位置 前置条件：item 要在 L 里
L.__getitem__(i)	从 L 的位置 i 处返回元素 前置条件：$0 \leqslant i < len(L)$
L.pop(i = None)	如果没有传递 i，那么删除并返回 L 中的最后一个元素； 否则，删除并返回在 L 中位置 i 处的元素 前置条件：$0 \leqslant i < len(L)$

9.6.3　案例设计

因为要支持二分搜索，所以我们只开发了基于数组的名为 ArraySortedList 的实现。

ArraySortedList 类不能是 ArrayList 类的子类，因为那样的话，ArraySortedList 会继承前面提到的两个未包含在内的方法，如图 9-6 所示。

当面对这些情况时，大多数关于程序设计的教科书会建议用这个父类的实例作为元素的容器。这种策略也就是让 ArrayList 成为一个在 ArraySortedList 对象内部存放

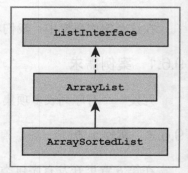

图 9-6　不应该使用基于数组的有序列表的实现策略

---

① 原文是 SortedListInterface，根据上下文，这里应该是 ListedListInterface。——译者注

数据的多项集类型，如图 9-7 所示。

遗憾的是，这个策略并没有像之前那样对代码进行重用。ArrayList 中的每个方法必须要在 ArraySortedList 里重新实现，而且两个类里因为都包含 size 变量，所以这两个变量中的一个会被浪费。

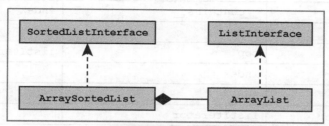

图 9-7　一个较好的基于数组的有序列表的实现策略

另一个更好的设计基于这样的思考：列表实际上是一个包含两个额外方法（insert 和 __setitem__）的有序列表。换句话说，列表接口是有序列表接口的扩展。因此，基于数组的列表类可以扩展基于数组的有序列表类。只需稍微花点时间，就可以把 ArrayList 变成 ArraySortedList 的子类来重构列表层次结构，如图 9-8 所示。

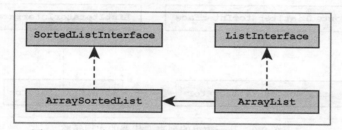

图 9-8　另一个更好的基于数组的有序列表的实现策略

在这种新的策略里，通过对 self.items 变量的引用可使 ArraySortedList 类维护数组。这个类还实现了基于索引的方法 pop 和 __getitem__，并且还包含从 AbstractList 类中继承的 add 和 index 方法。ArrayList 类将重写从 ArraySortedList 类里继承的 add 和 index 方法，并且包含另外两个基于索引的方法 insert 和 __setitem__，还会包含从祖先那里继承的其他方法。

ArraySortedList 类中还包含另一个额外的方法 __contains__ 方法。回想一下，当 Python 看到 in 运算符时，它会在第二个操作数的类里寻找 __contains__ 方法。如果这个方法不存在，那么 Python 会自动使用操作数的 for 循环来执行线性搜索。现在我们希望 Python 通过给定多项集的 index 方法执行搜索，因此必须要显式地包含 __contains__ 方法的实现。当目标元素不在列表里时，这个方法可以轻松地捕获由 index 方法引发的异常。表 9-10 展示了列表方法在实现类里的分布[1]。

---

[1] 原文里最后一句提到，在表 9-10 里，"会以阴影来显示只在某个类里定义的方法，ArrayList 里的 index 和 add 方法会直接调用在 AbstractList 类里定义的逻辑"。但是表格里并没有任何阴影，也没有任何 index 和 add 方法的特殊存在。因此这句话的翻译没有包含在正文里。——译者注

表 9-10   列表方法在实现类里的分布

AbstractList	ArraySortedList	ArrayList
getModCount	__iter__	__setitem__
incModCount	__getitem__	insert
remove	__contains__	index
index	clear	add
add	pop	listIterator
	index	
	add	
	listIterator	

可以使用类似的策略为基于数组的列表和基于数组的有序列表设计列表迭代器类。基于数组的列表迭代器类是基于数组的有序列表的列表迭代器类的子类。ArraySortedListIterator类包含所有的导航方法和 remove 方法，而它的子类 ArrayListIterator 类包含 insert和 replace 方法。这两个类之间的关系如图 9-9 所示。

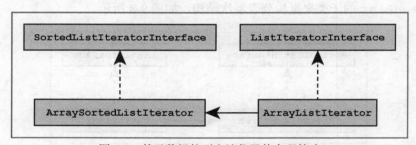

图 9-9 基于数组的列表迭代器的实现策略

9.6.4 案例实现（编码）

下面是重构之后的 ArrayList 类的代码。可以看到，它的 add 和 index 方法调用了AbstractList 里的相同方法，从而可以使用已经实现了的行为。除此之外，这个类包括了 insert、__setitem__ 和 listIterator 方法。

```
"""
File: arraylist.py
Author: Ken Lambert
"""

from arrays import Array
from abstractlist import AbstractList
from arraysortedlist import ArraySortedList
from arraylistiterator import ArrayListIterator

class ArrayList(ArraySortedList):
    """An array-based list implementation."""

    def __init__(self, sourceCollection = None):
```

```
        """Sets the initial state of self, which includes the
        contents of sourceCollection, if it's present."""
        ArraySortedList.__init__(self, sourceCollection)


    # Accessor methods
    def index(self, item):
        """Precondition: item is in the list.
        Returns the position of item.
        Raises: ValueError if the item is not in the list."""
        return AbstractList.index(self, item)


    # Mutator methods
    def __setitem__(self, i, item):
        """Precondition: 0 <= i < len(self)
        Replaces the item at position i.
        Raises: IndexError if i is out of range."""
        if i < 0 or i >= len(self):
            raise IndexError("List index out of range")
        self.items[i] = item

    def insert(self, i, item):
        """Inserts the item at position i."""
        # Resize the array here if necessary
        if i < 0: i = 0
        elif i > len(self): i = len(self)
        if i < len(self):
            for j in range(len(self), i, -1):
                self.items[j] = self.items[j - 1]
        self.items[i] = item
        self.size += 1
        self.incModCount()

    def add(self, item):
        """Adds item to self."""
        AbstractList.add(self, item)

    def listIterator(self):
        """Returns a list iterator."""
        return ArrayListIterator(self)
```

请自行实现 `ArraySortedList` 类的代码。

9.7 递归列表的处理

20 世纪 50 年代后期，计算机科学家约翰·麦卡锡（John McCarthy）开发出名为 Lisp 的编程语言，这是一种通用的符号信息处理语言。**Lisp** 这个称呼本身出自**列表处理器**（list processor）。在 Lisp 里，列表是基本的数据结构。Lisp 的列表是一种递归数据结构，Lisp 程序通常包含一组处理列表的递归函数。递归列表的处理后来成为软件开发的重要组成部分之一，被称为**函数式编程**（functional programming）。在本节里，我们将通过在 Python 里开发一个 Lisp 列表的变体来探索递归列表的处理。在此过程中，我们会介绍一些递归设计模式和一些函数式编程的基本概念[①]。

9.7.1 类 Lisp 列表的基本操作

类 Lisp 列表包含这样一个递归定义：列表为空或由两部分组成（数据元素后面跟着另一个列表）。这个递归定义的基本示例是空列表，而递归示例是包含另一个列表的结构。

可以根据这个递归定义描述任何的类 Lisp 列表。比如，只包含一个数据元素的列表后跟一个空列表。包含两个数据元素的列表有一个数据元素，其后是只包含一个数据元素的列表，以此类推。用这种方式描述列表的优势在于，它会非常自然地引出一些用于递归列表处理算法的设计模式。

类 Lisp 列表的用户会用 3 个基本的函数来检查列表。第一个函数叫作 isEmpty，如果它的参数为空列表，那么这个函数会返回 True；否则，返回 False。另外两个函数分别叫作 first 和 rest，它们用来访问非空列表的组成部分。first 函数会返回列表前端的数据元素；rest 函数则返回一个列表，这个列表包含除了第一个元素的其他数据元素。

想一想使用这些操作的例子。假设 lyst 引用一个包含元素 34、22 和 16 的列表，那么表 9-11 就展示了将这 3 个基本函数应用于 lyst 的结果。

表 9-11　　　　　　　　　将列表的基本函数用于包含 34、22 和 16 的列表

函数的应用程序	结果
isEmpty(lyst)	返回 False
first(lyst)	返回 34
rest(lyst)	返回一个包含 22 和 16 的列表
first(rest(lyst))	返回 22
first(rest(rest(lyst)))	返回 16
isEmpty(rest(rest(rest(lyst))))	返回 True
first(rest(rest(rest(lyst))))	引发错误（因为空列表里没有数据）

可以看到，只要 rest 的列表参数不是一个空列表，那么这个函数的嵌套调用就可以依次访问列表，从而得到给定的数据元素。表 9-11 里的最后一个应用程序展示了把函数 first 应用在空列表时会发生的情况。函数 first 和 rest 对于空列表来说是未定义的，因此在使用的时候会引发错误。

图 9-10 里的线框图描述了一个包含 34、22 和 16 的类 Lisp 列表的结构。第一个图例显示出了这个列表的结构，这和在第 4 章里介绍的单向链接结构有点类似。第二个图例展示了表 9-11 里 3 次连续调用 rest 函数所返回的列表。可以看到，随着在列表上不断地调用 rest，框起来的区域也越来越小。但是，在这个递归结构里每个区域都包含一个列表，即

---

① 根据维基百科的解释，Lisp 这个名字其实出自于列表处理器（list processor）的缩写，而不是原文里写的列表处理（list processing）。
　　——译者注

使它是空列表。

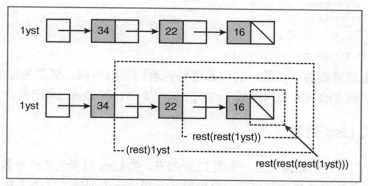

图 9-10 包含 34、22 和 16 的类 Lisp 列表

9.7.2 类 Lisp 列表的递归遍历

基于类 Lisp 列表的递归定义以及它的基本访问器操作，现在我们可以定义一些递归函数来遍历列表。函数 contains 将在列表里搜索指定的元素。这个函数会接收的参数包含一个目标元素和一个列表，并且会返回 True 或 False。如果列表为空，那么说明已经用完了所有元素，这个函数会返回 False。如果目标元素等于列表里的第一个元素，那么这个函数会返回 True；否则，可以通过继续使用 contains 来递归地搜索列表的其余部分直至找到给定的元素为止。下面是这个函数的代码。

```
def contains(item, lyst):
    """Returns True if item is in lyst or
    False otherwise."""
    if isEmpty(lyst):
        return False
    elif item == first(lyst):
        return True
    else:
        return contains(item, rest(lyst))
```

基于索引的函数 get 会返回给定列表的第 i 个元素。假设索引参数的范围为 0～lyst 参数的长度减 1。这个函数会在列表里不断前进，并且对给定的索引不断递减直到为 0。当索引是 0 时，这个函数会返回目前列表里的第一个元素。这个函数的每次递归调用不仅会减少索引，还会前进到列表的其余部分。get 函数的定义如下。

```
def get(index, lyst):
    """Returns the item at position index in lyst.
    Precondition: 0 <= index < length(lyst)"""
    if index == 0:
        return first(lyst)
    else:
        return get(index - 1, rest(lyst))
```

虽然 get 函数的前置条件需要知道列表的长度，但是还不知道它的值。类 Lisp 列表长度的定义可以递归地声明。如果列表为空，那么它的长度为 0；否则，列表的长度是第一个元素之后的列表长度加 1。下面是递归函数 length 的代码。

```
def length(lyst):
    """Returns the number of items in lyst."""
    if isEmpty(lyst):
        return 0
    else:
        return 1 + length(rest(lyst))
```

这些遍历里最重要的一点是，它们都遵循列表的递归结构。更多的递归列表处理函数可以简单地根据基本的列表访问函数 isEmpty、first 和 rest 来定义。

9.7.3　创建类 Lisp 列表

接下来，我们将介绍如何创建一个类 Lisp 列表。类 Lisp 列表包含一个名为 cons 的基本构造函数。这个函数需要两个参数：一个数据元素和另一个列表。这个函数会生成并返回一个新列表，这个新列表的第一个元素是这个函数的第一个参数，其他元素包含在这个函数的第二个参数里。函数 cons、first 和 rest 之间的关系可以用下面这个方程组来表示。

```
first(cons(A, B)) == A
rest(cons(A, B)) == B
```

如果 cons 函数使用一个数据元素和另一个列表构建出一个新列表，那么如何得到这个参数里的另一个列表呢？一开始，这显然是一个空列表。类 Lisp 列表资源通常会包含一个常量，以代表列表的这种特殊情况。在后面的例子里，符号 THE_EMPTY_LIST 用来引用这个常量。表 9-12 给出了一些列表示例以及它们的构造方式。

表 9-12　　　　　　　　　　　　使用 cons 创建列表

函数的应用程序或变量引用	结果列表
THE_EMPTY_LIST	一个空列表
cons(22, THE_EMPTY_LIST)	一个包含 22 的列表
cons(11, cons(22, THE_EMPTY_LIST))	一个包含 11 和 22 的列表

可以看到，包含多个数据元素的列表是由 cons 函数的不断调用而构建的。

利用这个信息定义一个叫作 buildRange 的新递归函数，这个函数会返回一个包含一系列连续数字的列表。这些连续数字的范围由函数的参数来决定。比如，调用 buildRange(1, 5) 会返回一个包含 1、2、3、4 和 5 的列表，而调用 buildRange(10, 10) 则会返回只包含 10 的一个列表。也就是说，如果范围的两端相等，buildRange 返回只包含这个范围值的列表；否则，buildRange 返回这样一个列表——它的第一个元素是范围的下限，而其他元素则包含在一个列表里，列表的范围为下限加 1 到上限。下面是 buildRange 的代码。

```
def buildRange(lower, upper):
    """Returns a list containing the numbers from
    lower through upper.
    Precondition: lower <= upper"""
    if lower == upper:
        return cons(lower, THE_EMPTY_LIST)
    else:
        return cons(lower, buildRange(lower + 1, upper))
```

这个功能实际上会在 lower 到 upper 间进行计数。在这种情况下，这个函数返回一个包含 upper 的列表。[①]而返回的列表会成为第二次调用 cons 函数时的第二个参数，并且在第二次调用 cons 函数时第一个参数会比返回列表里的第一个元素要小。随着递归的结束，连续的 cons 调用会以适当的顺序把其他数字依次添加到列表的开头。图 9-11 展示了调用 buildRange 函数来构建包含 4 个数字的列表的过程。上面 4 行里的数字对代表着新调用 buildRange 的参数。每次调用所返回的列表在下面 4 行里。

图 9-11　调用 buildRange 递归构建一个列表的步骤

刚刚讨论的这个函数的递归模式可以在许多其他列表处理函数里找到。比如，要删除列表里第 *i* 个位置元素的问题。如果这个位置是在开头（0），那么返回列表的其余部分；否则，会返回一个用第一个元素以及列表的其余部分构建出的列表，其中其余部分的列表将会删除当前位置减 1 处的元素。就像前面讨论过的 get 函数那样，remove 也会对索引进行递减，并且在每次递归调用时访问列表的其余部分。下面是 remove 函数的代码。

```
def remove(index, lyst):
    """Returns a list with the item at index removed.
    Precondition: 0 <= index < length(lyst)"""
    if index == 0:
        return rest(lyst)
    else:
        return cons(first(lyst),
                    remove(index - 1, rest(lyst)))
```

9.7.4　类 Lisp 列表的内部结构

如图 9-10 所示，类 Lisp 列表的内部结构类似于第 4 章介绍的单向链接结构。这个结构是由一系列节点组成的，其中每个节点都包含一个名为 data 的数据元素以及指向下一个节点的名为 next 的链接。最后一个节点里的 next 链接是 None。如果把符号 THE_EMPTY_LIST 定义为 None，那么可以直接使用第 4 章里的 Node 类来表示类 Lisp 列表里的节点。4 个基本的列表函数的定义非常简单，如以下代码所示。

```
"""
File: lisplist.py
Data and basic operations for Lisp-like lists.
"""

from node import Node

THE_EMPTY_LIST = None

def isEmpty(lyst):
    """Returns True if lyst is empty or False otherwise."""
    return lyst is THE_EMPTY_LIST

def first(lyst):
    """Returns the item at the head of lyst.
    Precondition: lyst is not empty."""
```

① 在原文里，第二句话是"在这种情况下，这个函数将会返回一个包含 lower 的列表"。根据上下文，应该是"返回一个包含 upper 的列表"。——译者注

```
    return lyst.data

def rest(lyst):
    """Returns a list of the items after the head of lyst.
    Precondition: lyst is not empty."""
    return lyst.next

def cons(data, lyst):
    """Returns a list whose head is item and whose tail
    is lyst."""
    return Node(data, lyst)
```

这里最重要的一点是，类 Lisp 列表是一种抽象数据类型（ADT），其中包含了以上 4 个基本函数以及空列表中的常量。用户在使用这个 ADT 时，并不需要了解节点、链接或指针的任何知识。

9.7.5 使用__repr__在 IDLE 里输出类 Lisp 列表

Lisp 列表在 Lisp 解释器里会以文字的方式进行输出。这个显示方式和 Python 的列表类似，但是使用的是圆括号而不是方括号，并且省略了元素之间的逗号。空列表将会被打印为 nil 这样的特殊符号。程序员可以很方便地在 IDLE 的 Shell 程序里看到以这种格式输出的类 Lisp 列表，如下所示。

```
>>> cons(22, (cons 33, THE_EMPTY_LIST))
(22 33)
>>> rest(cons(22, (cons 33, THE_EMPTY_LIST)))
(33)
>>> THE_EMPTY_LIST
None
>>> rest(rest(cons(22, (cons 33, THE_EMPTY_LIST))))
None
```

为了能够完成这样的操作，你可以在 Node 类里添加一个名为 __repr__ 的方法。当 Python 发现需要在 IDLE 的 Shell 窗口上显示相应的值时，它会在值的类里寻找这个方法。如果在 Node 类里包含了这个方法，那么可以构建并返回一个字符串，这个字符串将会包含用括号括起来的整个节点序列的数据。下面是包含了这个方法的 Node 类的代码。

```
class Node(object):
    """Represents a singly linked node."""

    def __init__(self, data, next = None):
        self.data = data
        self.next = next

    def __repr__(self):
        """Returns the string representation of a
        nonempty lisp list."""
        def buildString(lyst):
            if isEmpty(rest(lyst)):
                return str(first(lyst))
            else:
                return str(first(lyst)) + " " + buildString(rest(lyst))
        return "(" + buildString(self) + ")"
```

可以看到，__repr__ 方法里使用一个名为 buildString 的嵌套函数来遍历链接结构。递归策略包含了 isEmpty、first 和 rest 函数，因此现在需要在 lisplist 模块里包含 Node 类的定义。

9.7.6　列表和函数式编程

在定义的类 Lisp 列表里，一种有趣的状况是，它没有包含变异器操作。哪怕是刚开始开发的 remove 函数也不会改变列表参数的结构，只是返回一个没有第 i 个元素的新列表。下面这段代码通过删除列表 A 的第一个元素并把结果分配给列表 B 来说明这一点。

```
>>> A = buildRange(1, 3)
>>> print(A)
(1 2 3)
>>> B = remove(0, A)                # Remove the item at position 0
>>> print(B)
(2 3)
>>> print(A)                        # List referenced by A not changed
(1 2 3)
```

可以看到，这种行为并不像 Python 列表中的 pop 方法那样会改变调用它的列表对象。

实际上，列表 A 和 B 也共享数据结构，如图 9-12 所示。

如果在这些列表上有变异器操作，那么这种共享的结构会产生一些不可控的现象，因为对列表 A 的结构进行任何修改都会导致对列表 B 结构的更改。但是，在不能执行变异器操作时，共享结构是一个非常好的主意，因为它可以节省内存。

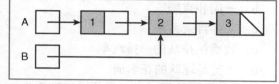

图 9-12　列表 A 和 B 所共享的结构

没有变异器的类 Lisp 列表非常适合名为**函数式编程**（functional programming）的软件开发风格。以这种风格编写的程序由一组协作函数组成，这些协作函数会把数据值转换为其他数据值。因此，如果需要更改数据结构，并不需要对它执行变异器操作，而应把它作为参数传递给函数。这个函数将构建并返回一个包含所需更改的数据结构。

这种编程风格的好处是，可以很容易地验证函数是否正常工作，因为它们对数据的影响都是透明的（没有隐藏的副作用）。

但是，禁止变异器操作的运行时成本可能会更高。比如，本章前面讨论的基于索引的 remove 方法并不需要额外的内存就可以从列表里删除元素。然而，要从类 Lisp 列表里删除位置 i 处的元素就需要额外的 $i-1$ 个节点。

在这些方面的权衡衍生出了一个老笑话：一个 Lisp 程序员知道程序里所有东西的值，但是不知道实现这些东西的代价（lisp programmers know the value of everything and the cost of nothing, Alan Perlis）。很明显，对于频繁执行插入和删除操作的大型数据库中的应用程序而言，支持变异器操作的基于对象的数据结构是一个更好的选择。但是，对于处理相对较短的符号信息列表来说，很少有像递归的类 Lisp 列表这样简单明了的数据结构。

9.8　章节总结

- 列表是一个线性多项集，能够让用户在任何位置插入、删除、访问和替换元素。
- 列表上的操作分为基于索引、基于内容或基于位置这 3 种。基于索引的操作允许访问指定整数索引处的元素；基于位置的操作允许用户移动游标来访问列表。

● 列表的实现可以基于数组也可以基于链接结构。与列表迭代器一起使用时，双向链接结构会比单向链接结构更方便、更快捷。

● 有序列表是一个元素始终按升序或降序排列的列表。

● 列表具有递归定义：它可以为空，或由一个数据元素和另一个列表组成。这样的列表递归结构支持各种各样的递归列表处理功能。

9.9　复习题

1. 列表的例子有（选择所有满足条件的选项）：
   a. 在结账台排队的顾客
   b. 一副扑克牌
   c. 文件目录系统
   d. 收费站排队的一排汽车
   e. 一支足球队的花名册

2. 在整数位置访问列表元素的操作被称为：
   a. 基于内容的操作
   b. 基于索引的操作
   c. 基于位置的操作

3. 移动游标来访问列表元素的操作被称为：
   a. 基于内容的操作
   b. 基于索引的操作
   c. 基于位置的操作

4. 在列表的链接实现中基于索引的操作的运行时是：
   a. 常数的
   b. 线性的

5. 在列表尾部之后插入元素的操作是：
   a. pop
   b. add

6. 在列表迭代器上与链接结构相关的大多数操作的运行时是：
   a. 常数的
   b. 线性的

7. 在基于数组的列表中 insert 和 remove 操作的运行时是：
   a. 常数的
   b. 线性的

8. 基于列表位置的操作 next 是：
   a. 没有前置条件的
   b. 有一个前置条件——hasNext 必须返回 True

9. 最好使用下面哪一个方法来实现链接列表：

   a. 单向链接结构

   b. 双向链接结构

10. 在基于数组的有序列表中索引操作应该用：

    a. 二分搜索

    b. 顺序搜索

9.10 编程项目

1. 完成本章里提到的链接列表实现所对应的列表迭代器。验证在违反前置条件时是否会引发异常。

2. 完成案例研究里讨论的基于数组的有序列表的实现。可以把有序列表的列表迭代器推迟到编程项目 3 里完成。

3. 使用案例研究里讨论的设计策略，完成基于数组的列表和基于数组的有序列表这两个列表迭代器。

4. 编写一个程序，将文件里的文本行插入列表中，并让用户查看文件里的任何文本行。这个程序应该显示一个选项菜单，以便让用户输入文件名并导航到第一行、最后一行、下一行以及上一行。

5. 为编程项目 4 中的程序添加更多的命令，以便让用户删除当前选择的行、把它替换为新行，或在当前游标位置处插入一行。除此之外，用户还应该能够保存当前文件。

6. 大多数文字处理器有一个叫作自动换行的功能，当达到合适的边距时，这个功能自动将用户的下一个单词移动到下一行。为了了解这个功能的工作原理，请编写一个程序。这个程序能够让用户重新格式化文件里的文本。用户会输入字符宽度，并输入要执行操作的输入和输出文件的名称。接下来，程序会把文件里的单词都输入一个子列表里。每个子列表都代表着需要输出到文件里的一行文本。在把单词输入到各个子列表的过程中，程序会记录这一行的长度，从而保证这个长度小于或等于用户指定的行边距。当所有的单词都被输入子列表之后，程序遍历这些列表，从而把它们的内容写入输出文件里。

7. 定义一个递归函数 insert，使之接收一个索引、一个元素以及一个类 Lisp 列表作为参数。这个函数会返回一个列表，其中在给定的索引位置处将元素插入。下面是其用法的一个例子。

```
>>> from lisplist import *
>>> lyst = buildRange(1, 5)
>>> lyst
(1 2 3 4 5)
>>> insert(2, 66, lyst)          # insert 66 at position 2
(1 2 66 3 4 5)
>>> lyst
(1 2 3 4 5)
```

8. 定义一个用来比较两个类 Lisp 列表的递归布尔函数 equals。如果两个列表都为空，或两个列表的长度相同，并且它们的第一个元素相等而其余的元素也相等，那么这两个列表就是相等的。

```
>>> from lisplist import *
>>> lyst = buildRange(1, 5)
>>> lyst
(1 2 3 4 5)
>>> equals(lyst, buildrange(1, 5))
True
>>> equals(lyst, buildrange(1, 4))
False
```

9. 定义一个递归函数 removeAll，使之接收一个元素和一个类 Lisp 列表作为参数。这个函数会返回一个删除这个元素的所有实例的类 Lisp 列表。（**提示**：如果这个元素等于列表的第一个元素，需要继续执行删除操作。）

```
>>> from lisplist import *
>>> lyst = cons(2, cons(2, (cons 3, THE_EMPTY_LIST)))
>>> lyst
(2 2 3)
>>> removeAll(2, lyst)
(3)
>>> removeAll(3, lyst)
(2 2)
```

10. 为类 Lisp 列表定义 lispMap 和 lispFilter 递归函数。它们的行为类似于 Python 中 map 和 filter 函数的行为，但是它们会返回一个列表作为结果。

```
>>> from lisplist import *
>>> lyst = buildRange(1, 4)
>>> lyst
(1 2 3 4)
>>> lispMap(lambda x: x ** 2, lyst)
(1 4 9 16)
>>> lispFilter(lambda x: x % 2 == 0, lyst)
(2 4)
>>> lispFilter(lambda x: x % 2 == 0,
               lispMap(lambda x: x ** 2, lyst))
(4 16)
```

第 10 章　树

在完成本章的学习之后，你能够：

● 描述树的功能；

● 描述树遍历算法的各种类型；

● 了解树的 3 种常见应用；

● 描述二叉查找树的功能及其操作与方式；

● 了解二叉查找树的 3 种常见应用；

● 描述表达式树的功能及其操作与方式；

● 在递归下降解析里使用表达式树；

● 描述堆的功能及其操作与方式；

● 对堆排序进行复杂度分析。

多项集的另一种主要类别在第 2 章里被称为**分层**（hierarchical），它由各种类型的树结构组成。大多数编程语言不会把树纳入标准类型。但是，树结构有非常广泛的应用。它们可以非常自然地表示文件目录结构或书的目录等对象的多项集。树还可以用来实现其他需要高效搜索操作的多项集，例如有序集合和有序字典，这些多项集需要在元素上添加某些优先级顺序的多项集（如优先队列）。本章将介绍让树成为非常有用的数据结构的相关属性，并探讨树在实现几种类型的多项集里的作用[①]。

10.1　树的概述

到目前为止，我们所研究的都是线性数据结构。其中，第一个元素之外的其他元素都有一个不同的前驱；最后一个元素之外的其他元素都有一个不同的后继。在树结构里，前驱和后继的这种关系被**父节点**（parent）和**子节点**（child）的关系所取代。

树有两个主要特征：其一，每个元素可以有多个子节点；其二，除了一个名为**根节点**（root）的特殊元素，其他元素都有且只有一个父节点。根节点没有父节点。

10.1.1　树的术语

树的术语是一种融合了生物学、家谱学以及几何学术语的特殊组合。表 10-1 给出了这些术语的简单介绍。图 10-1 展示了树及其一些属性。

---

① 在第 2 章里，分层多项集是第 2 种，而原文这里写的是第 3 种，因此翻译忽略了这一排序情况。——译者注

表 10-1　　　　　　　　　　　　　用来描述树的术语

术语	定义
节点（node）	存储在树里的元素
根节点（root）	树最上层的节点。唯一没有父节点的节点
子节点（child）	在某个给定节点的下方直接连接的节点。一个节点可以有多个子节点，并且它的子节点在查看的时候会按照从左到右的顺序进行组织。最左边的子节点称为第一个子节点，最右边的子节点称为最后一个子节点
父节点（parent）	在某个给定节点的上方直接连接的节点。一个节点只能有一个父节点
兄弟节点（siblings）	拥有共同父节点的一些子节点
叶节点（leaf）	没有子节点的节点
内部节点（interior node）	至少包含一个子节点的节点
边/分支/链接（edge/branch/link）	连接父节点和子节点的线
后代（descendant）	节点的子节点，子节点的子节点，以此类推，直到叶节点为止
祖先（ancestor）	节点的父节点，父节点的父节点，以此类推，直到根节点为止
路径（path）	连接节点和其中一个后代的一系列的边
路径长度（path length）	路径里边的数目
深度或层数（depth or level）	节点的深度或层数等于把它连接到根节点的路径长度。因此，根节点的深度或层数为 0。它的子节点的层数是 1，以此类推
高度（height）	树里最长路径的长度；换句话说，也是树里叶节点的最大层数
子树（subtree）	由一个节点和它的所有后代形成的树

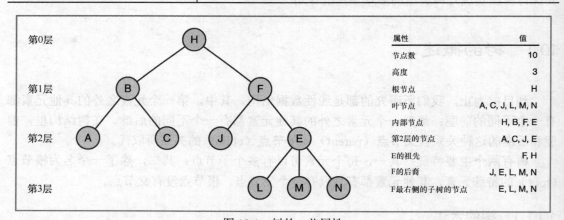

图 10-1　树的一些属性

可以看到，树的高度和它所包含的节点数是不同的。只包含一个节点的树的高度为 0，按照惯例，空树的高度为-1。

10.1.2　普通树和二叉树

图 10-1 所示的树有时称为**普通树**（general tree），故可以把它和**二叉树**（binary tree）

区分开来。在二叉树里，每个节点最多有两个子节点，即**左子节点**（left child）和**右子节点**（right child）。在二叉树里，如果一个节点只有一个子节点，仍然可以把它区分为左子节点或右子节点。因此，图 10-2 所示的是两棵树。如果把它们当作二叉树，那么就并不相同。但是若将其视为普通树，它们是相同的。

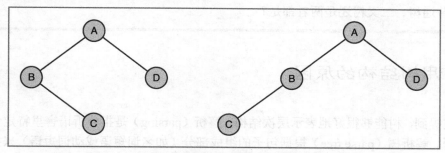

图 10-2　具有同样一组节点集的两个不相等的二叉树

10.1.3　树的递归定义

接下来，我们来看看普通树和二叉树更为正式的定义。通常来说，如果没有直观地理解所定义的概念，那么是无法理解正式定义的。但是，正式定义仍然很重要，因为它为进一步的讨论提供了更为精确的基础。因为对树的递归处理十分常见，所以对下面这两种树都有递归定义。

- **普通树**——普通树要么为空，要么就是由有限的一组节点 T 组成的。其中节点 r 和其他所有节点都不同，被称为根节点。除此之外，集合 $T-\{r\}$ 被分成了若干个不相交的子集，每个子集都是一棵普通树。
- **二叉树**——二叉树要么为空，要么就是由根节点加上左子树和右子树组成的，并且这些子树也都是二叉树。

练习题

请根据图 10-3 所示的这棵树来回答以下 6 个问题。

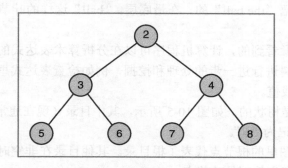

图 10-3　练习题用到的树

1．树里的叶节点有哪些？

2. 树里的内部节点有哪些？

3. 节点 7 的兄弟节点有哪些？

4. 树的高度是多少？

5. 第 2 层里有多少个节点？

6. 树是普通树、二叉树还是两者都是？

10.2 用树结构的原因

前文提到，树能够很好地表示层次结构。**解析**（parsing）是指分析语言里特定句子的语法的过程。**解析树**（parse tree）根据句子的组成部分（如名词短语或动词短语）来描述句子的句法结构。图 10-4 展示了句子"The girl hit the ball with a bat"的解析树。

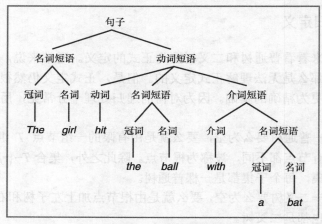

图 10-4 句子的解析树

这棵树的根节点被标记为"句子"，用来表示这个结构里最顶层的解析。它的两个子节点分别被标记为"名词短语"和"动词短语"，代表了这个句子的组成部分。标记为"介词短语"的节点是"动词短语"的子节点，因此介词短语"with a bat"是用来修饰动词"hit"的而不是修饰名词短语"the ball"的。在最底层，"ball"这样的叶节点表示解析过程中的单词。

正如你稍后在本章看到的，计算机程序可以在分析算术表达式的过程中构造解析树，然后可以对这些解析树进行进一步的处理和挖掘，例如检查表达式里是否存在语法错误，以及解释它们的含义或值。

文件系统结构也是树状的。如图 10-5 所示，其中目录（现在通常称为文件夹）被标记为"D"，文件则被标记为"F"。

可以看到，这个图里的根节点代表了根目录。其他目录在非空时是内部节点，而在为空时则是叶节点。所有文件都是叶节点。

一些有序多项集也可以表示为树状结构，这种树称为**二叉查找树**（Binary Search

Tree，BST）。这种树的左子树里每个节点的值都小于根节点的值，并且右子树里每个节点的值都大于根节点的值。图 10-6 展示了包含字母 A～G 的有序多项集表示的二叉查找树。

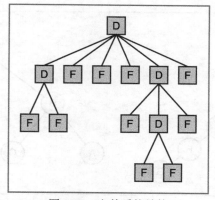

图 10-5　文件系统结构

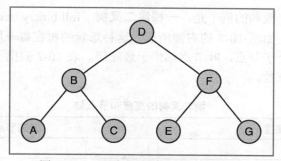

图 10-6　二叉查找树表示的有序多项集

与第 6 章里讨论的有序包不同，二叉查找树不仅支持对数时间上的搜索操作，还支持对数时间上的插入和删除操作。

上面 3 个例子表明，树的最重要和最有用的特征并不是树里元素的位置，而是父节点与子节点之间的关系。这些关系对于树结构里的数据具有非常重要的意义。它们可能会用来表示字母的顺序、短语的结构、子目录之间的包含关系，或者给定问题里的任何一对多关系。树中数据的处理基于数据之间的父/子关系。

我们将着重介绍二叉树的不同类型、应用和实现。

10.3　二叉树的形状

自然界里的树有各种形状和大小，数据结构里的树也有各种形状和大小。简单地说，有些树是藤蔓状的且几乎是线性的，而另一些树则是茂密的。这些形状的两个极端如图 10-7 所示。

要更正式地描述二叉树的形状，我们可以用到树的高度和它所包含的节点数之间的关系。这个关系还会提供有关树的某些操作的潜在效率的信息。

在极端情况下，二叉树可以像藤蔓一样，有 N 个节点且高度为 $N-1$，如图 10-7 的左侧所示。这样的树类似于链接列表里的一条线性节点链。因此，在最坏情况下，对这个结构里的节点执行访问、插入或删除操作都是线性的。

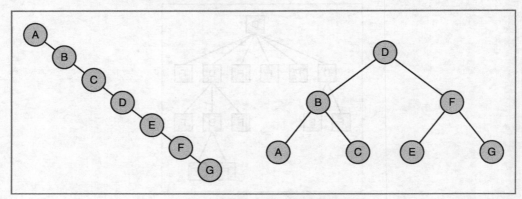

图 10-7 藤蔓状的树和茂密的树

与此对应的另一个极端的例子是：一棵**满二叉树**（full binary tree）。对于给定高度 H，它拥有最大的节点数，如图 10-7 的右侧所示。这种形状的树在每一层都包含所有节点，因此，内部节点都有两个子节点，叶节点都位于最底层。表 10-2 列出了 4 个具有不同高度的满二叉树的高度和节点数。

表 10-2   满二叉树的高度和节点数

树的高度	树的节点数
0	1
1	3
2	7
3	15

总结一下这张表里的数据。高度为 H 的满二叉树里包含的节点数 N 是多少？要用 H 来表示 N，可以从根节点（1 个节点）开始，添加它的子节点（2 个节点），再添加子节点的子节点（4 个节点），以此类推：

$$N = 1+2+4+\cdots+2^H$$
$$= 2^{H+1}-1$$

那么，具有 N 个节点的满二叉树的高度 H 是多少？通过简单的代数计算，可以得出：

$$H = \log_2(N+1)-1$$

因为从根节点到叶节点的给定路径上节点数接近 $\log_2(N)$，所以要访问满二叉树里的给定节点所需要的最大工作量为 O($\log n$)。

但并不是所有茂密的树都是满二叉树，比如，**完美平衡二叉树**（perfectly balanced binary tree）是除了最后一层其他每一层的节点都被填满的树。它足够茂密，并且也支持最坏情况下对叶节点在对数时间内的访问。另一个例子是**完全二叉树**（complete binary tree）。它是完美平衡二叉树的一个特例，会像满二叉树那样从左到右填充最后一层的节点。图 10-8 总结了这些类型的二叉树形状，并给出了一些示例。

一般而言，二叉树越平衡，访问、插入和删除操作的性能越高。

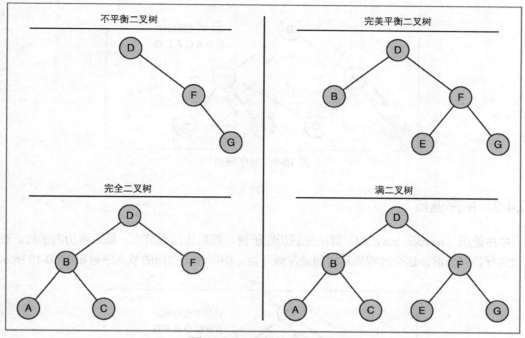

图 10-8　二叉树的 4 种形状

练习题

1. 完美平衡二叉树和完全二叉树之间有什么区别？
2. 完全二叉树和满二叉树有什么区别？
3. 一棵满二叉树的高度为 5，它包含多少个节点？
4. 一棵完全二叉树包含 125 个节点，它的高度是多少？
5. 在满二叉树里，第 L 层上有多少个节点？用了 L 表示答案。

10.4　二叉树的遍历

在前面的章节里，我们介绍了如何通过 for 循环或迭代器来遍历线性多项集里的元素。二叉树的遍历有 4 种标准类型：前序、中序、后序以及层次遍历。每种遍历在访问树中的节点时都遵循特定的路径和方向。接下来我们将展示在二叉查找树上的遍历。遍历算法的相关内容参见后文。

10.4.1　前序遍历

前序遍历（preorder traversal）算法会先访问树的根节点，然后以相同的方式分别遍历它的左子树和右子树。前序遍历访问的节点序列如图 10-9 所示。

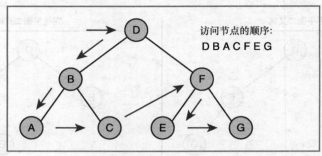

图 10-9   前序遍历

10.4.2   中序遍历

中序遍历（inorder traversal）算法先遍历左子树，然后访问根节点，最后遍历右子树。在对节点进行访问之前，这个过程先从树的最左侧开始。中序遍历访问的节点序列如图 10-10 所示。

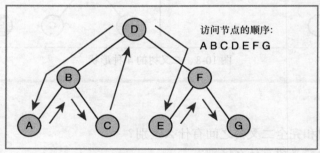

图 10-10   中序遍历

10.4.3   后序遍历

后序遍历（postorder traversal）算法先遍历左子树，然后遍历右子树，最后访问根节点。后序遍历所经过的路径如图 10-11 所示。

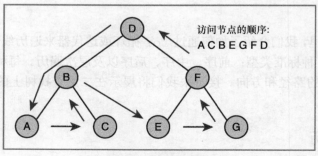

图 10-11   后序遍历

10.4.4 层次遍历

层次遍历（level order traversal）算法从第 0 层开始按照从左到右的顺序访问每一层里的节点。层次遍历所经过的路径如图 10-12 所示。

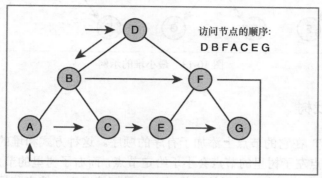

图 10-12 层次遍历

可以看到，中序遍历可以按照排序顺序访问二叉树里的元素。表达式树的前序、中序和后序遍历可以分别用来生成前缀、中缀以及后缀形式的表达式。

10.5 二叉树的 3 种常见应用

前文提到，树强调的是父子节点之间的关系，这就能够让用户根据位置以外的标准对数据进行排序。本节介绍二叉树的 3 种特殊用法：堆、二叉查找树和表达式树。这些特殊用法都对它们的数据加上了顺序。

10.5.1 堆

二叉树里的数据通常都取自有序集合，其中的元素是可以相互比较的。**最小堆**（min-heap）就是一个特殊的二叉树，其中每个节点的值都小于或等于它的两个子节点。**最大堆**（max-heap）把更大的节点放在更靠近根节点的位置。这两种对节点顺序的约束都称为**堆属性**（heap property）。这里提到的堆和计算机用来管理动态内存的堆并不一样，请勿混淆。图 10-13 展示了两个最小堆的示例。

就像图 10-13 里展示的，最小的元素会在根节点处，最大的元素在叶节点里。可以看到，根据前面给出的定义，图 10-13 里的堆都具有完全二叉树的形状。堆中的这种数据布局提供了一种被称为**堆排序**（heap sort）的高效排序方法。堆排序方法会先把一组数据构建成一个堆，然后不断地删除根节点的元素，并把它添加到列表的末尾。堆还可以实现优先队列。我们将在本章后面开发堆的实现。

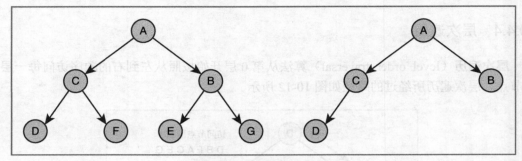

图 10-13　最小堆的示例

10.5.2　二叉查找树

前文提到，BST 在它的节点上添加了有序的顺序。这种方式和堆的方式是不一样的。在 BST 里，给定节点左子树里的节点会小于给定节点，而右子树里的节点会大于给定节点。当 BST 的形状接近完美平衡二叉树的形状时，在最坏情况下，搜索和插入操作的复杂度都是 $O(\log n)$。

图 10-14 展示了在有序列表上二分搜索使用的所有可能的搜索路径，但是在实际搜索过程中只会用到其中一条路径。在每个子列表里，为了比较而访问的元素会加上阴影。

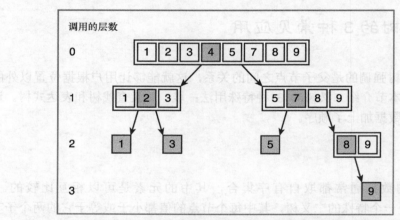

图 10-14　有序列表的二分搜索可能用到的搜索路径

如图 10-14 所示，最长的搜索路径（元素 4—7—8—9）[1]需要在包含 8 个元素的列表里进行 4 次比较。因为列表是有序的，所以搜索算法在每次比较后都会把搜索空间减少一半。

接下来，我们可以把图 10-14 里的阴影部分转换成明确的二叉树结构，如图 10-15 所示。

我们稍后开发的搜索算法会遵循这条非常明确的从根节点到目标节点的路径。在这种情况下，完美平衡树会在对数时间里完成搜索。遗憾的是，并不是所有 BST 都是完美平衡的。因此，在最坏情况下，它们的搜索时间将是线性的，支持线性搜索。好在这种最坏情况在实践里很少发生。

---

① 原文中："最长的搜索路径（元素 5—7—8—9）需要……"，应该是"最长的搜索路径（元素 4—7—8—9）需要……" ——译者注

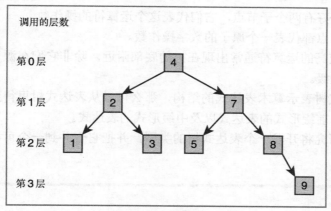

图 10-15 二叉查找树

10.5.3 表达式树

在第 7 章，我们介绍了如何使用栈来把中缀表达式转换为后缀表达式，介绍了如何使用栈计算后缀表达式，还为算术表达式语言开发了解释器和计算器。在一种语言里翻译句子过程也被称为**解析**（parsing）。另一种处理句子的方法是在解析过程中构建**解析树**（parse tree）。对于表达式语言来说，这个结构也被称为**表达式树**（expression tree）。图 10-16 展示了几个通过解析中缀表达式得到的表达式树。

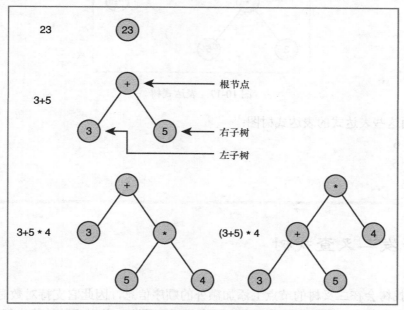

图 10-16 几个通过解析中缀表达式得到的表达式树

对于表达式树，需要注意以下几点。

- 表达式树永远不会为空。
- 每个内部节点都代表一个复合表达式，由一个运算符及其操作数组成。每个内部节点都恰好有两个子节点，它们代表这个运算符的操作数。

● 每个叶节点都代表一个原子的数字操作数。

● 优先级较高的运算符通常出现在树的底部附近，除非它们在源表达式里被括号改变了优先级。

如果用表达式树表示算术表达式的结构，那么可以从表达式树里得到表达式的值、后缀形式的表达式、前缀形式的表达式以及中缀形式的表达式。

本章的案例研究将开发一个表达式树的类型，并把它合并到一个可以执行这些操作的程序里。

练习题

1. 最小堆的堆属性是什么？
2. 二叉查找树与二叉树有何不同？
3. 分别用中缀、前缀和后缀表示法来编写图 10-17 所示的这棵表达式树所代表的表达式。
   （**提示**：使用本节里描述的中序、前序和后序遍历来得到答案。）

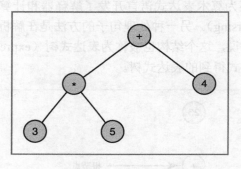

图 10-17   表达式树

4. 画出下面这些表达式的表达式树图：
   a. 3*5 + 6
   b. 3 + 5*6
   c. 3*5*6

10.6   开发二叉查找树

二叉查找树会在二叉树的节点上添加额外的顺序信息，因此它支持对数时间的搜索和插入操作。在本节中，我们将开发一个二叉查找树多项集，并对它的性能进行评估。

10.6.1   二叉查找树接口

二叉查找树的接口应该包含构造函数和适用于所有多项集的基本操作（isEmpty、

len、str、+、==、in、add 以及 count)。

与包和集合一样,插入和删除操作是由 add 和 remove 方法完成的。如果 Python 看到 in 运算符,就会运行__contains__方法。在 BST 的各种实现里都将会执行二分搜索操作。

为了让用户可以检索和替换二叉查找树里的元素,接口还应该包含 find 和 replace 方法。find 方法会接收一个元素作为参数,然后返回树里和它相匹配的元素,如果不存在,就返回 None。replace 方法会接收两个元素作为参数。如果这个方法在树里能够找到第一个参数的匹配元素,就把这个节点里的元素替换为第二个参数,并返回被替换的元素。如果不存在,这个方法会返回 None。当用二叉查找树实现有序字典时,这两种方法对于查找和修改元素(如字典条目)会非常有用。

遍历二叉树有 4 种方法,因此要在树里实现所有的遍历方法。每个遍历方法都会返回一个迭代器。树的__iter__方法支持前序遍历。选择这种遍历方式作为标准迭代器有两个好处,一是这样可以让用户创建一棵和原始形状完全相同的二叉查找树的克隆体,二是这样可以在串联两棵树时得到一棵形状相似的树。

如果两棵树在相同的位置包含相同的元素,就可以认为它们是相等的。str 操作会返回一个字符串,在输出时这个字符串会显示出树的形状。

表 10-3 里描述了二叉查找树类都包含的方法。

表 10-3 　　　　　　　　　　　　　　　　**二叉查找树接口里的方法**

BST 方法	功能
tree.isEmpty()	如果 tree 为空,返回 True;否则,返回 False
tree.__len__()	相当于 len(tree)。返回 tree 里的元素数量
tree.__str__()	相当于 str(tree)。返回一个在输出时会显示树的形状的字符串
tree.__iter__()	相当于 iter(tree)或 for item in tree:。在树上执行前序遍历
tree.__contains__(item)	相当于 item in tree。当 item 在树里时返回 True;否则,返回 False
tree.__add__(otherTree)	相当于 tree + otherTree。返回一棵包含 tree 和 otherTree 里元素的新树
tree.__eq__(anyObject)	相当于 tree == anyObject。如果当前的树和 anyObject 相等,则返回 True;否则,返回 False。如果两棵树在相同的位置包含相同的元素,就可以认为它们是相等的
tree.clear()	把 tree 清空
tree.add(item)	把 item 添加到树里相应的位置
tree.remove(item)	从树里删除 item。前置条件:item 在树里
tree.find(item)	如果在树里存在元素匹配 item,则返回这个相等的元素;否则,返回 None
tree.replace(item, newItem)	如果在树里存在元素等于另一个 item,则用 newItem 替换树里这个匹配的节点,并返回被替换的元素;否则,返回 None

BST 方法	功能
tree.preorder()	返回一个在树上执行前序遍历的迭代器
tree.inorder()	返回一个在树上执行中序遍历的迭代器
tree.postorder()	返回一个在树上执行后序遍历的迭代器
tree.levelorder()	返回一个在树上执行层次遍历的迭代器

下面这个 Python 脚本假定已经在 linkedbst 模块里定义了 LinkedBST 类。这个脚本将会创建一个包含图 10-15 所示字母的 BST，并输出它的形状。

```
from linkedbst import LinkedBST

tree = LinkedBST()
print("Adding D B A C F E G")
tree.add("D")
tree.add("B")
tree.add("A")
tree.add("C")
tree.add("F")
tree.add("E")
tree.add("G")

# Display the structure of the tree
print("\nTree structure:\n")
print(tree)
```

下面是这段脚本的输出：

```
Adding D B A C F E G

Tree structure:

|  | G
| F
|  | E
D
|  | C
| B
|  | A
```

10.6.2 链接实现的数据结构

二叉查找树的实现名为 LinkedBST，是 AbstractCollection 的子类，这个父类提供基本的多项集方法和变量 self.size。树里每个元素的容器都是 BSTNode 类型的节点对象。这种类型的节点包含一个名为 data 的字段以及两个分别名为 left 和 right 的链接字段。因为每个元素最初在插入树里的时候都是叶节点，所以 BSTNode 的左右链接的默认值都是 None。另外一个引用整个树结构的外部链接名为 elf.root。在实例化这个类时，这个变量被设置为 None。下面是 LinkedBST 类里创建树的部分代码。

```
"""
File: linkedbst.py
Author: Ken Lambert
"""

from abstractCollection import AbstractCollection
```

```
from bstnode import BSTNode

class LinkedBST (AbstractCollection):
    """A link-based binary search tree implementation."""

    def __init__(self, sourceCollection = None):
        """Sets the initial state of self, which includes the
        contents of sourceCollection, if it's present."""
        self.root = None
        AbstractCollection.__init__(sourceCollection)

    # Remaining method definitions go here
```

接下来我们会更仔细地研究其他几种方法。这些方法大多用到了递归策略，这样正好利用了树里节点的递归结构。这种设计模式和第 9 章里用来处理类 Lisp 列表的模式很类似。

1. 二叉查找树的搜索

如果目标元素在树里，那么 find 方法会返回第一个匹配的元素；否则，返回 None。在设计搜索时，我们可以使用一个利用二叉树底层递归结构的递归策略。下面是这个过程的伪代码算法。

```
if the tree is empty
    return None
else if the target item equals the root item
    return the root item
else if the target item is less than the root item
    return the result of searching the left subtree
else
    return the result of searching the right subtree
```

由于递归搜索算法需要用树节点作为参数，因此不能把它定义为顶层方法，但是可以把它定义为一个嵌套的辅助函数，在顶层的 find 方法里调用它。下面是这两个过程的代码。

```
def find(self, item):
    """Returns data if item is found or None otherwise."""

    # Helper function to search the binary tree
    def recurse(node):
        if node is None:
            return None
        elif item == node.data:
            return node.data
        elif item < node.data:
            return recurse(node.left)
        else:
            return recurse(node.right)

    # Top-level call on the root node
    return recurse(self.root)
```

2. 二叉查找树的遍历

遍历二叉查找树有 4 种方法：inorder、postorder、levelorder 和__iter__。这些方法都会返回一个能够让用户按指定顺序访问树的迭代器。这里将展示两种遍历的递归和迭代策略的例子，其他的遍历操作作为练习留给你。

下面是二叉树中序遍历的通用递归策略。

```
if the tree is not empty
    visit the left subtree
    visit the item at the root of the tree
    visit the right subtree
```

可以将这个策略嵌入 inorder 方法的递归辅助函数。这个方法首先创建一个空列表，然后把根节点传递给这个辅助函数。当辅助函数访问元素时，这个元素会被添加到列表里。inorder 方法将返回这个列表上的迭代器。inorder 方法的递归实现代码如下。

```
def inorder(self):
    """Supports an inorder traversal on a view of self."""
    lyst = list()

    def recurse(node):
        if node != None:
            recurse(node.left)
            lyst.append(node.data)
            recurse(node.right)

    recurse(self.root)
    return iter(lyst)
```

后序遍历可以使用非常相似的递归策略，但它访问的元素代码应在另一个位置。

层次遍历是在树的每一层都按照从左到右的顺序访问元素，就像读取文档里的文本行那样。这个过程的迭代策略可以使用队列来排列需要访问的节点，并使用列表收集访问的元素。levelorder 方法将创建这个列表和队列，并将根节点（如果有）添加到队列中。当队列不为空时，弹出它的前端节点，并把它的元素添加到列表里，然后再把这个节点的左右子节点（如果存在）添加到队列中。当循环终止时，这个方法会返回列表上的迭代器。

使用前序遍历的 __iter__ 方法会非常频繁地运行，因此需要用迭代策略实现它。可以像前面那样，通过创建一个列表并返回迭代器来实现它，但是这样需要线性的运行时和线性的内存使用量，才能让用户访问到这些元素。一种替代方案是，使用基于指针的循环访问节点，并使用栈来支持在遍历期间能够返回父节点的操作。就像其他多项集实现这个方法那样，在每次访问节点时都直接返回这个元素。新的方案如下所示。

```
create a stack
push the root node, if there is one, onto the stack
while the stack is not empty
    pop a node from the stack
    yield the item in the node
    push the node's right and left children, if they exist,
    in that order onto the stack
```

这个实现不会在运行时带来额外的开销，并且它的内存增长不会随着树的深度增加而变得更糟（理想情况下是 $O(\log n)$）。

3. 二叉查找树的字符串表达式

使用任何一种遍历方式都可以看到二叉查找树里的所有元素。但是，要在测试和调试里使用 __str__ 方法，因此实现里将会返回一个 "ASCII 艺术" 样式的字符串，这个字符串将会显示树的形状以及它的元素。一种用纯文本显示的简单方法是把树逆时针"旋转"90°，然后用竖线把每一层内部节点间的空隙部分填满。下面的代码会先从右子树进行递归，然后访问当前元素，最后对左子树进行递归来构建出恰当的字符串。

```
def __str__(self):
    """Returns a string representation with the tree rotated
    90 degrees counterclockwise."""
    def recurse(node, level):
        s = ""
        if node != None:
            s += recurse(node.right, level + 1)
            s += "| " * level
            s += str(node.data) + "\n"
            s += recurse(node.left, level + 1)
        return s
    return recurse(self.root, 0)
```

4. 将元素插入二叉查找树

add 方法会把一个元素插入二叉查找树里的合适位置。通常来说，恰当的位置应该是下面 3 个位置之一。

- 根节点（如果树为空）。
- 如果新的元素小于当前节点里的元素，那么应该是当前节点左子树里的一个节点。
- 如果新的元素大于或等于当前节点里的元素，那么应该是当前节点右子树里的一个节点。

对于第 2 种和第 3 种状况来说，add 方法会使用一个名为 recurse 的递归辅助函数。这个函数会把一个节点作为参数，并且在节点的左子节点或右子节点里搜索新元素的位置。recurse 函数先根据新元素是小于（左）还是大于或等于（右）当前节点里的元素，决定去到当前节点的左侧或右侧。如果这个恰当的子节点是 None，那么把新元素放在新节点里，然后再插入这个位置；否则，继续使用当前的子节点递归地调用 recurse 函数，直到找到适当的位置为止。

下面是 add 方法的代码。

```
def add(self, item):
    """Adds item to the tree."""

    # Helper function to search for item's position
    def recurse(node):
        # New item is less; go left until spot is found
        if item < node.data:
            if node.left == None:
                node.left = BSTNode(item)
            else:
                recurse(node.left)
        # New item is greater or equal;
        # go right until spot is found
        elif node.right == None:
            node.right = BSTNode(item)
        else:
            recurse(node.right)
        # End of recurse
```

```
# Tree is empty, so new item goes at the root
if self.isEmpty():
    self.root = BSTNode(item)
# Otherwise, search for the item's spot
else:
    recurse(self.root)
self.size += 1
```

可以看到，不论是什么情况，都会添加一个包含元素的叶节点。

5. 从二叉查找树里删除元素

回想一下，从数组里删除元素会导致元素移动来填补所产生的空间，而从链接列表里删除元素则需要重新排列若干个指针。在二叉查找树里删除一个元素可能会同时需要这两种操作。下面是对这个策略过程的概述。

- 保存对根节点的引用。
- 找到要删除的节点、它的父节点以及父节点对这个节点的引用。
- 如果节点同时拥有左子节点和右子节点，那么以左子树里的最大值替换当前节点的值，然后从左子树里删除最大值所在的那个节点。
- 如非上述情况，则把父节点对当前节点的引用指向这个节点的子节点。
- 把根节点指针重新指向第 1 步里保存的引用。
- 减小数据结构的大小并返回被删除的元素。

这个过程中的第 3 步很复杂，因此可以把它分解成一个辅助函数，这个函数把要被删除的节点作为参数。它的功能描述如下所示。在这个描述里，包含需要删除元素的节点称为**顶部节点**（top node）。

- 在顶部节点的左子树里，搜索包含最大元素的节点。它应该是子树最右边的节点（这棵子树里最右侧路径的最后一个节点）。在搜索的过程中，还需要跟踪当前节点的父节点。
- 用找到的最大元素替换顶部节点里的值。
- 如果顶部节点的左子节点里包含了最大元素（例如，这个节点没有右子树，这时对父节点的引用仍然会指向顶部节点），就把顶部节点的左子节点设置为这个左子节点的左子节点。
- 如非上述情况，则把父节点的右子节点设置为这个右子节点的左子节点。

10.6.3　二叉查找树的复杂度分析

构建二叉查找树是为了可以像在有序列表上进行二分搜索那样，能够以 $O(\log n)$ 的复杂度执行查找操作。二叉查找树还可以提供快速的插入操作。遗憾的是，如前所述，快速的插入操作并不总是能够实现。能不能得到最好的性能取决于树的高度。完美平衡树（高度为 $O(\log n)$ 的树）支持在对数时间内进行搜索操作。在最坏情况下，当按照顺序（升序或降序）插入元素时，树的高度将变成线性的，它的搜索行为也会变成线性复杂度。但是，我们也看到，如果以随机顺序插入元素，则会让树的搜索行为接近于最好情况。

插入的运行时也高度依赖于树的高度。回想一下，插入会涉及搜索元素的位置，而这个位置始终是一个叶节点。因此，插入完美平衡树里的运行时总是接近对数时间。同样地，删除操作也需要搜索目标元素，其他操作也有类似的情况。

如何维护一棵树的结构，使得它在所有情况下执行插入和搜索操作时都有最佳情况的策略，这是更高级的计算机科学课程里的主题。但是，如果假设一棵树已经相对平衡了，只要应用程序能够在 BST 和文本文件间进行转换，就有一种可以立即使用的技术来保持这棵树的形状不变。考虑输出操作，要想得到树中元素的唯一办法就是对它进行一次遍历。最糟糕的选择是使用中序遍历，因为这个遍历会按照排序顺序访问节点，所以树里的元素将会按照顺序进行保存。当元素从文件中输入到另一棵树里时，它们将按照顺序依次插入，这样就会得到一棵线性形状的树。当然，如果选择的是前序遍历（通过简单的 `for` 循环来实现它），那么在元素输出到文件里的时候会从父节点开始，然后向下移动到它的左、右子节点。最后，从文件里输入元素的时候能够得到一棵和原来树的形状完全相同的新树。

编程项目里包括判断树是否平衡以及重新平衡一棵树的方法的练习。

练习题

1. 描述插入操作是如何对二叉查找树的后续搜索产生负面影响的。
2. 讨论基于二叉查找树的有序包实现和第 6 章里介绍的基于数组的有序包实现之间的权衡。

10.7 递归下降解析和编程语言

我们在第 7 章里讨论了使用栈把中缀表达式转换为后缀表达式，然后计算后缀表达式的算法。递归算法也可以用在处理语言中，无论是 Python 这样的编程语言，还是英语这样的自然语言，都可以被处理。本节将会简单介绍一些处理语言中的资源，包括语法、解析和递归下降解析策略。我们将在 10.8 节通过案例研究说明它们的应用程序。

10.7.1 语法简介

不论常见的语言还是不常见的语言，大多数编程语言有精确而完整的定义，这被称为**语法**（grammar）。语法由下面几个部分组成。

- **词汇表**（vocabulary）[或称为**字典**（dictionary）、**词典**（lexicon）]：是指可以组成语言里句子的单词和符号。
- 一组**句法规则**（syntax rule）：表示如何把语言里的符号组合成句子。
- 一组**语义规则**（semantic rule）：表示如何解释语言里的句子。例如，语句 $x=y$ 可以解释为"将 y 的值复制给变量 x"。

计算机科学家已经开发出了几种用来表示语法的符号。比如，假设想定义一种语言来表示下面这些简单的算术表达式。

```
4 + 2
3 * 5
```

```
6 - 3
10 / 2
(4 + 5)* 10
```

此外，不允许包含 4 + 3 − 2 或 4 * 3 / 2 这样连续出现加减法和乘除法的表达式。下面这个语法规则定义了这种新的小语言的语法和词汇。

```
expression = term [ addingOperator term ]
term = factor [ multiplyOperator factor ]
factor = number | "(" expression ")"
number = digit { digit }
digit = "0" | "1" | "2" | "3" | "4" | "5" | "6" | "7" | "8" | "9"
addingOperator = "+" | "-"
multiplyingOperator = "*" | "/"
```

这种语法被称为扩展巴科斯范式（Extended Backus–Naur Form，EBNF）语法。EBNF 语法通过 3 种符号来完成。

- **终结符**（terminal symbol）存在于语言的词汇表里，并按照自身的样子显示在语言的程序里，例如，前面示例里的+和*。
- **非终结符**（nonterminal symbol）对应语言里的短语名称。例如，上面例子里的 expression 或 factor。短语通常是由一个或多个终结符或其他短语名称组成的。
- **元符号**（metasymbol）用来组织语法规则。表 10-4 列出了 EBNF 里使用的元符号。

表 10-4　　　　　　　　　　　　　　EBNF 里使用的元符号

元符号	作用
""	包含文字元素
=	表示"被定义为"
[]	包含可选元素
{}	包含零个或多个元素
()	把选择组合在一起
|	表示选择一个

因此，规则

```
expression = term [ addingOperator term ]
```

的意思就是"一个表达式被定义为一个术语，它可能会也可能不会跟着加减法运算符和另一个术语。"在规则里，=左边的符号称为规则的左侧，位于=右边的一组元素称为规则的右侧。

前面讨论的那个语法不允许使用 45 * 22 * 14 / 2 这样的表达式，因此如果程序员想要得到等效的表达式，就必须使用括号，如((45 * 22) * 14) / 2。要解决这个问题，可以通过允许对 term 和 foctor 进行迭代来完成。

```
expression = term { addingOperator term }
term = factor { multiplyOperator factor }
factor = number | "(" expression ")"
number = digit { digit }
digit = "0" | "1" | "2" | "3" | "4" | "5" | "6" | "7" | "8" | "9"
```

```
addingOperator = "+" | "-"
multiplyingOperator = "*" | "/"
```

在任何语法里，都有一个名为**开始符号**（start symbol）的特权符号。在这两个语法的例子里，开始符号是 expression。我们稍后会讨论这个符号是如何使用的。

你可能已经注意到，上面这个语法包含递归的性质。比如，表达式是由术语组成的，而术语又是由因子组成的，因子又是由数字或括号内的表达式构成的，因此，一个表达式可以包含另一个表达式。

10.7.2 识别、解析和解释语言里的句子

要处理语言里的句子，就需要用到识别器、解析器和解释器。

- **识别器**（recognizer）会分析字符串来确定它是否属于给定语言里的句子。识别器的输入是语法和字符串。输出为"是"或"否"以及相应的语法错误消息。如果存在一个或多个语法错误，那么就会得到"否"，以表明这个字符串不是一个合法的句子。
- **解析器**（parser）有识别器所包含的全部功能，还可以返回句子的句法和语义结构的信息。这些信息会在后面的处理过程中用到，会包含在解析树里。
- **解释器**（interpreter）根据句子来执行指定的动作。换句话说，解释器会运行程序。有时，解析和解释是同时发生的；否则，解释器的输入就是解析过程中产生的数据结构。

在后面的内容里，不会严格区分识别器和解析器，而是直接用**解析器**来代表它们。

10.7.3 词法分析和扫描器

在开发解析器时，我们把识别字符串里符号的任务交给名为**扫描器**（scanner）的较低级模块来处理比较方便。扫描器会执行**词法分析**（lexical analysis），也就是从字符流里提取出各个单词。扫描器还会根据需要输出词法错误的消息。词法错误的例子包括数字里不应该出现的字符和无法识别的符号（词汇表里没有的符号）。

扫描器的输出是名为**标记**（token）的单词流，这些标记会成为另一个被称为**语法分析器**（syntax analyzer）的模块的输入。这个模块会使用标记和语法规则来确定这个程序在语法上是不是正确的。因此，词法分析器确定字符在一起能不能组成正确的单词，而语法分析器确定单词在一起能不能组成正确的句子。为了简单起见，我们将词法分析器称为扫描器，把语法分析器称为解析器。图 10-18 展示了扫描器和解析器之间的联系。

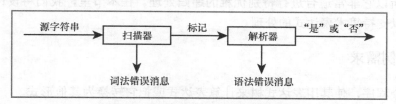

图 10-18　扫描器和解析器之间的联系

10.7.4 解析策略

可以使用不同的策略进行解析，其中最简单的方法之一名为**递归下降解析**（recursive

descent parsing）。递归下降解析器为语法里的每个规则都定义了一个函数，每个函数会处理对应规则所包含的短语或输入语句的一部分。最顶层函数对应的规则左侧是开始符号。调用这个函数时，它将调用规则右侧非终结符所对应的函数。下面是和本节一开始那个语法的顶层规则相对应的解析函数。

```
# Syntax rule:
# expression = term [ addingOperator term ]
# Parsing function:
def expression():
    term()
    token = scanner.get()
    if token.getType() in (Token.PLUS, Token.MINUS):
        scanner.next()
        term()
        token = scanner.get()
```

从代码里可以看到下面几点。

- 语法里的每个非终结符都会成为解析器里的函数名称。
- 函数的主体会处理规则右侧的短语。
- 要处理非终结符，需要调用与这个符号同名的函数。
- 要处理可选元素，需要用到 if 语句。
- 通过调用扫描器对象上的 get 方法可以观察当前标记。
- 通过调用扫描器对象上的 next 方法可以扫描到下一个标记。

解析器将遵循语法规则，从顶层函数开始一直执行到较低层的函数，而这些低层函数又去递归地调用更高层的函数。

我们可以很方便地扩展递归下降解析器，以解释和解析程序。比如，对于所使用的语言来说，每个解析函数都可以计算并返回表达式关联短语所代表的值。因此最顶层函数的返回值也就是整个表达式的值。如下面这个案例研究，递归下降解析器也可以构建并返回一棵解析树，再通过另一个模块来遍历这棵树，从而通过计算得到表达式的值。

10.8 案例研究：解析和表达式树

前文提到，表达式树是包含表达式中的操作数和运算符的二叉树。因为表达式树永远不会为空，所以它非常适合进行特别优雅的递归处理。在本节里，我们将设计和实现一个表达式树，以支持算术表达式的处理。

10.8.1 案例需求

编写一个程序，使其用表达式树来计算表达式或把它转换为其他形式。

10.8.2 案例分析

这个程序会对输入的表达式进行解析，并在出现错误时输出语法错误的消息。如果这个表达式在语法上是正确的，那么程序就会输出这个表达式的值以及它的前缀、中缀和后缀形式。下面这个交互示例展示了如何与这个程序进行交互。可以看到，中缀的输出通过括号来显式地表示运算符的优先级。

```
Enter an infix expression: 4 + 5 * 2
Prefix: + 4 * 5 2
Infix: (4 + (5 * 2))
Postfix: 4 5 2 * +
Value: 14
Enter an infix expression: (4 + 5) * 2
Prefix: * + 4 5 2
Infix: ((4 + 5) * 2)
Postfix: 4 5 + 2 *
Value: 18
```

这个程序包含了前面讨论过的 Scanner 和 Token 类。除此之外，还有 3 个新类，其中 Parser 类执行解析操作，LeafNode 类和 InteriorNode 类表示表达式树。叶节点会表示表达式里的整数操作数，内部节点表示运算符以及它的两个操作数。图 10-19 展示了这个系统结构的类图。

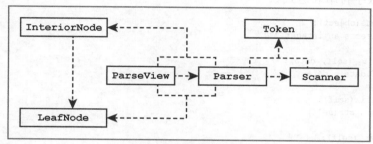

图 10-19 解析系统的类

10.8.3 节点类的设计与实现

解析器通过如下两个步骤构建表达式树。
● 构建用来包含数字的叶节点。
● 构建值是运算符的内部节点，并且这个内部节点的左、右子树是代表操作数表达式的节点。

通过把节点分成这两种类型，我们可以得到一种简单且优雅的设计。第一种类型的节点被称为 LeafNode，包含一个整数。第二种类型的节点被称为 InteriorNode，包含一个运算符和两个其他节点。这两个其他节点既可以是叶节点，也可以是内部节点。

两种类型的节点都支持表 10-5 所示的这些方法。

表 10-5　　　　　　　　　　　　　　　　　　　　节点类的方法

方法	功能
N.prefix()	返回节点表达式的前缀形式的字符串表示形式
N.infix()	返回节点表达式的中缀形式的字符串表示形式
N.postfix()	返回节点表达式的后缀形式的字符串表示形式
N.value()	返回节点表达式的值

LeafNode 的构造函数会接收一个整数作为参数，而 InteriorNode 的构造函数会接收一个运算符标记和两个其他节点作为参数。

下面是一个简短的测试程序，用于展示如何使用这两个节点类。

```
from expressiontree import LeafNode, InteriorNode

a = LeafNode(4)
b = InteriorNode(Token('+'), LeafNode(2), LeafNode(3))
c = InteriorNode(Token('*'), a, b)
c = InteriorNode(Token('-'), c, b)

print("Expect ((4 * (2 + 3)) - (2 + 3)) :", c.infix())
print("Expect - * 4 + 2 3 + 2 3 :", c.prefix())
print("Expect 4 2 3 + * 2 3 + - :", c.postfix())
print("Expect 15 :", c.value())
```

接下来，我们将开发支持这两个类的一种遍历方法，并将其他几种方法作为练习留给你。postfix 方法会按照后缀形式返回表达式的字符串表达式。对于 LeafNode 来说，这也是节点的整数字符串表达式。

```
class LeafNode(object):
    """Represents an integer."""

    def __init__(self, data):
        self.data = data

    def postfix(self):
        return str(self)

    def __str__(self):
        return str(self.data)
```

InteriorNode 的后缀字符串包含两个操作数节点的后缀字符串，再加上这个节点的运算符。

```
class InteriorNode(object):
    """Represents an operator and its two operands."""

    def __init__(self, op, leftOper, rightOper):
        self.operator = op
        self.leftOperand = leftOper
        self.rightOperand = rightOper

    def postfix(self):
        return self.leftOperand.postfix() + " " + \
               self.rightOperand.postfix() + " " + \
               str(self.operator)
```

InteriorNode 和 LeafNode 的 postfix 方法的设计模式有点类似于遍历二叉树的方法。它们之间的一个区别是：在这个应用程序里，表达式树永远不会为空，因此基本情况就是叶节点；而另一个区别是：表达式树的 postfix 操作不会用到包含 if 语句和递归调用的递归函数。在这个操作里，使用的是名为 postfix 的具有相同名称的不同方法。Python 虚拟机会根据所调用的节点类型来选择运行这个方法使用哪一个版本。我们在第 5 章里介绍了多态的概念，它提供了一种简化递归数据处理的强大方法。表达式树的其他遍历方法也有类似的设计，这将作为练习留给你。

10.8.4 解析器类的设计与实现

使用前面介绍的递归下降策略，我们可以很简单地构建具有解析器的表达式树。由于这个策略被嵌在类里，因此解析函数将被重新定义为方法。

顶层方法 parse 会把表达式树返回给它的调用者，然后调用者使用这棵树来获得有关表达式的相关信息。用来处理语言里语法形式的各个解析方法都会生成并返回一个表达式树，这棵树用来代表由这个方法解析的表达式短语。我们将开发其中的两个方法，并将其他方法作为练习留给你。

factor 方法用来处理数字或嵌套在括号里的表达式。当标记是数字时，这个方法将创建一个包含这个数字的叶节点并返回它。如果标记是左括号，那么这个方法将调用 expression 方法来解析括号里嵌套的表达式。expression 方法会返回一个表示结果的树，然后 factor 再把这棵树返回给它的调用者。下面是 factor 方法的代码。

```
# Syntax rule:

# factor = number | "(" expression ")"
def factor(self):
    token = self.scanner.get()
    if token.getType() == Token.INT:
        tree = LeafNode(token.getValue())
        self.scanner.next()
    elif token.getType() == Token.L_PAR:
        self.scanner.next()
        tree = self.expression()
        self.accept(self.scanner.get(),
                    Token.R_PAR,
                    "')' expected")
        self.scanner.next()
    else:
        tree = None
        self.fatalError(token, "bad factor")
    return tree
```

expression 方法会处理一个术语（它后面跟 0 个或多个加法运算符）及术语对。它首先会调用 term 方法，这个方法会返回代表这个术语的树。如果当前的标记不是加法运算符，expression 方法就会把这棵树传递回它的调用者；否则，expression 方法将会进入循环。在这个循环里，expression 方法会构建一个内部节点，这个节点的值是加法运算符，这个内部节点的左子树就是之前调用 term 而接收到的树，它的右子树是新调用 term 方法收到的树。当 expression 方法里已没有加减法运算符时，整个过程就会结束。接下来，在这个过程中可能会构建一棵非常复杂的树，expression 方法将返回。下面是 expression 方法的代码。

```
# Syntax rule:
# expression = term { addingOperator term }

def expression(self):
    tree = self.term()
    token = self.scanner.get()
    while token.getType() in (Token.PLUS, Token.MINUS):
        self.scanner.next()
        tree = InteriorNode(token, tree, self.term())
        token = self. Scanner rules.get()
```

```
return tree
```

其他解析方法会按照类似方式来构建它的树。完整的程序作为练习留给你。

10.9　二叉树的数组实现

除了某些特殊情况下很难定义和实践，通过数组实现二叉树也是可行的。将栈、队列和列表映射到数组很简单，因为它们都是线性结构并且都支持相同的邻接概念，即每个元素都有明确的前驱和后继。但是对于树里的给定节点来说，在数组里它的直接前驱是什么？是它的父节点，还是左边的兄弟节点？它的直接后继是什么？是它的子节点，还是右边的兄弟节点？树是分层的，也不会被展平。虽然存在这些问题，但对于完全二叉树来说，还是有一个优雅而且高效的基于数组的存储方式。

考虑图 10-20 里的完全二叉树。

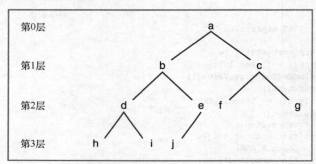

图 10-20　完全二叉树

在基于数组的实现里，元素将会按层次进行存储，如图 10-21 所示。

对于数组里位于位置 i 处的任意元素，可以很容易地确定和它相关的元素位置，如表 10-6 所示。

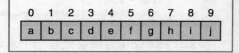

图 10-21　完全二叉树的数组表示

表 10-6	完全二叉树的数组存储方式里元素的位置
元素	位置
父节点	$(i - 1) / 2$
左兄弟节点（如果存在）	$i - 1$
右兄弟节点（如果存在）	$i + 1$
左子节点（如果存在）	$i * 2 + 1$
右子节点（如果存在）	$i * 2 + 2$

因此，对于位置 3 处的 d 来说，可以得到表 10-7 所示的结果。

你自然会问，为什么数组表示方式并不适用于非完全二叉树。究其原因不难发现：在非完全二叉树里，某些层级并没有被填满，但是，在数组里计算节点的其他相关节点时用到了对索引执行乘或除 2 的运算，如果没有自上而下地把某一层填满，就没有办法执行这个操作[1]。

表 10-7　　　　　　　　　完全二叉树的数组存储方式里 **d** 的相关元素

元素	位置
父节点	b 在位置 1 处
左兄弟节点（如果存在）	不存在
右兄弟节点（如果存在）	e 在位置 4 处
左子节点（如果存在）	h 在位置 7 处
右子节点（如果存在）	i 在位置 8 处

存储二叉树的数组表示非常少见，这样做主要是用来实现堆，这部分将在 10.10 节里讨论。

练习题

1. 假定节点在二叉树的数组表示方式的位置 12 处。给出这个节点的父节点、左子节点和右子节点的位置。
2. 如要把二叉树放在数组里，会有什么限制？

10.10　堆的实现

当用最小堆实现优先队列时，堆的接口会包括返回它的大小、添加元素、删除元素以及查看元素的各个方法（见表 10-8）。

表 10-8　　　　　　　　　　堆接口里的方法

方法	功能
heap.isEmpty()	如果 heap 为空，返回 True；否则，返回 False
heap.__len__()	相当于 len(heap)。返回 heap 里的元素数量
heap.__iter__()	相当于 iter(heap) 或 for item in heap:。由小到大访问所有元素
heap.__str__()	相当于 str(heap)。返回一个会显示堆形状的字符串
heap.__contains__(item)	相当于 item in heap。如果元素在堆里，则返回 True；否则，返回 False
heap.__add__(otherHeap)	相当于 heap + otherHeap。返回一个包含 heap 和 otherHeap 里元素的新堆

---

[1] 这一段的描述有些问题，数组完全可以用来实现非完全二叉树，只是比较浪费内存空间而已。这一点在其他算法和数据结构的书或视频里都有实现。——译者注

续表

方法	功能
heap.__eq__(anyObject)	相当于 heap == anyObject。如果当前的堆和 anyObject 相等，那么返回 True；否则，返回 False。如果两个堆包含相同的元素，那么可以认为它们是相等的
heap.peek()	返回 heap 中最上层的元素。前置条件：heap 不为空
heap.add(item)	把 item 添加到 heap 的合适位置
heap.pop()	删除并返回 heap 中最上层的元素。前置条件：heap 不为空

在这些堆操作里，最重要的两个是 add 和 pop。add 方法需要一个可以比较的元素作为参数，并且把这个元素添加到堆里的适当位置。这个位置通常是在比它大的元素的上方或者比它小的元素的下方。重复的元素将会放置在之前那个值的下方。pop 方法可以删除堆里最顶层的节点，并返回它所包含的元素，还会维护堆属性。peek 操作返回但不删除堆中最顶层的元素。

在堆的整个实现过程中都会用到 add（添加）和 pop（删除）方法，它们在 ArrayHeap 类里定义。在基于数组的实现里，这两种方法都需要维护数组里这个堆的结构。（实际上使用的是 Python 列表来代表数组，在后面的讨论里，我们继续把它称为数组。）这个结构有点类似于前面讨论过的二叉树的数组表示方式，只不过在这里它的约束条件是每个节点里的值都需要小于它的两个子节点。

先来考虑插入操作。它会在堆里找到新元素的适当位置并把新元素插入堆。因此插入操作的策略如下。

- 从堆的底部插入元素。在数组实现里，这相当于插入到最后一个元素之后的位置。
- 进入一个循环，当新元素的值小于其父节点的值时，则在堆里向上"移动"。当这个判断为真时，新元素都会和它的父节点进行交换。当这个过程结束时（也就是新元素大于或等于它父节点里的元素，或已经到达顶部节点），新元素就会位于它应该在的位置了。

前文提到，在数组里元素的父节点位置是通过将元素的位置减去 1 之后将结果除以 2 得到的，并且堆的顶部位于数组的位置 0 处。在实现里，实例变量 self.heap 会引用一个 Python 列表。add 方法的代码如下。

```
def add(self, item):
    self.size += 1
    self.heap.append(item)
    curPos = len(self.heap) - 1
    while curPos > 0:
        parent = (curPos - 1) // 2          # Integer quotient!
        parentItem = self.heap[parent]
        if parentItem <= item:              # Found the spot
            break
        else:                               # Continue walking up
            self.heap[curPos] = self.heap[parent]
            self.heap[parent] = item
            curPos = parent
```

快速浏览这个方法可以发现，从树的底部开始向上移动最多需要进行 $\log_2 n$ 次比较，因此插入操作的复杂度为 $O(\log n)$。这个方法偶尔也会使底层数组的尺寸加倍。发生这种情况时，插入操作的运算复杂度是 $O(n)$。如果把这个开销平摊到所有的插入操作里，这个增加尺寸的步骤在每次插入操作里的复杂度就是 $O(1)$。

删除操作会删除根节点，然后对其他节点的位置进行调整从而继续保持堆属性，最后返回根节点里的元素。下面是删除操作的策略。

- 保存两个分别指向堆里最上层和最底层元素的指针，然后把堆底部的元素移动到顶部。
- 让新的顶部元素从堆的顶部向下移动，在这个过程中，总是和包含更小元素的那个子节点进行交换，直至到达堆的底部。

下面是 pop 方法的代码。

```python
def pop(self):
    if self.isEmpty():
        raise AttributeError("Heap is empty")
    self.size -= 1
    topItem = self.heap[0]
    bottomItem = self.heap.pop(len(self.heap) - 1)
    if self.isEmpty():
        return bottomItem

    self.heap[0] = bottomItem
    lastIndex = len(self.heap) - 1
    curPos = 0
    while True:
        leftChild = 2 * curPos + 1
        rightChild = 2 * curPos + 2
        if leftChild > lastIndex:
            break
        if rightChild > lastIndex:
            maxChild = leftChild
        else:
            leftItem = self.heap[leftChild]
            rightItem = self.heap[rightChild]
        if leftItem < rightItem:
            maxChild = leftChild
        else:
            maxChild = rightChild
            maxItem = self.heap[maxChild]
        if bottomItem <= maxItem:
            break
        else:
            self.heap[curPos] = self.heap[maxChild]
            self.heap[maxChild] = bottomItem
            curPos = maxChild
    return topItem
```

分析这段代码再次表明，执行删除操作所需要进行比较的次数最多也为 $\log_2 n$，因此 pop 操作的复杂度也是 $O(\log n)$。pop 方法有时也会使底层数组尺寸减半。当发生这种情况时，这个操作的运算复杂度是 $O(n)$。如果把这个开销平摊到所有的删除操作里，这个变小尺寸的步骤在每次删除操作里的复杂度都是 $O(1)$。

练习题

1．堆操作的运行时和二叉查找树里的运行时有何不同？

2．使用列表而不是数组来实现堆的好处是什么？

3．堆排序通过堆对列表里的元素进行排序。这个策略的步骤是先把列表里的元素依次添加
  到堆里，然后再把它们依次从堆里删除，从而全部转移回列表里。堆排序的运行时和内
  存复杂度是多少？

10.11　章节总结

- 树是分层多项集。树里最顶层的节点为它的根节点。在普通树里，根下面的所有
  节点都最多只有一个前序节点（也就是父节点）、0 个或多个后继节点（也就是子
  节点）。没有子节点的节点被称为叶节点。有子节点的节点被称为内部节点。一棵
  树的根节点在第 0 层，它的子节点在第 1 层，以此类推。

- 在二叉树中，一个节点最多可以有两个子节点。完全二叉树在填满一层的节点之
  后再去填充下一层的节点，而满二叉树则是在每一层都填满了节点。

- 树中有 4 种标准的遍历类型：前序遍历、中序遍历、后序遍历和层次遍历。

- 表达式树是一种二叉树，其中内部节点包含运算符，内部节点的后继节点包含它
  的操作数，原子操作数包含在叶节点里。表达式树在编程语言的解析器和解释器
  里用来表示表达式的结构。

- 二叉查找树是一种二叉树，其中每个非空的左子树里所包含的数据都小于父节点里的
  数据，每个非空的右子树里所包含的数据都大于父节点里的数据。

- 二叉查找树如果是接近完全的，那么就支持在对数时间里执行搜索和插入的操作。

- 堆是一种二叉树，其中越小的数据元素离根越近。可以使用堆来实现优先队列以
  及有 $n\log n$ 复杂度的堆排序算法。

10.12　复习题

1．位于树的开头或顶部的特殊节点称为：

   a．头部节点

   b．根节点

   c．叶节点

2．没有子节点的节点称为：

   a．单节点

   b．叶节点

3．满二叉树里的第 k 层包含：

   a．$2k$ 个节点

   b．2^k-1 个节点

   c．2^k+1 个节点

4. 假设数据以 D B A C F E G 的顺序插入二叉查找树里。前序遍历将按照下面哪个顺序返回这些数据：

    a. D B A C F E G

    b. A B C D E F G

5. 假设数据以 D B A C F E G 的顺序插入二叉查找树里。中序遍历将按照下面哪个顺序返回这些数据：

    a. D B A C F E G

    b. A B C D E F G

6. 假设数据以 A B C D E F G 的顺序插入二叉查找树里。这棵树的结构类似于下面哪个：

    a. 满二叉树

    b. 列表

7. 从最小堆里删除的元素始终是：

    a. 最小的元素

    b. 最大的元素

8. 表达式树的后序遍历会返回什么形式的表达式：

    a. 中缀形式

    b. 前缀形式

    c. 后缀形式

9. 在最坏情况下，二叉查找树的搜索复杂度是：

    a. $O(\log n)$

    b. $O(n)$

    c. $O(n^2)$

10. 堆的插入和删除操作是：

    a. 线性时间的操作

    b. 对数时间的操作

10.13 编程项目

1. 完成在本章里讨论的 LinkedBST 类的实现，并使用测试程序对它进行测试。

2. 将方法 height 和 isBalanced 添加到 LinkedBST 类里。height 方法会返回本章定义的树的高度。如果树的高度小于它的节点数的 $\log_2$ 值的两倍，那么 isBalanced 方法就会返回 True；否则，返回 False。

3. 将方法 rebalance 添加到 LinkedBST 类里。这个方法会通过中序遍历把树里的元素复制到列表里，然后清空这棵树。接下来，这个方法使用相同的方式再把列表里的元素按照平衡的情况复制回树里。（**提示**：使用一个递归辅助函数来不断地访问列表中点处的元素。）

4. 将方法 successor 和 predecessor 添加到 LinkedBST 类里。这两个方法都会接收一个元素作为参数，然后返回一个元素或 None。一个元素的后序是指大于指定元素的最小元素。而前序是指小于指定元素的最大元素。可以看到，即使指定的元素不在树里，它的后序也是可能存在的。

5. 将方法 rangeFind 添加到 LinkedBST 类里。这个方法会接收两个元素作为参数，这两个元素用来指定在树里需要找到的一系列元素的范围。这个方法会对树进行遍历，然后生成并返回在指定范围内找到的元素的有序列表。

6. 第 6 章里讨论的 ArraySortedSet 类是基于数组实现的有序集合多项集。它所对应的链接实现叫作 TreeSortedSet，整个实现应该使用二叉查找树。编写并测试有序集合多项集的整个新实现，比较 add、remove 和 in 操作在这两个有序集合的不同实现里的运行时性能。

7. 完成并测试本章里开发的表达式树的节点类。

8. 为本章开发的表达式树添加^运算符来执行幂运算，并对这个新的运算符进行测试。

9. 完成本章案例研究里所开发的解析器。这个解析器还应该能够处理幂运算符^。我们提到过，这个运算符的优先级会比*和/要高，而且是向右关联的。这也就意味着表达式 2 ^ 3 ^ 4 等效于 2 ^ (3 ^ 4)，而不是(2 ^ 3) ^ 4。要处理这个语法和语义，把现在的 factor 规则和解析器里的方法重命名为 primary。然后再添加一个叫作 factor 的新规则到语法里，并将相应的方法添加到解析器里。这个规则是，factor 由 primary 和它后面跟着的一对可选的^运算符和另一个因子而组成。你还需要修改 Token 类来包含新的^运算符。

10. 实现并测试 heapSort 函数，它基于本章里开发的堆。使用第 3 章里开发的技术来分析这个函数，从而验证它的运行时复杂度。

11. 修改第 8 章里的案例研究，从而让它使用叫作 HeapPriorityQueue 的基于堆的优先队列。

第 11 章　集合和字典

在完成本章的学习之后，你能够：

● 描述集合的功能及其操作；
● 根据性能特点选择集合的实现；
● 了解集合的应用；
● 描述字典的功能及其操作；
● 根据性能特点选择字典的实现；
● 了解字典的应用；
● 使用哈希策略实现具有常数时间性能的无序多项集。

在有序多项集里，每个元素的值以及它的位置都很重要，每一个元素可以通过位置来访问。我们在本章中将着眼于无序多项集，并且会特别关注它们的实现。从用户的角度来看，只有元素的值才是重要的，他们并不需要关注元素的位置等问题。因此，无序多项集的所有操作不会基于位置。当元素被添加之后，这个元素将通过自身的值被访问。用户可以在无序多项集里插入、检索或删除元素，但是它们不能访问第 i 个、下一个或上一个元素。无序多项集的一些例子有包、集合以及字典。我们在第 5 章以及第 6 章探讨了各种类型的包，你可能也有了使用 Python 的集合和字典的经验。接下来我们将介绍比较高效的集合和字典的一些实现策略。

11.1　使用集合

就像在数学定义里学到的那样，**集合**（set）是一个由无序排列的元素组成的多项集。从用户的角度来看，集合里的元素都是唯一的。也就是说，集合里没有重复的元素。在数学里，可以对集合执行许多操作。一些典型的操作有：

● 返回集合里元素的数量；
● 检测是否为空集（不包含任何元素的集合）；
● 将元素添加到集合里；
● 从集合里删除一个元素；
● 测试集合成员的资格（集合里是否包含指定元素）；
● 获得两个集合的并集。两个集合 A 和 B 的并集是指包含 A 和 B 里所有元素的集合；
● 获得两个集合的交集。两个集合 A 和 B 的交集是指 A 和 B 里都同时存在的元素集合；
● 获得两个集合的差集。两个集合 A 和 B 的差集是指存在于 A 但不存在于 B 里的元素集合；
● 测试一个集合，以判定另一个集合是不是它的子集。当且仅当 B 是空集或 B 里的所有元素也都在 A 里时，集合 B 才是集合 A 的子集。

可以看到，差集和子集操作不是对称的。比如，集合 A 和 B 的差集并不总是与集合 B 和 A 的差集相同。

要描述集合里的内容，可以使用符号{<item-1>...<item-n>}来表示，这些元素并没有特定的顺序。表 11-1 展示了某些典型的集合操作的结果。

表 11-1　　　　　　　　　　　　　　**某些典型的集合操作的结果**

集合	值	并集	交集	差集	子集
A	{12 5 17 6}	{12 5 42 17 6}	{17 6}	{12 5}	False
B	{42 17 6}				
A	{21 76 10 3 9}	{21 76 10 3 9}	{}	{21 76 10 3 9}	True
B	{}				
A	{87}	{22 87 23}	{87}	{}	False
B	{22 87 23}				
A	{22 87 23}	{22 87 23}	{87}	{22 23}	True
B	{87}				

11.2　Python 的集合类

Python 里包含 set 类，表 11-2 里列出了这个类里一些常用方法。

表 11-2　　　　　　　　　　　　　　**set 类的常用方法**

集合方法	功能
s = set()	创建一个空的集合并把它分配给 s
s = set(anIterable)	创建一个包含 anIterable 对象（如字符串、列表以及字典）里不重复元素的集合并把它分配给 s
s.add(item)	如果 item 不在 s 里，就把它添加到 s 里
s.remove(item)	从 s 里返回 item。前置条件：item 需要在 s 里
s.__len__()	相当于 len(s)。返回 s 里的元素数量
s.__iter__()	返回一个 s 的迭代器，s 中支持执行 for 循环。元素并不会按照特定顺序被访问
s.__str__()	相当于 str(s)。返回一个包含 s 中元素字符串表达式的字符串
s.__contains__(item)	相当于 item in s。当 item 在 s 里时返回 True；否则返回 False
S1.__or__(s2)	集合的并集。相当于 s1 | s2。返回一个存在于 s1 或 s2 里的元素集合
S1.__and__(s2)	集合的交集。相当于 s1 & s2。返回一个同时存在于 s1 和 s2 里的元素集合
S1.__sub__(s2)	集合的差集。相当于 s1 - s2。返回一个只存在于 s1 但不存在于 s2 里的元素集合
S1.issubset(s2)	如果 s1 是 s2 的子集，则返回 True；否则，返回 False

11.2.1　使用集合的交互示例

在下面这个例子里，我们会创建两个分别叫作 A 和 B 的集合，并对它们执行一些操作。当 set 的构造函数接收一个列表作为参数时，这个列表的元素会被复制到集合里，同时会忽略重复的元素。可以看到，Python 使用的是大括号而不是方括号来输出 set 的值。

```
>>> A = set([0, 1, 2])
>>> B = set()
>>> 1 in A
True
>>> A & B
{}
>>> B.add(1)
>>> B.add(1)
>>> B.add(5)
>>> B
{1, 5}
>>> A & B
{1}
>>> A | B
{0, 1, 2, 5}
>>> A - B
{0, 2}
>>> B.remove(5)
>>> B
{1}
>>> B.issubset(A)
True
>>> for item in A:
        print(item, end = "")
0 1 2
```

11.2.2　集合的应用

集合除了应用于数学领域，在数据处理领域还有许多应用。比如，在数据库管理领域，如果一个查询语句包含两个键的结合，就可以通过与这两个键关联的元素集合的交集来得到答案。

11.2.3　集合和包之间的关系

就像在第 5 章里提到的那样，包是一个元素的无序多项集。集合和包之间的主要区别在于，集合里各个元素间都不同，而包可以包含同一个元素的多个实例。集合类型还包括通常不会和包相关联的操作，比如交集、差集和子集。你很快就会看到，集合和包的相似性会对它的某些实现策略产生影响。

11.2.4　集合与字典之间的关系

就像在第 2 章里提到的那样，**字典**是一个由称为**条目**的元素构成的无序多项集。每个条目都包含一个键和一个相关联的值。添加、修改和删除条目的操作会使用键来定位条目以及它的值。字典的键必须是唯一的，但是它的值可以重复。因此，可以把字典当成键的集合。字典和集合之间的差异和相似性将影响到字典的实现策略。

11.2.5　集合的实现

我们可以使用数组或链接结构来存放集合中的数据元素。链接结构的优点是，只要元素位于结构里，就可以支持常数时间的删除。但是，你很快就会发现，这样会让添加和删除元素需要用到线性搜索。另一种策略名为哈希（hashing），这个策略会通过近似随机访问数组以实现插入、删除和搜索操作。我们稍后会介绍上述 3 种实现策略。

练习题

1. 集合与列表在哪些方面有所不同？
2. 假设集合 s 里包含数字 3，请写出在执行下面这些操作后产生的集合序列：
   a. s.add(4)
   b. s.add(4)
   c. s.add(5)
   d. s.remove(3)
3. 如何访问集合里的所有元素？

11.3　集合的数组实现和链接实现

前文提到，集合相当于一个只包含不重复数据元素和一些额外方法的包。因此，最简单的集合实现就是使其成为第 6 章里讨论的包类的子类。通过继承可以从父类（ArrayBag、LinkedBag 和 ArraySortedBag 类）里得到它们的大部分代码；再支持集合接口里的方法，就可以得到这些名为 ArraySet、LinkedSet 和 ArraySortedSet 的集合类了。

集合的特定方法 __and__、__or__、__sub__ 和 issubset 可以分别实现在各个集合类里。由于这些方法仅运行集合接口里的其他方法，在不同的实现里它们的代码都是相同的，因此可以在叫作 AbstractSet 的父类里实现它们。图 11-1 展示了集合类之间的关系。

可以看到，每个具体的集合类都是两个类的子类，其中之一就是 AbstractSet 类。Python 支持多重继承，也就是说，一个类可以有多个父类，只要被继承的元素不同就行了。

还需要注意的一点是，与 AbstractBag 不同，AbstractSet 并不是 AbstractCollection 的子类。这样的好处是，AbstractSet 不会为数据引入任何新的实例变量，只会定义集合所特有的其他方法。接下来，我们将探索集合的基于数组的实现，以了解这个层次结构里的继承关系。

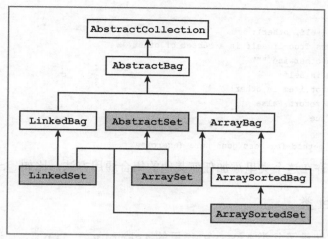

图 11-1 集合类之间的关系

11.3.1 AbstractSet 类

AbstractSet 类相当于集合的通用方法__and__、__or__、__sub__和 issubset 的存放器。这个类是 object 的子类，因为其他集合类已经从包类里继承了其他的多项集资源。下面是这个类的相关代码。

```
"""
File: abstractset.py
Author: Ken Lambert
"""

class AbstractSet(object):
"""Generic set method implementations."""

    # Accessor methods
    def __or__(self, other):
        """Returns the union of self and other."""
        return self + other

    def __and__(self, other):
        """Returns the intersection of self and other."""
        intersection = type(self)()
        for item in self:
            if item in other:
                intersection.add(item)
        return intersection

    def __sub__(self, other):
        """Returns the difference of self and other."""
        difference = type(self)()
        for item in self:
            if not item in other:
                difference.add(item)
        return difference
```

```
def issubset(self, other):
    """Returns True if self is a subset of other
    or False otherwise."""
    for item in self:
        if not item in other:
            return False
    return True

# The __eq__ method for sets goes here (exercise)
```

这样的设计允许在这个类里添加任何其他的集合通用方法，比如__eq__。

11.3.2 ArraySet 类

ArraySet 类继承了父类 ArrayBag 里的 isEmpty、__len__、__iter__、__add__、add 和 remove 方法。ArraySet 类还从另一个父类 AbstractSet 里继承了__and__、__or__、__sub__、issubset 和__eq__方法。ArraySet 类把这些方法融合在一起从而支持新的对象类型。但是，在这个过程中，ArraySet 必须重写 ArrayBag 里的 add 方法，以防重复的元素被插入。下面是 ArraySet 的代码。

```
"""
File: arrayset.py
Author: Ken Lambert
"""

from arraybag import ArrayBag
from abstractset import AbstractSet

class ArraySet(AbstractSet, ArrayBag):
    """An array-based implementation of a set."""

    def __init__(self, sourceCollection = None):
        ArrayBag.__init__(self, sourceCollection)

    def add(self, item):
        """Adds item to the set if it is not in the set."""
        if not item in self:
            ArrayBag.add(self, item)
```

可以看到，在类的定义里列出了两个父类，其中 AbstractSet 在 ArrayBag 前面。因为这两个类都定义了__eq__方法，所以 Python 编译器必须确定在 ArraySet 类的代码里包括哪个版本。这通过在类的定义里列出第一个父类里的方法来实现。

还可以看到，只有目标元素不在集合里，才会调用 ArrayBag 里的 add 方法。LinkedSet 和 ArraySortedSet 类的代码和 ArraySet 非常相似，其实现将作为练习留给你。

11.4 使用字典

我们可以把字典看作包含键值对称为**条目**（entry）的集合。但是，字典的接口和集合的接口并不相同。就像通过使用 **Python** 的 dict 类型那样，它可以通过下标运算符[]在指定键的位置处插入或替换值。pop 方法会删除给定键处的值，而 keys 和 values 方法分别返回字典里键的集合或值的多项集上的迭代器。__iter__方法通过字典上的键支持 for 循环。get 方法能够让你访问键所关联的值，如果键不存在，就返回默认值。字典也支持常用的多项集方法。表 11-3 列出了在本章里将会实现的字典接口里特定于字典的方法。

表 11-3　　　　　　　　　　　**字典多项集的接口**

方法	功能
d = \<dictionary type\>(keys = None, values = None)	创建一个字典并把它分配给 d。如果 keys 和 values 存在，就从中复制这个键值对的序列
d.__getitem__(key)	相当于 d[key]。如果 key 存在，返回和 key 相关联的值；否则，引发 KeyError 异常
d.__setitem__(key, value)	相当于 d[key] = value。如果 key 存在，则用 value 替换它所关联的值；否则，插入一个新的键值对条目
d.get(key, defaultValue = None)	如果 key 存在，返回和它相关联的值；否则，返回 defaultValue
d.pop(key, defaultValue = None)	如果 key 存在，删除键值对条目，并返回和它相关联的值；否则，返回 defaultValue
d.__iter__()	相当于 iter(d) 或 for key in d:。返回 d 中键的迭代器
d.keys()	返回 d 中键的迭代器
d.values()	返回 d 中值的迭代器
d.entries()	返回 d 中条目（键值对）的迭代器

可以看到，字典的构造函数和其他多项集类型里的不同，它需要两个可选的多项集参数：键的多项集和所对应值的多项集。

11.5　字典的数组实现和链接实现

字典的两个实现分别基于数组和基于链接。它的设计策略和本书里的其他多项集所使用的策略相似。

- 把新的类放入多项集框架里，让它可以通过继承祖先类得到一些数据和方法。
- 如果新接口里的其他方法在所有类里都有相同的实现，那么把它们放在一个新的抽象类里。

为了实现上述设计目标，我们把 AbstractDict 类作为 AbstractCollection 的子类添加到框架里。这个新类负责实现__str__、__add__、__eq__、__iter__、get、keys、values 和 entries 方法。

接下来，实体类 `ArrayDict` 和 `LinkedDict` 作为 `AbstractDict` 的子类出现。它们会实现 `__iter__`、`clear`、`__getitem__`、`__setitem__` 和 `pop` 方法。图 11-2 展示了这些类之间的关系。

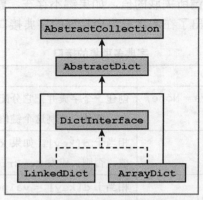

图 11-2　字典的数组实现和链接实现

11.5.1　Entry 类

字典里的元素或者条目是由两部分组成的：键和值。图 11-3 展示的一个条目的键为 "age"，值为 39。

字典的实现都会包含条目。每个键值对都打包在 `Entry` 对象里。`Entry` 类会包含一些比较方法，从而让程序员可以检测两个条目是否相等，或在有序字典里对它进行排序。比较都是在键上进行的。下面是这个类的代码。

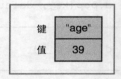

图 11-3　字典条目

```python
class Entry(object):
    """Represents a dictionary entry.
    Supports comparisons by key."""

    def __init__(self, key, value):
        self.key = key
        self.value = value

    def __str__(self):
        return str(self.key) + ":" + str(self.value)

    def __eq__(self, other):
        if type(self) != type(other): return False
        return self.key == other.key

    def __lt__(self, other):
        if type(self) != type(other): return False
        return self.key < other.key

    def __le__(self, other):
        if type(self) != type(other): return False
        return self.key <= other.key
```

为方便起见，`Entry` 类与 `AbstractDict` 类将放在同一个模块 `abstractdict` 里。

11.5.2 AbstractDict 类

AbstractDict 类包含所有只需要调用字典中的其他方法来完成工作的方法。这些方法还包括一些 AbstractCollection 里的方法，比如__str__、__add__和__eq__，但是必须要重写这些方法来支持字典的相关行为。

另外，AbstractDict 里的__init__方法现在需要把键和值从可选的源多项集里复制到新的字典对象里。可以看到，这一步是在调用 AbstractCollection 里的__init__方法之后完成的，这时没有多项集参数。

下面是 AbstractDict 类的代码。

```
"""
File: abstractdict.py
Author: Ken Lambert
"""

from abstractcollection import AbstractCollection

class AbstractDict(AbstractCollection):
    """Common data and method implementations
    for dictionaries."""

    def __init__(self, keys, values):
        """Will copy entries to the dictionary
        from keys and values if they are present."""
        AbstractCollection.__init__(self)
        if keys and values:
            valuesIter = iter(values)
            for key in keys:
                self[key] = next(valuesIter)

    def __str__(self):
        return "{" + ", ".join(map(str, self.entries())) + "}"

    def __add__(self, other):
        """Returns a new dictionary containing the contents
        of self and other."""
        result = type(self)(self.keys(), self.values())
        for key in other:
            result[key] = other[key]
        return result

    def __eq__(self, other):
        """Returns True if self equals other,
        or False otherwise."""
        if self is other: return True
        if type(self) != type(other) or \
           len(self) != len(other):
            return False
        for key in self:
            if not key in other:
                return False
        return True

    def keys(self):
        """Returns an iterator on the keys in
        the dictionary."""
```

```
            return iter(self)

    def values(self):
        """Returns an iterator on the values in
        the dictionary."""
        return map(lambda key: self[key], self)

    def entries(self):
        """Returns an iterator on the entries in
        the dictionary."""
        return map(lambda key: Entry(key, self[key]), self)

    def get(self, key, defaultValue = None):
        """Returns the value associated with key if key is
        present, or defaultValue otherwise."""
        # Exercise
        return defaultValue
```

AbstractDict 类很好地说明了如何通过继承来组织代码。在所包含的 8 个方法里，其中 4 个（keys、values、entries 和 get）对于所有字典有相同的实现，而其他 4 个（__init__、__str__、__add__ 和 __eq__）会对 AbstractCollection 里的相同方法进行重写，以满足字典的需求。

11.5.3　ArrayDict 类

和其他实体类一样，ArrayDict 类负责初始化多项集的容器对象，以及实现直接访问这个容器的方法。为了避免对数组进行管理需要的额外工作，我们可以选择 Python 里基于数组的列表作为容器对象，然后实现字典接口里的 __iter__、__getitem__、__setitem__ 和 pop 方法。在 __getitem__、__setitem__ 和 pop 方法里，可以通过调用辅助方法 getIndex 得到指定键的位置。

下面是 ArrayDict 类的代码。

```
"""
File: arraydict.py
Author: Ken Lambert
"""

from abstractdict import AbstractDict, Entry

class ArrayDict(AbstractDict):
    """Represents an array-based dictionary."""

    def __init__(self, keys = None, values = None):
        """Will copy entries to the dictionary
        from keys and values if they are present."""
        self.items = list()
        AbstractDict.__init__(self, keys, values)

    # Accessors

    def __iter__(self):
        """Serves up the keys in the dictionary."""
        cursor = 0
        while cursor < len(self):
            yield self.items[cursor].key
            cursor += 1
```

```python
    def __getitem__(self, key):
        """Precondition: the key is in the dictionary.
        Raises: a KeyError if the key is not in the dictionary.
        Returns the value associated with the key."""
        index = self.getIndex(key)
        if index == -1:
            raise KeyError("Missing: " + str(key))
        return self.items[index].value

    # Mutators
    def __setitem__(self, key, value):
        """If the key is not in the dictionary, adds the key
        and value to it.
        Otherwise, replaces the old value with the new value."""
        index = self.getIndex(key)
        if index == -1:
            self.items.append(Entry(key, value))
            self.size += 1
        else:
            self.items[index].value = value

    def pop(self, key, defaultValue = None):
        """Removes the key and returns the associated value
        if the key is in the dictionary,
        or returns the default value otherwise."""
        index = self.getIndex(key)
        if index == -1:
            return defaultValue
        self.size -= 1
        return self.items.pop(index).value

    def getIndex(self, key):
        """Helper method for key search."""
        index = 0
        for nextKey in self:
            if nextKey == key:
                return index
            index += 1
        return -1
```

请自行实现 LinkedDict 类。

11.5.4 字典的数组实现和链接实现的复杂度分析

集合和字典的基于数组的实现对程序员来说并不太难，但遗憾的是，它们的表现并不好。只需要稍微看一下基本的访问方法就可以知道，所有的访问方法必须对底层数组执行线性搜索，因此，这些基本的访问方法都是 $O(n)$。

从用户的角度来看，元素并没有特定的顺序，所以不能像第 10 章里讨论的二叉查找树那样，找到一个支持对数时间执行访问和插入操作的实现。好在还有一些集合和字典的实现策略可以让这些操作比线性更快，参见 11.6 节。

练习题

1. ArraySet 类的 add 方法会搜索整个集合。讨论在 union、intersection 和 difference 方法里，对整个集合进行搜索对性能产生的影响，并给出这些方法的大 O

复杂度。

2. Jill 为 `ArraySet` 类的 `add` 方法提出了一种更高效的策略。这个策略不去检查有没有重复项，而是直接把它添加到列表里。讨论这个策略对 `ArraySet` 类中其他方法的影响。

11.6　哈希策略

　　就像在第 4 章里提到的那样，访问多项集里的元素的最快方法是使用通过数组或基于数组的列表所支持的随机访问。如果也假设集合和字典的底层数据结构是数组，那么看看能不能找到一种接近随机访问的方法来访问集合里的元素或字典里的键。在理想情况下，集合里的元素或字典里的键都是从 0 到结构大小减 1 的连续数字。因此可以在常数时间内访问它们在底层数组里的位置。在实际的数据处理过程中，键通常是一个非常大的数字、人的名字或其他的一些属性，这种简单的情况很少发生。

　　假设第一个键是数字 15000，后面的键都是连续编号的。可以通过表达式 `key-15000` 来计算指定键在数组里的位置。这种计算被称为**键到地址的转换**（key-to-address transformation）或**哈希函数**（hashing function）。哈希函数对于给定的键会返回它在数组里的相应位置。和这个哈希策略一起使用的数组被称为**哈希表**（hash table）。如果哈希函数能够在常数时间内运行，那么通过键执行的插入、访问和删除操作都为 O(1)。

　　哈希函数的第一个例子并不简单。假设键不是连续的数字，数组结构的长度为 4。希望哈希函数 `key % 4` 能够为键 3、5、8 和 10 在数组里产生不同的索引，如图 11-4 所示。

　　遗憾的是，如果换成键 3、4、8 和 10，那么它们在数组里并不都能找到唯一的位置，因为 4 和 8 都会被哈希到索引 0 处（见图 11-5）。

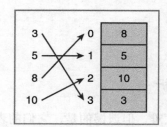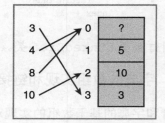

图 11-4　键 3、5、8 和 10 使用哈希函数　　　　图 11-5　键 3、4、8 和 10 使用哈希函数
　　　　`key % 4` 之后的位置　　　　　　　　　　　　　`key % 4` 之后的位置

　　把 4 和 8 哈希到相同索引的过程称为**冲突**（collision）。

　　接下来我们将探讨与哈希相关的技术开发。这些技术能够最大限度地减少冲突并且增加对无序多项集里的元素进行常数时间访问的可能性。这部分内容还会讨论冲突发生时的处理策略。

11.6.1　冲突与密度的关系

　　图 11-5 所示为在哈希到一个快要满的数组的过程中所发生的数据冲突的例子。如果数

组里有额外的内存单元（超出数据所需的内存单元），还会发生冲突吗？为了回答这个问题，我们应编写一个叫作 keysToIndexes 的 Python 函数进行验证。这个函数通过包含键的列表来生成一个大小为 N 的索引数组。其中，键是一个正整数。键所对应的数组索引是键除以数组长度后的余数（对于任何正整数 c 来说，c % n 是一个范围在 $0\sim n-1$ 的数字）。下面是 keysToIndexes 的定义，紧跟着它的交互结果展示前面讨论的两个数据集的索引。

```python
def keysToIndexes(keys, n):
    """Returns the indexes corresponding to
    the keys for an array of length n."""
    return list(map(lambda key: key % n, keys))

>>> keysToIndexes([3, 5, 8, 10], 4)      # No collisions
[3, 1, 0, 2]
>>> keysToIndexes([3, 4, 8, 10], 4)      # One collision
[3, 0, 0, 2]
```

通过不断增长数组运行这两组键的集合，你将发现当数组长度达到 8 时，就不会再发生冲突。

```python
>>> keysToIndexes([3, 5, 8, 10], 8)
[3, 5, 0, 2]
>>> keysToIndexes([3, 4, 8, 10], 8)
[3, 4, 0, 2]
```

可能还会存在其他 4 个键的集合，它们会在长度为 8 的数组里产生冲突，但是很明显，只要愿意浪费一些数组内存，那么在哈希处理的过程中发生冲突的可能性就会降低。换句话说，随着键的**密度**（density）或数量（相对于数组长度）的减少，发生冲突的可能性也随之降低。在第 4 章里介绍的数组的负载因子，就是对数据密度（元素的数量/数组长度）的度量。比如，在刚刚讨论的例子里，一旦负载因子超过 0.5，就会发生冲突。保持较低的负载因子（如低于 0.2）看起来是一种避免冲突的好方法，但是，负载因子低于 0.5 所导致的内存成本对于有数百万个元素的数据集来说是不可能实现的。

即使负载因子低于 0.5 也不能防止某些数据集发生很多的冲突。比如一个有 7 个键的集合 10、20、30、40、50、60 和 70，如果把它们哈希到长度为 15 的数组里，那么它们都不能得到唯一的索引，就像下面这个交互结果。

```python
>>> keysToIndexes([10, 20, 30, 40, 50, 60, 70], 15)
[10, 5, 0, 10, 5, 0, 10]
```

如果数组的长度为一个质数（例如 11），结果就会更好一些：

```python
>>> keysToIndexes([10, 20, 30, 40, 50, 60, 70], 11)
[10, 9, 8, 7, 6, 5, 4]
```

较小的负载因子和数组长度是质数能够为防止冲突提供一些帮助，但仍有必要开发其他的技术来处理发生冲突的情况。

11.6.2 非数字键的哈希

前面的例子使用的都是数据的整数键。那么，怎样才能为其他类型的数据（如名称或者包含字母的商品代码）产生整数键呢？

如果把它们都看作字符串，就需要从每个唯一的字符串里得到唯一的整数键。我们可以尝试返回字符串里 ASCII 码值的总和来完成这个工作，但是这个方法在面对**字谜**（anagrams）和包含相同的字符但顺序不同的字符串时会得到相同的键，例如“cinema”和“iceman”。同时，还有另一个问题是，英语里单词的首字母并不是平均分布的，比如，以字母 S 开头的单词会比以字母 X 开头的单词要多。这就可能会对总和产生的加权或偏差有影响，因此，键会在整个键集合的特定范围内发生聚集。这样的聚集就会导致在数组里键的聚集。在理想情况下，最好能够把键均匀地分布在数组里。为了减少首字母所导致的潜在偏差，并且减少字谜所产生的影响，如果字符串的长度大于某个阈值，那么可以在计算总和之前从字符串里先删除第一个字符。除此之外，如果字符串长度超过了特定的长度，那么应减去最后一个字符的 ASCII 码值。下面是 stringHash 函数的定义，并展示了处理字谜的情况。

```python
def stringHash(item):
    """Generates an integer key from a string."""
    if len(item) > 4 and \
       (item[0].islower() or item[0].isupper()):
        item = item[1:]            # Drop first letter
    total = 0
    for ch in item:
        total += ord(ch)
    if len(item) > 2:
        total -= 2 * ord(item[-1]) # Subtract last ASCII
    return total

>>> stringHash("cinema")
328
>>> stringHash("iceman")
296
```

为了测试这个新的哈希函数是否能够满足需求，我们可以更新 keysToIndexes 函数，让它的第三个可选参数接收哈希函数。这个哈希函数的默认值（可以用来处理前面提到的整数键的情况）就是简单地返回接收到的那个键。

```python
def keysToIndexes(keys, n, hashFunc = lambda key: key):
    """Returns the array indexes corresponding to the
    hashed keys for an array of length n."""
    return list (map(lambda key: hashFunc(key) % n, keys))
```

修改之后，测试函数就可以和之前一样继续使用整数键列表了，也可以使用字符串列表了，就像下面这个交互操作一样。

```python
# First example
>>> keysToIndexes([3, 5, 8, 10], 4)
[3, 1, 0, 2]
# Collision
>>> keysToIndexes(["cinema", "iceman"], 2, stringHash)
[0, 0]
# n is prime
>>> keysToIndexes(["cinema", "iceman"], 3, stringHash)
[1, 2]
```

Python 还包括了用在哈希应用程序里的标准哈希函数——hash。这个函数可以接收任何的 Python 对象作为参数，并返回唯一的整数。由于整数可能为负数，因此在通过余数运算符计算索引之前，必须对它取绝对值。下面是使用 hash 函数和使用 stringHash 函数的结果的比较。

```
>>> list(map(lambda x: abs(hash(x), ["cinema", "iceman"]))
[1338503047, 1166902005]
>>> list(map(stringHash, ["cinema", "iceman"]))
[328, 296]
>>> keysToIndexes(["cinema", "iceman"], 3,
                   lambda x: abs(hash(x)))
[1, 0]
>>> keysToIndexes(["cinema", "iceman"], 3, stringHash)
[1, 2]
```

更高级的哈希函数是更高阶课程里的主题，不属于本书的范围。在本章的其余部分，我们会使用 Python 的 hash 函数以及其他方法。

无论哈希函数多么先进，哈希表里仍然有存在冲突的可能性。计算机科学家已经开发出了许多解决冲突的方法。下面我们将对其中一些方法加以讨论。

11.6.3　线性探测法

对于插入操作来说，解决冲突最简单的方法是从冲突点开始在数组里向后搜索第一个可用的位置，这被称为**线性探测法**（linear probing）。数组里的所有位置都处于这 3 种可区分的状态之一：已被占用、未被占用和曾被占用。如果一个位置从未被占用过，或者从这里删除了一个键（曾经被占用），就认为这个位置可以插入一个新的键。可以用值 EMPTY 和 DELETED 分别代表这两个状态。在程序开始的时候，用值 EMPTY 填充整个数组。在删除这个键的时候，内存单元的值将被设置为 DELETED。在插入操作开始执行时，会运行哈希函数来计算元素的**起始索引**（home index）。起始索引是指元素在哈希函数正常工作的情况下应该到达的位置（这个位置还未被占用）。如果起始索引处的内存单元不可用，那么这个算法会把整个索引移到右侧来检测可以使用的内存单元。当搜索到达数组的位置最后时，探测将会绕回到第一个位置继续执行。如果假设数组没有满并且不包含重复的元素，那么插入名为 table 的数组的代码如下所示。

```
# Get the home index
index = abs(hash(item)) % len(table)
# Stop searching when an empty cell is encountered
while not table[index] in (EMPTY, DELETED):
    # Increment the index and wrap around to first
    # position if necessary
    index = (index + 1) % len(table)
# An empty cell is found, so store the item
table[index] = item
```

检索和删除的工作方式类似。对于检索来说，如果当前数组单元为空或包含目标元素，就停止探测过程。这个过程忽略曾被占用和已被占用的内存单元。对于删除来说，仍然像检索那样进行探测，如果找到目标元素，就把它的内存单元设置为 DELETED。

使用这种解决冲突的方法时有一个问题：执行若干次插入和删除操作之后，在给定的元素和起始索引之间可能会存在标记为 DELETED 的内存单元。这也就意味着这个元素和起始索引的距离会比实际需要的更远，从而增加了平均的总体访问时间，如下两种方法可以解决这个问题。

- 在删除操作后，把内存单元右侧的数据都移动到整个内存单元的左侧，直至遇到空内存单元、已被占用的内存单元或元素的起始索引。因此，如果删除一个元素会产生一个空隙，那么这个过程就会消除这个空隙。
- 定期刷新哈希表，如果表的负载因子达到 0.5，就进行刷新。这样做会把所有曾被占用的内存单元转换为已被占用或未被占用的内存单元。如果哈希表可以通过某种方式来跟踪特定元素的访问频率，就可以按照从高到低的顺序重新插入元素。这样能够把访问更为频繁的元素放在更靠近起始索引的位置。

因为在任何数组变满（或负载因子超过可接受的范围）的情况下都必须要重新更新哈希表，所以你可能会更喜欢第二种策略。

线性探测法还容易产生另一个名为**聚集**（clustering）的问题，也就是当导致冲突的元素重新被定位到数组里的同一区域（聚簇）时，冲突仍然会发生。图 11-6 展示了对于包含 20、30、40、50、60、70 的数据集合执行几次插入键的操作之后的情况。可以看到，虽然直到插入键 60 和 70 时才会执行线性探测，但是这个时候聚集问题已经出现在数组的底部了。

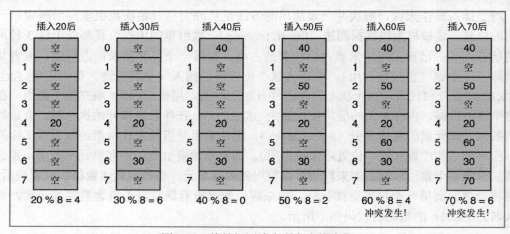

图 11-6　线性探测法中所产生的聚集

这种聚集通常会导致和其他重新定位的元素发生冲突。在应用程序的运行过程中，几个聚落可能会不断发展并合并成为更大的聚簇。随着聚簇不断地变得更大，从起始索引探测到的可用位置的平均距离也就会变得更长，平均运行时也会变得更长。

11.6.4　二次探测法

一种避免产生由线性探测法导致的聚集的办法是：把对空位的搜索移动到距离冲突点很远的地方。**二次探测法**（quadratic probing）通过把每次得到的起始索引增加一个距离的平方来实现这个目的。如果尝试失败，就会继续增加距离，然后再试一次。换句话说，如果从起始索引 k 和距离 d 开始，那么每次使用的公式就是 $k+d^2$。如果需要继续探测，那么探测将从起始索引加 1 的位置开始。如果还需要继续，就会从起始索引加 4、加 9、加 25 等的位置开始。

下面是插入操作的代码，它已经被修改为使用二次探测法了。

```
# Set the initial key, index, and distance
key = abs(hash(item))
distance = 1
homeIndex = key % len(table)
index = homeIndex

# Stop searching when an unoccupied cell is encountered
while not table[index] in (EMPTY, DELETED):
    # Increment the index and wrap around to the
    # first position if necessary
    index = (homeIndex + distance ** 2) % len(table)
    distance += 1

# An empty cell is found, so store the item
table[index] = item
```

这种策略的主要问题是，跳过某些内存单元可能会错过一个或多个未被占用的内存空间，而这会导致空间的浪费。

11.6.5 链式法

在名为**链式法**（chaining）的冲突处理策略里，元素存储在一个链接列表的数组里，也就是**链**（chain）里。每个已经存在或即将插入元素的键都会位于链的**存储桶**（bucket）或索引里。每次访问或删除操作都会执行如下步骤。

● 在数组里计算元素的起始索引。
● 在这个索引的链接列表里搜索这个元素。

如果找到了这个元素，就返回或删除它。图 11-7 展示了包含 5 个存储桶和 8 个元素的链接列表的数组。

每个元素的起始索引都是数组里链接列表所对应的索引，比如，元素 D7、D3 和 D1 的起始索引都是 4。

要把元素插入这个结构里，需要执行如下步骤。

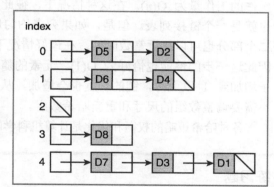

图 11-7　包含 5 个存储桶和 8 个元素的链接列表的数组

● 在数组里计算元素的起始索引。
● 如果数组的内存单元为空，就创建一个包含这个元素的节点，然后把这个节点分配给这个内存单元；否则，就会发生冲突，已经存在的元素位于这个位置上链接列表或链的头。接下来，把新元素插入这个链接列表的开头。

使用第 4 章里讨论的 Node 类，可以得到下面这个使用链式法插入元素的代码。

```
# Get the home
index index = abs(hash(item)) % len(table)

# Access a bucket and store the item at the head
```

```
# of its linked list
table[index] = Node(item, table[index])
```

11.6.6 复杂度分析

可以看到，线性冲突处理的复杂度取决于负载因子以及重新定位的元素产生聚落的趋势。在最坏情况下，如果方法必须在确定元素位置前遍历整个数组，那么这个操作就是线性的。对线性方法的一项研究（参见高德纳（Donald E. Knuth）所著的《计算机程序设计艺术（卷 3）：排序与搜索》[①]，由位于加利福尼亚州门洛帕克市的艾迪生韦斯利出版社在 1973 年出版）表明，在平均情况下，要找到一个不存在的元素的复杂度为

$$(1/2)[1+1/(1-D)^2]$$

其中，D 是密度比也就是负载因子。

由于使用二次探测法是为了减轻聚集问题，因此可以期望它的平均性能要优于线性方法。根据 Knuth 的研究，对于查找成功的情况来说，二次探测法的平均搜索复杂度为

$$1-\log_e(1-D)-(D/2)$$

而对于失败的情况来说，复杂度为

$$1/(1-D)-D-\log_e(1-D)$$

对于存储桶/链式法的分析表明，定位一个元素的过程包括以下两个部分。

● 计算起始索引。
● 发生冲突时搜索链接列表。

第一个部分是常数时间的行为，第二个部分是线性时间的行为。在最坏情况下，这个操作的工作量为 O(n)。在这种情况下，彼此发生冲突的所有元素存放在一个链里，这个链也就是一个链接列表。但是，如果列表均匀地分布在整个数组里，并且数组很大，那么第二个部分也可以接近常数时间。在最好情况下，长度为 1 的链占据了每个数组的内存单元，因此这一步的性能也恰好为 O(1)。元素的随机插入往往会得到均匀分布。但是，当负载因子增加到 1 以上时，链的长度也会增加，从而导致性能下降。和其他方法不同，链式法并不需要调整数组的尺寸和重新哈希数组。

各种哈希策略的权衡和优化是计算机科学的后续课程的主题，不在本书的讨论范围之内。

练习题

1. 请说明为什么哈希可以对数据结构提供常数时间的访问。
2. 什么是起始索引？
3. 导致冲突的原因是什么？
4. 解决冲突的线性探测法是如何工作的？
5. 什么导致了聚集？
6. 解决冲突的二次探测法是如何工作的，为什么它能减轻聚集的问题？
7. 计算下面这些情况的负载因子。

---

① 这本书的新版由位于美国马萨诸塞州雷丁镇的艾迪生-韦斯利出版社在 1998 年出版。——译者注

a. 长度为 30 的数组，包含 10 个元素
b. 长度为 30 的数组，包含 30 个元素
c. 长度为 30 的数组，包含 100 个元素

8. 请说明链式法的工作方式。

11.7 案例研究：分析哈希策略

在第 3 章的案例研究里，我们开发了一个算法分析器，以评估某些排序算法的性能。接下来，我们将开发一个类似的工具，以评估 11.6 节里讨论的某些哈希策略的性能。

11.7.1 案例需求

编写一个程序，以便让程序员分析不同的哈希策略。

11.7.2 案例分析

分析器应该能够让程序员收集到由不同的哈希策略所引起的冲突数量的统计信息，以及其他一些也应该获得的有用信息，这些信息包括哈希表的负载因子、在线性探测法或二次探测法执行的过程中要解决冲突所需的探测数量。分析器假设程序员已经定义了一个叫作 HashTable 的类，这个类包含了表 11-4 列出的方法。

表 11-4 HashTable 类里的方法

HashTable 类的方法	功能
T = HashTable(capacity = 29, hashFunction = hash, linear = True)	创建并返回一个基于初始容量、哈希函数和冲突处理策略的哈希表。如果参数 linear 是 False，则使用二次探测策略
T.insert(item)	把 item 添加到哈希表里
T.__len__()	相当于 len(T)。返回哈希表里的元素数量
T.getLoadFactor()	返回哈希表当前的负载因子（元素的数量除以总容量）
T.getHomeIndex()	返回插入、删除或访问操作用到的最后一个元素的起始索引
T.getActualIndex()	返回插入、删除或访问操作用到的最后一个元素的实际索引
T.getProbeCount()	返回插入、删除或访问操作用到的最后一个元素在处理冲突时所需要的探测数量
T.__str__()	相当于 str(T)。返回哈希表的数组里字符串表达式。如果内存单元为空，显示为 None；如果内存单元曾被占用，显示为 True

为了满足本案例研究的目的，这个简单的表包含了若干种不同的方法，从而让程序员

插入元素并确定数组的长度、负载因子、最新插入的起始索引和实际索引以及冲突后所需的探测数量。可以看到，在创建哈希表时，程序员可以提供它的初始容量和哈希函数。程序员还可以声明是否使用线性探测策略。默认的哈希函数是 Python 自己的 hash 函数，程序员也可以在哈希表的实例化过程中提供不同的哈希函数。如果不想使用线性探测法，那么这个哈希表将会使用二次探测法。哈希表的默认容量是 29 个内存单元，但程序员可以在创建时调整它的容量。

提供给分析器的信息是哈希表和数据集里的元素列表，返回的信息是一个字符串。这个字符串会展示一个格式化的结果表格，其中的列包括负载因子、插入的元素、起始索引、在哈希表里插入的最终位置以及所需的探测数。冲突总次数、探测总次数以及每次冲突的平均探测数，也会输出在这个表下方的字符串里。程序员会基于哈希表以及它的数据集来运行分析器，再把这些数据结果作为参数提供给 test 方法。可以通过单独调用相应的分析器方法或直接输出整个分析器对象来得到冲突总次数和探测总次数。表 11-5 列出了 Profiler 类的方法。

表 11-5   Profiler **类里的方法**

Profiler 类的方法	功能
P = profiler()	创建并返回一个分析器对象
p.test (aTable, aList)	在一个哈希表和给定的数据集上运行分析器
p.__str__()	相当于 str(p)。返回一个格式化的结果表格
p.getCollisions()	返回冲突总次数
p.getProbeCount()	返回为了解决冲突而执行的探测总次数

下面这个 main 函数分析了前面采用线性探测法的例子里使用的哈希表。

```
def main():
    # Create a table with 8 cells, an identity hash function,
    # and linear probing.
    table = HashTable(8, lambda x: x)
    # The data are the numbers from 10 through 70, by 10s
    data = list(range(10, 71, 10))
    profiler = Profiler()
    profiler.test(table, data)
    print(profiler)
```

下面是分析器的结果。

```
Load Factor      Item Inserted      Home Index      Actual Index      Probes
   0.000              10                 2                2              0
   0.125              20                 4                4              0
   0.250              30                 6                6              0
   0.375              40                 0                0              0
   0.500              50                 2                3              1
   0.625              60                 4                5              1
   0.750              70                 6                7              1
Total collisions: 3
```

```
Total probes: 3
Average probes per collision: 1.0
```

11.7.3 案例设计

HashTable 类需要为它的内存单元数组、大小、哈希函数、冲突策略、最新操作的起始索引和实际索引，以及探测的数量分配实例变量。insert 方法会采用上一节里讨论的策略，并且会加上如下两个改进。

● 起始索引和探测数量会被更新。
● 探测期间需要增加索引时，由分配给哈希表的策略（线性探测法或二次探测法）来确定需要使用什么方法。

和前面一样，insert 方法假设数组里有空间存放新的元素，并且新的元素并不和现有元素相同。HashTable 类的其他方法不在这里讨论。

Profiler 类需要实例变量来跟踪哈希表、冲突总次数和探测总次数。test 方法会按照给定的顺序依次插入元素，并且在每次插入之后都对统计信息进行累积。这个方法还会通过这些结果来构建一个格式化的字符串输出。这个字符串保存在另一个实例变量里，从而在分析器上引用 str 函数时使用。其他方法只会返回单独的统计信息。

11.7.4 案例实现

下面是这两个类的部分代码清单，剩余的工作作为练习留给你。下面是 HashTable 类的相关代码。

```python
"""
File: hashtable.py

Case study for Chapter 11.
"""

from arrays import Array

class HashTable(object):
    "Represents a hash table."""

    EMPTY = None
    DELETED = True

    def __init__(self, capacity = 29,
                 hashFunction = hash,
                 linear = True):
        self.table = Array(capacity, HashTable.EMPTY)
        self.size = 0
        self.hash = hashFunction
        self.homeIndex = -1
        self.actualIndex = -1
        self.linear = linear
        self.probeCount = 0

    def insert(self, item):
        """Inserts item into the table
        Preconditions: There is at least one empty cell or
        one previously occupied cell.
        There is not a duplicate item."""
```

```
                self.probeCount = 0
                # Get the home index
                self.homeIndex = abs(self.hash(item)) % \
                                     len(self.table)
                distance = 1
                index = self.homeIndex

                # Stop searching when an empty cell is encountered
                while not self.table[index] in (HashTable.EMPTY,
                                                HashTable.DELETED):
                    # Increment the index and wrap around to first
                    # position if necessary
                    if self.linear:
                        increment = index + 1
                    else:
                        # Quadratic probing
                        increment = self.homeIndex + distance ** 2
                        distance += 1
                    index = increment % len(self.table)
                    elf.probeCount += 1

            # An empty cell is found, so store the item
            self.table[index] = item
            self.size += 1
            self.actualIndex = index

    # Methods __len__(), __str__(), getLoadFactor(), getHomeIndex(),
    # getActualIndex(), and getProbeCount() are exercises.
```

下面是 Profiler 类的相关代码。

```
"""
File: profiler.py

Case study for Chapter 11.
"""

from hashtable import HashTable

class Profiler(object):
    "Represents a profiler for hash tables."""

    def __init__(self):
        self.table = None
        self.collisions = 0
        self.probeCount = 0

    def test(self, table, data):
        """Inserts the data into table and gathers statistics."""
        self.table = table
        self.collisions = 0
        self.probeCount = 0
        self.result = "Load Factor Item Inserted " + \
                      "Home Index Actual Index Probes\n"
        for item in data:
            loadFactor = table.getLoadFactor()
            table.insert(item)
            homeIndex = table.getHomeIndex()
            actualIndex = table.getActualIndex()
            probes = table.getProbeCount()
            self.probeCount += probes
            if probes > 0:
                self.collisions += 1
```

```
            line = "%8.3f%14d%12d%12d%14d" % (loadFactor,
                                               item,
                                               homeIndex,
                                               actualIndex,
                                               probes)
            self.result += line + "\n"
        self.result += "Total collisions: " + \
                       str(self.collisions) + \
                       "\nTotal probes: " + \
                       str(self.probeCount) + \
                       "\nAverage probes per collision: " + \
                       str(self.probeCount / self.collisions)

    def __str__(self):
        if self.table is None:
            return "No test has been run yet."
        else:
            return self.result
```

11.8 集合的哈希实现

在本节和 11.9 节里，我们将使用哈希来构造无序多项集的高效实现。集合的这种哈希实现被称为 HashSet，它使用的是前面介绍过的存储桶/链式策略。因此，这个实现必须维护一个数组以及它里面的条目，从而得到链式方式。要维护数组，需要包含 3 个实例变量：items（数组）、size（集合里的元素数）以及 capacity（数组里的内存单元数）。这些元素包含在第 4 章介绍的单向链接节点类型里。在默认情况下，capacity 的值被定义为 3，以保证频繁发生冲突。

因为在插入和删除节点时，用相同的方法来定位节点的位置，所以可以用同一个方法（__contains__）来完成它。从用户的角度来看，这个方法只会搜索指定的元素并且返回 True 或 False。从实现者的角度来看，这个方法还会把某些实例变量的值设置为在插入、检索和删除操作期间可以用到的信息。表 11-6 给出了实例变量及其在实现里的用途。

表 11-6   **访问 HashSet 类里条目的变量**

实例变量	用途
self.foundNode	指向刚被找到的节点，否则为 None
self.priorNode	指向刚被找到的节点的前一个节点，否则为 None
self.index	指向刚被找到的节点所在链里的索引，否则为-1

接下来，我们来看__contains__是如何找到节点的位置并设置这些变量的。下面是这个过程的伪代码。

```
__contains__ (item)
    Set index to the home index of the item
    Set priorNode to None
    Set foundNode to table[index]
    while foundNode != None
        if foundNode.data == item
            return true
```

```
            else
                Set priorNode to foundNode
                Set foundNode to foundNode.next
        return false
```

可以看到，这个算法在搜索过程中会用到 index、foundNode 和 priorNode。如果这个算法哈希到一个空的数组单元，就表示没有找到任何节点，但是 index 仍然会包含执行第一个元素的分布式插入的存储桶索引。如果这个算法哈希到了非空数组单元，那么这个算法会沿着节点的链依次进行访问，直至找到匹配的元素或访问到链尾。在这两种情况下，这个算法都会把 foundNode 和 PriorNode 设置为适当的值，以便对元素执行可能的插入或删除操作。

除此之外，HashSet 类的设计和 ArraySet 与 LinkedSet 的设计类似。为了能够从继承中得到最大的收益，HashSet 类将是 AbstractCollection 和 AbstractSet 类的子类。Node 类用来存放一个元素以及链里指向下一个元素的指针。

下面是 HashSet 类的部分实现。

```python
from node import Node
from arrays import Array
from abstractset import AbstractSet
from abstractcollection import AbstractCollection

class HashSet( AbstractSet, AbstractCollection):
    """A hashing implementation of a set."""

    DEFAULT_CAPACITY = 3

    def __init__(self, sourceCollection = None,
                 capacity = None):
        if capacity is None:
            self.capacity = HashSet.DEFAULT_CAPACITY
        else:
            self.capacity = capacity
        self.items = Array(self.capacity)
        self.foundNode = self.priorNode = None
        self.index = -1
        AbstractCollection.__init__(self, sourceCollection)

    # Accessor methods
    def __contains__(self, item):
        """Returns True if item is in the set or
        False otherwise."""
        self.index = abs(hash(item)) % len(self.items)
        self.priorNode = None
        self.foundNode = self.items[self.index]
        while self.foundNode != None:
            if self.foundNode.data == item:
                return True
            else:
                self.priorNode = self.foundNode
                self.foundNode = self.foundNode.next
        return False

    def __iter__(self):
        """Supports iteration over a view of self."""
        # Exercise
```

```
    def __str__(self):
        """Returns the string representation of self."""
        # Exercise


    # Mutator methods
    def clear (self):
        """Makes self become empty."""
        self.size = 0
        self.foundNode = self.priorNode = None
        self.index = -1
        self.array = Array(HashSet.DEFAULT_CAPACITY)

    def add(self, item):
        """Adds item to the set if it is not in the set."""
        if not item in self:
            newNode = Node(item,
                            self.items[self.index])
            self.items[self.index] = newNode
            self.size += 1


    def remove(self, item):
        """Precondition: item is in self.
        Raises: KeyError if item in not in self.
        Postcondition: item is removed from self."""
        # Exercise
```

11.9 字典的哈希实现

字典的哈希实现被称为 HashDict，它用到的存储桶/链式策略和 HashSet 类里用到的策略非常类似。我们在其他实现里已经定义了 Entry 类，可以用它来存放键/值条目。这样一来，链里每个节点的 data 字段都会包含一个 Entry 对象。

__contains__方法在这个实现里会在底层结构里查找键，并像在 HashSet 的实现里那样更新指针变量。

方法__getitem__只需要调用__contains__，如果找到了键，就返回 foundNode.data 里所包含的值。

```
__getitem__(key)
    if key in self
        return foundNode.data.value
    else
        raise KeyError
```

__setitem__方法也会调用__contains__来确定在目标键的位置里有没有包含这个条目。如果能够找到这个条目，那么__setitem__就会把它的值替换为新值；否则，__setitem__会执行下面这些步骤。

- 创建一个包含键和值的新的条目对象。
- 创建一个新节点，它的 data 字段是刚创建的条目，而 next 指针指向链顶部的节点。
- 将链的头部节点设置为这个新节点。
- 增加 size 变量。

下面是__setitem__的伪代码。

```
__setitem__(key, value)
    if key in self
        foundNode.data.value = value
    else
        newNode = Node(entry(key, value), items[index])
        items[index] = newNode
        size = size + 1
```

pop 方法的策略与此类似。主要区别在于，当要删除的条目位于链的开头之后，pop 方法会用到变量 priorNode。下面是 HashDict 类的部分实现。

```
"""
File: hashdict.py
Author: Ken Lambert
"""

from abstractdict import AbstractDict, Entry
from node import Node
from arrays import Array

class HashDict(AbstractDict):
    """Represents a hash-based dictionary."""

    DEFAULT_CAPACITY = 9

    def __init__(self, keys = None, values = None, capacity = None):
        """Will copy entries to the dictionary from
        keys and values if they are present."""
        if capacity is None:
            self.capacity = HashDict.DEFAULT_CAPACITY
        else:
            self.capacity = capacity
        self.array = Array(self.capacity)
        self.foundNode = self.priorNode = None
        self.index = -1
        AbstractDict.__init__(self, keys, values)

    # Accessors
    def __contains__(self, key):
        """Returns True if key is in self
        or False otherwise."""
        self.index = abs(hash(key)) % len(self.array)
        self.priorNode = None
        self.foundNode = self.array[self.index]
        while self.foundNode != None:
            if self.foundNode.data.key == key:
                return True
            else:
                self.priorNode = self.foundNode
                self.foundNode = self.foundNode.next
        return False

    def __iter__(self):
        """Serves up the keys in the dictionary."""
        # Exercise

    def __getitem__(self, key):
```

```
        """Precondition: the key is in the dictionary.
        Raises: a KeyError if the key is not in the
        dictionary.
        Returns the value associated with the key."""
        if key in self:
            return self.foundNode.data.value
        else:
            raise KeyError("Missing: " + str(key))

    # Mutators
    def clear(self):
        """Makes self become empty."""
        # Exercise

    def __setitem__(self, key, value):
        """If the key is in the dictionary,
        replaces the old value with the new value.
        Otherwise, adds the key and value to it."""
        if key in self:
            self.foundNode.data.value = value
        else:
            newNode = Node(Entry(key, value),
                           self.array[self.index])
            self.array[self.index] = newNode
            self.size += 1

    def pop(self, key, defaultValue = None):
        """Removes the key and returns the associated value
        if the key is in the dictionary, or returns the
        default value otherwise."""
        # Exercise
```

练习题

提出一个修改__setitem__方法的策略，应利用字典当前负载因子的相关信息。

11.10 有序集合和有序字典

　　尽管集合和字典里的数据并不是按照位置进行排列的，但根据顺序对它们进行访问是可行的，并且会经常用到。**有序集合**（sorted set）和**有序字典**（sorted dictionary）分别包含集合和字典的行为，但是用户可以按照排序顺序访问里面的数据。添加到有序集合里的每个元素和其他元素都是可比的；同样地，添加到有序字典里的每个键也都能够和其他链具有可比性。这两个多项集类型中的迭代器能够保证它的用户可以按照排序顺序来访问元素或键。接下来的讨论将着重于有序集合，但所有内容也同样适用于有序字典。

　　数据要有序这个要求对本章里所讨论的两种实现方式都有重要影响。在这种情况下，基于数组的实现就必须要维护一个包含元素的有序列表，这样也可以把__contains__方法的运行时性能从线性时间提高到对数时间，因为它可以对给定的元素进行二分搜索。

遗憾的是，由于不能一直跟踪集合里元素的排序顺序，因此只能放弃哈希的实现。

另一种有序集合的常见实现方式是使用二叉查找树。如第 10 章所述，当树保持平衡时，这个数据结构支持对数时间的搜索和插入操作。因此，基于二叉查找树实现的有序集合（和有序字典）可以在对数时间里提供对数据元素的访问。

在有序集合的实现里，使用二叉查找树有两种设计策略。一种策略是开发基于树的有序包类，这个类包含了一棵用来存放数据元素的二叉查找树，通过调用这棵树上的方法来对数据进行操作。然后，把这个基于树的有序集合类变为基于树的有序包类的子类，并通过继承得到它的方法。这类似于第 6 章里讨论的基于数组的有序包和有序集合的策略。另一种策略是把二叉查找树作为实例变量直接包含在有序集合类里，并且通过它的方法直接操作这棵树。

下面这段代码采用的是第二种策略。它展示了第 10 章里 LinkedBST 类的用法，来自一个叫作 TreeSortedSet 的部分定义的有序集合类。可以看到，每个 TreeSortedSet 方法都会调用 LinkedBST 实例变量里的相应方法。__eq__、__iter__ 和 __str__ 方法会被重写来保证有序集合所对应的行为。第二种策略的完整实现作为练习留给你。

```python
from linkedbst import LinkedBST
from abstractCollection import AbstractCollection
from abstractset import AbstractSet

class TreeSortedSet(AbstractSet):
    """A tree-based implementation of a sorted set."""
    def __init__(self, sourceCollection = None ):
        self.items = LinkedBST()
        if sourceCollection:
            for item in sourceCollection:
                self.add(item)

    def __contains__(self, item):
        """Returns True if item is in the set or
        False otherwise."""
        return item in self.items

    def __iter__(self):
        """Supports an inorder traversal on a view of self."""
        return self.items.inorder()

    def add(self, item):
        """Adds item to the set if it is not in the set."""
        if not item in self:
            self.items.add(item)

    # Remaining methods are exercises
```

11.11   章节总结

- 集合是元素的无序多项集，每个元素都是唯一的，可以添加、删除元素以及检测元素是否存在于集合之中。可以使用迭代器遍历集合。

- 集合的基于列表的实现支持线性时间的访问操作。集合的哈希实现支持常数时间的访问操作。

- 可以按照排序顺序访问有序集合里的元素。基于树的有序集合的实现支持对数时间的访问操作。

- 字典是条目的无序多项集,其中每个条目都由一个键和一个值组成。字典里的每个键都是唯一的,但是它的值可以重复。值的访问、替换、插入和删除操作是通过提供所关联的键来完成的。

- 有序字典通过对键进行比较加以排序。

- 两种字典的实现都和集合的实现类似。

- 哈希是一种在常数时间内定位元素的技术,这个技术使用哈希函数计算数组里元素的索引。

- 使用哈希时,新元素的位置可能与数组里已有元素的位置冲突。存在若干种解决冲突的技术,其中包括线性冲突处理、二次冲突处理和链式法。

- 链式法使用了一系列被叫作存储桶的数组,其中包含元素的链接结构。

- 哈希方法的运行时和内存使用基于数组的负载因子的不同而不同。负载因子(逻辑尺寸/物理尺寸)越接近 1,发生冲突的可能性就越大,并且也增加了需要额外进行处理的可能性。

11.12 复习题

1. 基于数组的集合中 __or__ 、 __and__ 和 __sub__ 方法的运行时复杂度为:
   a. O(n)
   b. O($n\log n$)
   c. O(n^2)

2. 两个集合: {A, B, C}和{B, C, D}的交集为:
   a. {A, B, C, D}
   b. {B, C}

3. 有 10 个位置的数组在包含 3 个元素时负载因子为:
   a. 3.0
   b. 0.33
   c. 0.67

4. 解决冲突的线性方法是:
   a. 在数组里搜索下一个空位置
   b. 随机选择一个位置,直到这个位置为空

5. 当负载因子较小时,集合或字典的哈希实现将提供:
   a. 对数时间的访问
   b. 常数时间的访问

6. 有序集合的最佳实现使用：
   a. 哈希表
   b. 有序列表
   c. 平衡二叉查找树

7. 假定 hash 函数会根据它的参数内容生成一个很大的数（正数或负数）。可以通过下面哪个表达式来确定这个参数在总容量为 capacity 的数组里的位置。
   a. `abs(hash(item)) // capacity`
   b. `abs(hash(item)) % capacity`[①]

8. 集合或字典的链式/哈希实现在最坏情况下的访问时间为：
   a. 常数时间
   b. 对数时间
   c. 线性时间

9. 字典有：
   a. 一个单独用来支持迭代器的方法
   b. 两个支持迭代器的方法：一个用于键，另一个用于值

10. 一个可以避免聚集的办法是：
    a. 线性探测法
    b. 二次探测法

11.13　编程项目

1. 完成案例研究里的哈希表分析器。

2. 使用一个会导致多次冲突的数据集和负载因子，使用 3 个不同的哈希函数和线性冲突处理策略来运行分析器，然后比较它们的结果。

3. 将 get 和 remove 方法添加到案例研究里开发的 HashTable 类中。

4. 修改 Profiler 类，让程序员可以研究 HashTable 类中 get 方法的行为。前文提到，这个方法在探测目标元素时会跳过曾被占用的内存单元。分析器将会把一组数据元素依次插入哈希表里，然后删除指定数量的数据元素，最后再对剩下的元素执行 get 操作。程序员应能够查看到这个过程中探测的总次数和探测的平均次数等结果。

5. 完成集合的哈希实现，并使用适当的测试程序对它进行测试。

6. 将 loadFactor 和 rehash 方法添加到集合的哈希实现里，从而计算它的负载因子，然后调整数组的容量，并重新哈希元素。在这里，负载因子是已被占用的数组内存单元数除以数组的容量。用一个新的实例变量来跟踪已被占用的内存单元数量。重新哈希的方法会把集合里的元素都先保存在列表里，再把集合的大小和已被占用的元素数量都设置为 0，接着把数组的尺寸翻倍，然后再把列表里的元素依次添加回集合里。只有当源多项集里包含足够多的元素从而让负载因子高于 0.8 时，才在 __init__ 方法里执行重新

---

① 这个题目里是包含了 hash 和 capacity 两个代码，但是排版并没有对这两个代码进行标注。——译者注

哈希的操作。需要反复运行 rehash 方法，直到负载因子降到 0.8 以下。

7. 完成字典的哈希实现，并使用适当的测试程序对它进行测试。

8. 使用本章讨论的第二种策略来实现基于树的有序集合。使用适当的测试程序来测试你的实现。

9. 使用和编程项目 8 类似的策略来完成基于树的有序字典的实现。在这里有序字典可以从它的父类里继承一些通用的多项集方法，例如__len__、__str__和__add__。

10. **Python** 的 zip 函数用来把数据打包到字典里。zip 函数需要一个键列表和一个值列表作为参数，并返回一个新的可迭代的 zip 对象。把这个对象传递给 dict 函数将会生成并返回包含这些数据的字典。这个函数的行为类似于本章里讨论过的字典的构造函数。unzip 函数是 zip 的反函数。unzip 函数会把字典作为参数并返回一个元组，元组中包含字典的键列表和它所对应的值列表。在 AbstractDict 类里添加一个叫作 unzip 的方法，从而可以让多项集框架里的所有字典类型都能使用这个方法。

第 12 章　图

在完成本章的学习之后，你能够：

- 描述图的功能；
- 描述各种类型的图遍历算法；
- 了解图的应用；
- 根据图的性能特点选择适当的图实现；
- 开发用来处理图的算法。

我们将在本章介绍一种最通用也最有用的多项集：图。我们首先介绍一些关于图的术语，然后再探讨图的两种常见存储方式：邻接矩阵存储方式和邻接表存储方式。接下来，我们会学习一些广泛使用并且也广为熟知的基于图的算法。这里重点关注的算法有图的遍历、最小生成树、拓扑排序以及最短路径问题。最后，我们会介绍图的类，并且以一个案例研究作为结束。

12.1　使用图的原因

图可以作为各种对象的模型，比如：

- 路线图；
- 航线图；
- 冒险游戏世界的布局；
- 构成互联网的计算机以及它们之间连接的示意图；
- 互联网页面之间的链接；
- 学生与课程之间的关系；
- 呈现计算机科学系里课程前提条件的结构；
- 通信或运输网络里流量的图表。

这些模型的主要特点是它们都由一组通过链接而相互连接的对象组成，这些链接能够让用户从一个对象移动到另一个对象。与之前看到的线性以及分层类型的多项集不同，图里的链接可以把许多对象连接到许多其他对象上，还支持在任何方向上的移动。图里甚至可能会存在没有通过链接连接到其他对象的孤立对象。图是多项集里最通用的类型。你可以把线性、分层和无序多项集类型都当作它的特殊情况。现在我们先来看看图的精确定义，讨论它所用到的一些技术术语。

12.2 图的术语

从数学上来说，图是由一组**顶点**（verticx）V 和一组**边**（edge）E 组成的，其中 E 里的每条边都会连接 V 里的两个顶点。术语**节点**（node）在这里当作顶点的同义词。

顶点和边可以是有标号的，也可以是无标号的。当边的标号是数字时，这个数字可以被视为**权重**（weight），这时这个图称为**加权图**（weighted graph）。图 12-1 展示了无标号图、有标号图和加权图的示例。

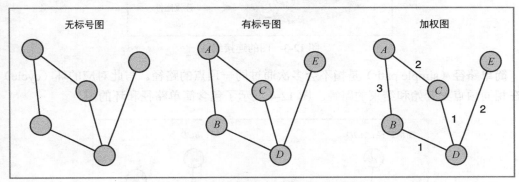

图 12-1　无标号图、有标号图和加权图

如果存在连接到两个顶点的边，那么这两个顶点就是**相邻**（adjacent）的，这两个顶点也相互称为**邻居**（neighbor）。**路径**（path）是指从图里的一个顶点到达另一个顶点的一系列边。当且仅当两个顶点之间存在路径时，才能说一个顶点是另一个顶点的**可到达**（reachable）顶点。路径长度是指路径上的边数。如果所有的顶点都存在到其他顶点的路径，就说明图是**连通**（connected）的。如果每个顶点都有到其他所有顶点的边，图就是**完全**（complete）图。图 12-2 展示了非连通图、连通但不完全图以及完全图。

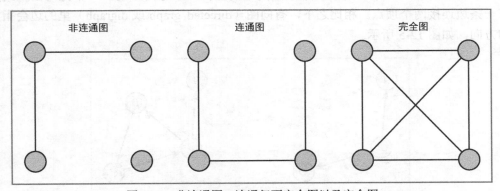

图 12-2　非连通图、连通但不完全图以及完全图

顶点的度（degree of a vertex）等于与它相连的边数，比如，完全图（见图 12-2）里每个顶点的度都等于顶点数减 1。

给定图的**子图**（subgraph）是由这个图的顶点的子集和连接这些顶点的边组成的。**连接组件**（connected component）就是一个子图，这个子图由给定顶点可到达的一组顶点组成。图 12-3 展示了包含顶点 A、B、C、D 和 E 的非连通图以及包含顶点 B 的连接组件。

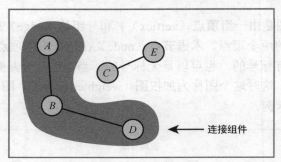

图 12-3　图的连接组件

简单路径（simple path）是指不会多次通过同一顶点的路径。与此对应的**环**（cycle）是指在相同顶点处开始和结束的路径。图 12-4 展示了包含简单路径和环的图。

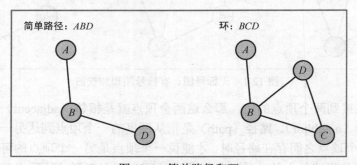

图 12-4　简单路径和环

图 12-1～图 12-4 展示的图都是**无向**（undirected）的，这也就说它们的边都没有方向，因此图的处理算法可以沿着连接两个顶点的边的任何一个方向移动。一个无向图里最多可以有一条边连接两个顶点。相比之下，**有向图**（directed graph 或 digraph）里的边会指定明确的方向，如图 12-5 所示。

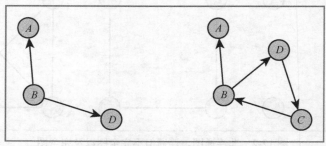

图 12-5　有向图

有向图里的边称为**有向边**（directed edge），这样的边会有**起始顶点**（source vertex）和**目标顶点**（destination vertex）。当两个顶点之间只有一条有向边时，这一对顶点就会处于前序（起始顶点）和后继（目标顶点）的关系里，并且它们之间的邻接关系是不对称的。起始顶点和目标顶点是相邻的，反之则不成立。要把无向图转换为等效的有向图，可以用一对指向相反方向的边来替换无向图里的边，如图 12-6 所示。从给定的起始顶点发出的边称为**入射边**（incident edge）。

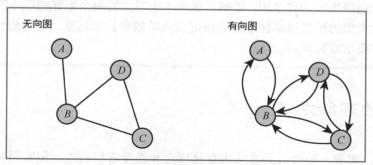

图 12-6　将无向图转换为有向图

不包含环的有向图的特殊情况被称为**有向无环图**（Directed Acyclic Graph，DAG）。图 12-6 右边的有向图就包含一个环。在图 12-7 里，右边的图把左边图的一条边（B 和 C 之间）的方向取反，从而得到了一个 DAG。

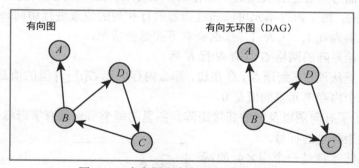

图 12-7　有向图和有向无环图（DAG）

列表和树是有向图的特殊情况。列表里的节点是有前驱和后继关系的，而树里的节点有父节点和子节点的关系。

简单地说，包含相对较多边的连接图称为**稠密图**（dense graph），而包含相对较少边的连接图称为**稀疏图**（sparse graph）。但是这里有两种极端的情况。因为包含 N 个顶点的有向完全图的边数是 $N(N-1)$，而无向完全图里的边数为 $N(N-1)/2$，所以稠密图的极限（上限）情况是大约有 N^2 条边。相比之下，稀疏图的极限（下界）情况是大约有 N 条边。

除非另外明确指出，"连接图"在文中就是指无向图。当提到"组件"时，表示的是无向图里的连接组件。

练习题

1. 假设大学计算机科学专业的先修课程关系是：学习 112 和 210 之前必须先修 111；学习

312、313、209 和 211 之前必须先修 112；学习 312 之前必须先修 210。请绘制一个可以
表明这个编号结构的有向图。

2. 包含 6 个顶点的无向完全图里有多少条边？

3. 网络里的星形配置是把它的结构表示为从单个中心节点到每个其余节点的边的图。点对
点的配置把网络表示为完全图。绘制出包含 4 个节点的两个配置图，并使用大 O 表示法
说明在每种类型的配置里添加或删除指定节点的效率。在这里，可以假设删除每条边的
操作都只需要常数时间。

12.3 图的存储方式

要存放图，需要一种合适的方法来存储顶点和连接它们的边。图有两种常用的存储方
式，分别是**邻接矩阵**（adjacency matrix）和**邻接表**（adjacency list）。

12.3.1 邻接矩阵

邻接矩阵存储方式会把有关图的信息存储在矩阵或在第 4 章提到的网格里。当时提到
过，矩阵是二维的，每个内存单元可以通过指定的行和列的位置进行访问。假设一个图有 N
个顶点，标号分别为 0, 1, …, N–1，那么会有下面这些情况。

- 图的邻接矩阵的网格 G 具有 N 行 N 列。
- 如果图里从顶点 i 到顶点 j 存在边，那么内存单元 $G[i][j]$ 里的值是 1。如果不存在
  边，这个内存单元里的值是 0。

图 12-8 展示了有向图以及它的邻接矩阵。图里的每个节点都有字母标号。节点旁边的
数字是它在邻接矩阵里的行号。

这个邻接矩阵本身是一个 4×4 的网
格，并且每个子网格里包含值 1 或 0。矩
阵左侧的数字列和字母列分别代表着行的
位置以及顶点的标号。这两列里所表示的
顶点认为是可能存在的边的起始顶点。矩
阵上方的数字和字母分别表示可能存在的
边的目标顶点[①]。

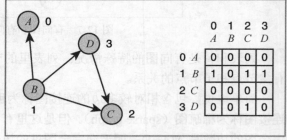

图 12-8 有向图和它的邻接矩阵

可以看到，这个图里有 4 条边，因此
16 个矩阵单元里只有 4 个的值是 1，分别是单元(1, 0)、(1, 2)、(1, 3)以及(3, 2)。因此，这是
一个稀疏图的例子，它产生一个稀疏的邻接矩阵。如果这个图是无向的，那么还有另外 4
个单元的值也是 1，从而说明每条边都是双向的特性（见图 12-9）。

如果边有了权重，那么权重值就是邻接矩阵上的单元值。用来表示不存在边的单元值
必须是不在权重允许范围内的某个值。如果顶点有标号，那么可以把这些标号单独地存储

① 原文说在矩阵的右下角会包含值。这是错误的，所以翻译的时候删掉了。——译者注

在一个一维数组里（见图 12-8 和图 12-9 的第 2 行）。

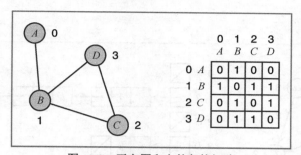

图 12-9　无向图和它的邻接矩阵

12.3.2　邻接表

图 12-10 展示了有向图及其邻接表的存储方式。邻接表会把有关图的信息存储在一个数组的列表里。在这里，我们可以使用基于链接或基于数组的列表实现。这个例子里使用的是链接列表的实现。假设一个图里有 N 个顶点，分别被标记为 $0, 1, \cdots, N-1$，会有下面这些情况。

- 图的邻接表是一个包含 N 个链接列表的数组。
- 当且仅当存在从顶点 i 到顶点 j 的边时，第 i 个链接列表才会包含顶点 j 的节点。

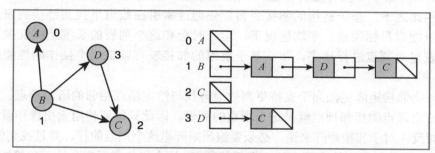

图 12-10　有向图及其邻接表的存储方式

可以看到，顶点的标号包含在代表每条边的节点里。显然，无向图邻接表里的节点数应该是有向图的两倍（见图 12-11）。

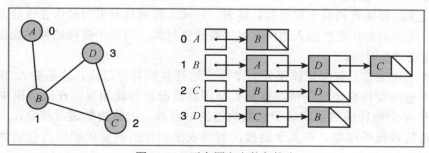

图 12-11　无向图和它的邻接表

当边有权重时，权重也可以作为节点里第二个数据字段从而包含进节点，如图 12-12
所示。

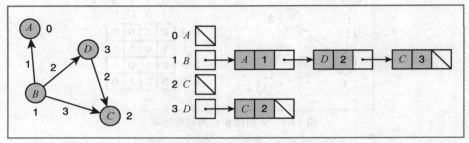

图 12-12　加权有向图和它的邻接表

12.3.3　两种存储方式的分析

就运行时而言，两个常用的图操作行为可以说明邻接矩阵和邻接表之间在计算效率上
的差异。这两个操作如下。

● 确定两个给定的顶点之间是否存在边。
● 查找与给定顶点相邻的所有顶点。

邻接矩阵对第一个操作支持常数时间的复杂度，因为它只需要在二维数组里进行索
引运算。相比之下，基于链接的邻接表需要先通过索引在数组里找到链接列表，然后在
链接列表里搜索目标顶点。平均情况下，运行时会和这个列表的长度呈线性关系。如果
可以在列表里对顶点进行排序，那么基于数组的邻接表可以把这个操作的性能提高到对
数时间。

邻接表比邻接矩阵更倾向于支持更高效地查找与给定顶点相邻的所有顶点。在邻接表
里，一组给定顶点的相邻顶点就是这个顶点的列表，因此只需要使用索引操作就能找到它
们。与此相反，对于邻接矩阵来说，必须要遍历矩阵里这个顶点的行，并且找到值为 1 的
位置，从邻接矩阵里得到给定顶点的一组相邻顶点。这个操作需要完全访问邻接矩阵里的 N
个单元，通常来说，在邻接表里这个操作通常访问的节点数少于 N 个。完全图是极端情况，
这个时候邻接矩阵里的每个单元都会被 1 占用，而邻接表里的每个链接列表都有 $N-1$ 个节
点，也就是它们的性能差异并不明显。

基于链接的邻接表和基于数组的邻接表，对插入边到列表里的操作在性能上表现出了
权衡。基于数组的邻接表在插入边的时候需要线性时间，而基于链接的邻接表在执行插入
操作时只需要常数时间。

就内存使用而言，邻接矩阵不管有多少个边连接到各个顶点，总需要 N^2 个单元。因
此，唯一不会浪费内存单元的情况就是完全图的情况。与此相反，在无向图中，邻接表
需要包含有 N 个指针的数组和等于边数两倍的节点数。边的数量通常都会比 N^2 小得多，
但是随着边的数量的增加，在基于链接的邻接表里指针所需要的额外内存就会成为一个
重要因素。

12.3.4　对运行时的进一步思考

在图算法中，另一个通常执行的操作是遍历给定顶点的所有邻居。假设 N 为顶点的数量，M 为边的数量，那么会有下面这些情况发生。

- 使用邻接矩阵在所有邻居之间进行迭代，需要用 O(N)的时间遍历一行。对所有行重复这个操作所需的总时间是 O(N^2)。
- 使用邻接表遍历所有邻居的时间取决于邻居的数量。平均情况下，这是一个 O(M/N)的操作。对所有顶点重复这个操作所需的总时间是 O(max(M/N))，对于稠密图来说是 O(N^2)，对于稀疏图来说是 O(N)。因此，在使用稀疏图时，邻接表可以提供更好的运行时性能。

练习题

1. 制作一张表来表示图 12-13 所示的这个有向加权图的邻接矩阵。

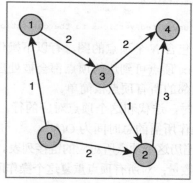

图 12-13　有向加权图

2. 画一幅图来表示上面这个有向加权图的邻接表。假设列表里的边按照从小到大的顺序进行排列。

3. 请描述图的邻接矩阵和邻接表的一个优点和一个缺点。

12.4　图的遍历

就像在树里那样，我们可以跟随元素的链接来找到图里的指定元素。通常来说，需要在路径里跟踪从一个元素到另一个元素的若干个链接，这样才能到达给定的元素。除了插入和删除元素，其他重要的图处理操作如下所示。

- 查找到达图里指定元素的最短路径。
- 查找通过路径能够连接到指定元素的所有元素。
- 遍历图里的所有元素。

我们还会查看几种图的遍历算法。这些算法会从给定的顶点开始，然后开始访问它连接的所有顶点。因此，图的遍历和树的遍历是不同的，树的遍历会访问树里的所有节点。

12.4.1 通用遍历算法

图的遍历算法从给定的顶点开始，然后向外移动来探索到达相邻顶点的路径。这些算法的迭代（非递归）版本先把需要访问的顶点放在一个独立的临时多项集里。你马上就会看到，用不同类型的多项集存放需要访问的顶点会影响顶点的访问顺序。接下来，我们会用通用的函数来执行图遍历——这个函数会从任意一个顶点 startVertex 开始，并且使用通用多项集存放需要访问的顶点。在访问顶点时，会对这个顶点执行一个函数，这个函数也是作为图遍历函数的参数被提供的。下面是这个遍历函数的伪代码。

```
traverseFromVertex(graph, startVertex, process):
    mark all vertices in the graph as unvisited
    add the startVertex to an empty collection
    while the collection is not empty:
        pop a vertex from the collection
        if the vertex has not been visited:
            mark the vertex as visited
            process(vertex)
            add all adjacent unvisited vertices to the collection
```

在上面这个函数里，对于包含 N 个顶点的图，有以下操作。

- 所有从 startVertex 顶点可到达的顶点都会被处理一次。
- 要确定与给定顶点相邻的所有顶点很简单。
  - ≺ 当使用邻接矩阵时，迭代和这个顶点对应的行。这是一个 $O(N)$ 的操作，对所有行重复这个操作所需的总时间为 $O(N^2)$。
  - ≺ 使用邻接表时，遍历这个顶点所对应的链接列表。这个操作的性能取决于与给定顶点相邻的顶点数量；对所有顶点重复这个操作所需的总时间为 $O(\max(M, N))$，其中 M 为边的数量。

12.4.2 广度优先遍历和深度优先遍历

在图的遍历期间，有两种常见的访问顶点的顺序。第一种被称为**深度优先遍历**（depth-first traversal），它使用栈作为通用算法里的多项集。栈的使用会让遍历过程深入图里，然后再回溯到另一条路径。换句话说，使用栈会限制算法从一个顶点移动到它的一个邻居，然后再移动到这个邻居的一个邻居，以此类推。

第二种遍历被称为**广度优先遍历**（breadth-first traversal），它使用队列作为通用算法里的多项集。队列的使用会让遍历过程在更深入地访问图之前，先访问与给定顶点相邻的每个顶点。从这个方面看，图的广度优先遍历有点类似于第 10 章里描述的树的层次遍历。

图 12-14 展示了一个图以及在这两种遍历期间会访问的顶点或节点。起始顶点被着色，而在遍历期间顶点的访问顺序会被编号。

我们还可以通过递归实现深度优先遍历。只要还记得第 7 章里提到的栈和递归之间的

关系，它的实现应该不会很难。下面是递归实现的深度优先遍历函数。它使用了一个名为
dfs（深度优先搜索的英文缩写）的辅助函数来完成。下面是这两个函数的伪代码。

```
traverseFromVertex(graph, startVertex, process):
    mark all vertices in the graph as unvisited
    dfs(graph, startVertex, process)

dfs(graph, v, process):
    mark v as visited
    process(v)
    for each vertex, w, adjacent to v:
        if w has not been visited:
            dfs(graph, w, process)
```

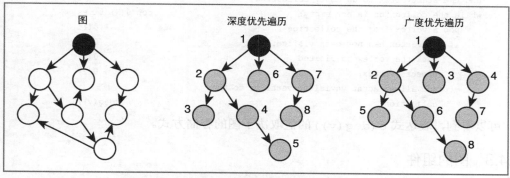

图 12-14　给定的图的深度优先遍历和广度优先遍历

　　就像刚刚介绍的那样，从顶点 v 开始的遍历会被限制在 v 可到达的顶点，这在无向图里就
是包含顶点 v 的组件。如果希望在无向图里，通过一个个组件来访问所有的顶点，那么可以把
上面的函数扩展，如下所示。下面是通过迭代实现的版本。

```
traverseAll(graph, process):
    mark all vertices in the graph as unvisited
    instantiate an empty collection
    for each vertex in the graph:
        if the vertex has not been visited:
            add the vertex to the collection
            while the collection is not empty:
                pop a vertex from the collection
                if the vertex has not been visited:
                    mark the vertex as visited
                    process(vertex)
                    add all adjacent unvisited vertices to the collection
```

下面是通过递归实现的版本。

```
traverseAll(graph, process):
    mark all vertices in the graph as unvisited
    for each vertex, v, in the graph:
        if v is unvisited:
            dfs(graph, v, process)
```

```
dfs(graph, v, process):
    mark v as visited
    process(v)
    for each vertex, w, adjacent to v:
        if w is unvisited
            dfs(graph, w, process)
```

如果忽略对节点进行的处理，基本遍历算法的性能是 $O(\max(N, M))$ 或 $O(N^2)$，如下所示。这具体取决于图的存储方式。假设从多项集里执行插入和删除操作是 $O(1)$ 的，也就是说，这个多项集可以是栈也可以是队列。

```
traverseFromVertex(graph, startVertex, process):
    mark all vertices in the graph as unvisited          O(N)
    add the startVertex to an empty collection           O(1)
    while the collection is not empty:             loop O(N) times
        pop a vertex from the collection                 O(1)
        if the vertex has not been visited:              O(1)
            mark the vertex as visited                   O(1)
            process(vertex)                              O(?)
            add all adjacent unvisited vertices to the
            collection                                   O(deg(v))
```

可以看到，表达式 `o(deg(v))` 的值取决于图的存储方式。

12.4.3　图的组件

我们可以使用遍历算法把图的顶点划分成若干个不相交的组件。在下面这个例子里，每个组件都会存放在一个集合里，而这些集合则会存放在一个列表里。

```
partitionIntoComponents(graph):
    components = list()
    mark all vertices in the graph as unvisited
    for each vertex, v, in the graph:
        if v is unvisited:
            s = set()
            components.append(s)
            dfs(graph, v, s)
    return components

dfs(graph, v, s):
    mark v as visited
    s.add(v)
    for each vertex, w, adjacent to v:
        if w is unvisited:
            dfs(graph, w, s)
```

练习题

1. 假设图 12-15 从标号为 A 的顶点开始，并以深度优先的方式进行遍历。请按照可能会访问的顺序写出被访问顶点的标号列表。

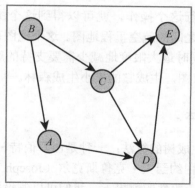

图 12-15 题 1 用图

2. 假设在上一个练习里，图会从标号为 A 的顶点开始，以广度优先的方式进行遍历。按照可能会访问的顺序写出被访问顶点的标号列表。

3. 不使用伪代码简单地描述执行图的广度优先遍历的策略。

12.5 图里的树

函数 traverseFromVertex 会隐式地产生一棵树，这棵树的根就是遍历开始的顶点，并且包含遍历过程中到达的所有顶点。这棵树只是被遍历的图的一个子图。考虑一下这个方法的深度优先搜索的变体。假设先为顶点 v 调用 dfs 函数，如果现在发生了使用顶点 w 的递归调用，那么就可以把 w 当作 v 的子节点。边 (v, w) 对应着 v 和 w 之间边关系，或父节点和子节点的关系[①]。起始顶点就是这棵树的根，同时这棵树也被称为**深度优先搜索树**（depth-first search tree）。

同样地，我们也可以构建出广度优先搜索树。图 12-14 展示了在图里从给定顶点进行遍历的这两种树。

12.5.1 生成树和生成森林

生成树（spanning tree）之所以让人感兴趣，是因为它在保证边数量最少的同时，还保留了组件里所有顶点之间的连接。如果组件包含 n 个顶点，那么生成树会包含 n−1 条边。当遍历无向图的所有顶点时，不仅会遍历单个组件里的顶点，还会产生一个**生成森林**（spanning forest）。

12.5.2 最小生成树

对图里的边进行加权后，可以求和生成树里所有边的权重，从而尝试找到能够让这个总和最小的生成树。有若干种算法可以找到组件的**最小生成树**（minimum spanning tree）。

---

① 原文里有：“边 (v, w) 对应着 v 和 w 之间的边”，这句话有些多余。——译者注

对图里的所有组件都重复执行这个操作，就可以得到这个图的**最小生成森林**（minimum spanning forest）。试考虑城市之间的航空里程地图。这个地图可以帮助航空公司确定如何为所有的城市提供服务，并且同时最大限度地减少需要支持的航线总长度。为了达到这个目标，我们可以把地图当作加权图，生成它的最小生成森林。

12.5.3 最小生成树的算法

有两种著名的查找最小生成树的算法：一种是由罗伯特·C.普里姆（Robert C. Prim）在 1957 年开发的；另一种是由约瑟夫·克鲁斯克尔（Joseph Kruskal）在 1956 年开发的。下面是 Prim 算法。在不放弃一般性的前提下，我们可以假设图是连通的。

```
minimumSpanningTree(graph):
    mark all vertices and edges as unvisited
    mark some vertex, say v, as visited
    for all the vertices:
        find the least weight edge from a visited vertex to an
        unvisited vertex, say w
        mark the edge and w as visited
```

这个过程结束时，被标记的边就是最小生成树的分支。我们可以通过名为反证法的逻辑方法证明这种情况。在这个证明里，先假设算法产生的生成树不是最小的，然后把这个假设作为推理的起点，就可以得出与这个假设相矛盾的断言。最后，通过这个断言证明一开始的假设是错误的。这个算法确实产生了最小生成树。现在，开始证明：假设 G 是一个图，对于这个图，使用 Prim 算法得出的生成树不是最小的。

Prim 算法将按照顶点添加到生成树的顺序对顶点进行编号，编号为 $v_1, v_2, \cdots, v_n$，其中 v_1 表示算法开始时的任何一个顶点。

接下来，根据生成树的顶点对生成树里的每条边进行编号，比如，e_i 代表顶点 i 的边。

因为一开始假设 Prim 算法不能为图 G 产生最小生成树，所以一定存在一条边（e_i）可以让边的集合 $E_i=\{e_2, e_3, \cdots, e_i\}$ 不能扩展为最小生成树，同时存在边的集合 $E_{i-1}=\{e_2, e_3, \cdots, e_{i-1}\}$[1]可以扩展为最小生成树。集合 E_{i-1} 可以为空，这也就意味着 Prim 算法在添加第一条边时就可能会出错。

令 $V_i=\{v_2, v_3, \cdots, v_{i-1}\}$，这个集合至少包含顶点 v_1。

令 T 是 E_{i-1} 扩展出的任何生成树，T 里不包括 e_i。

向 T 中添加边 e_i 和另外一个产生最小生成树的边，从而可以得到一个包含顶点 v_i 和边 e_i 的环[2]。

这时，这个环里包括两条连接 V_i 到图里其他节点的边。其中一条边是 e_i，把另一条边称为 e。因为之前根据 Prim 算法选择了 e_i，所以有 $e_i \leqslant e$。

从 T 里删除 e 仍然得到了一个生成树，并且由于 $e_i \leqslant e$，因此它是最小生成树。但这和一开始的假设 E_i 不能扩展为最小生成树相矛盾。因此，如果推理正确，避免这种明显矛盾的唯一办法就是承认 Prim 算法适用于每个图。

---

① 原文里第二个边的集合被写成了：E_{i-r}，根据上下文应该是 E_{i-1}。——译者注

② 这段话的原文自相矛盾。——译者注

这个算法的最大运行时为 $O(n*m)$。证明过程如下。

假设令 n 为顶点的数量，m 为边的数量，则有以下结果。

第 2 步：需要 $O(n+m)$ 的时间。

第 3 步：需要 $O(1)$ 的时间。

第 4 步：循环执行 $O(n)$ 次。

第 5 步：如果以简单的方式来完成这个操作，那么查看 m 条边需要 $O(m)$ 的时间，为每一条边判断它的目标顶点是否已被访问需要 $O(1)$ 的时间。

第 6 步：需要 $O(1)$ 的时间。

因此，最大时间=$O(n+m+nm)$。

但是 $n+m+n*m<1+n+m+n*m=(n+1)\,(m+1)$，也就是 $O(m*n)$。

我们可以通过稍微修改这个算法来得到更好的结果。修改后算法的核心是边的堆。因此，权重最小的边会在顶部。因为图是连通的，所以有 $n-1<m$。

```
1    minimumSpanningTree(graph):
2        mark all edges as unvisited
3        mark all vertices as unvisited
4        mark some vertex, say v, as visited
5        for each edge leading from v:
6            add the edge to the heap
7        k = 1
8        while k < number of vertices:
9            pop an edge from the heap
10           if one end of this edge, say vertex w, is not
   visited:
11               mark the edge and w as visited
12               for each edge leading from w:
13                   add the edge to the heap
14               k+=1
```

对于邻接表的存储方式来说，最大运行时为 $O(m\log n)$。证明过程如下。

假设令 n 为顶点的数量，m 为边的数量，忽略 $O(n)$ 的代码行，就可以有以下结果。

第 2 步：$O(m)$ 的时间。

第 3 步：$O(n)$ 的时间。

第 5 步：$O(n)$ 次循环。

第 6 步：$O(\log n)$ 的时间。

第 5 步和第 6 步加起来：$O(n\log m)$ 的时间。

第 8 步：$O(n)$ 的时间。

第 9 步：$O(\log n)$ 的时间，并且最多会发生 m 次，因此是 $O(m\log m)$ 的时间。

第 12 步：这个内部循环的所有执行都只会最多有 m 次。

第 13 步：$O(\log m)$ 的时间。

第 12 步和第 13 步加起来：$O(m\log m)$ 的时间。

总计：

$=O(m+n+\log m+n\log m+m\log m)$

$=O(m\log m)$

$=O(m\log n)$，因为 $m\leqslant n*n$ 并且 $\log n*n=2\log n$

12.6 拓扑排序

DAG 的顶点之间是有顺序的，这就好比在计算机科学等专业的课程图里，有些课程是另一些课程的前提条件。在这种情况下，你自然会问到的一个问题是"按照给定的课程，我应该以什么顺序来学习，从而满足所有的前提条件？"答案在于图里顶点的**拓扑顺序**（topological order）。拓扑顺序会为每个顶点都分配一个等级，从而让边对它们从低到高进行连接。图 12-16 展示了包含 P、Q、R、S 和 T 的课程图。图 12-17 和图 12-18 展示了这个课程图里两种可能的拓扑顺序。

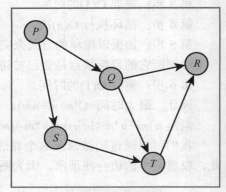

图 12-16 课程图

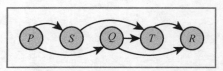

图 12-17 图的第一种拓扑顺序

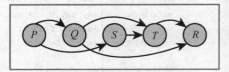

图 12-18 图的第二种拓扑顺序

在图里找到并返回顶点拓扑顺序的过程称为**拓扑排序**（topological sort）。拓扑排序的一种算法是基于图的遍历，因此无论使用的是深度优先遍历还是广度优先遍历，都可以完成它。这里使用的是深度优先遍历，其中顶点会在栈里以升序排列的顺序返回。

```
topologicalSort(graph g):
    stack = LinkedStack()
    mark all vertices in the graph as unvisited
    for each vertex, v, in the graph:
        if v is unvisited:
            dfs(g, v, stack)
    return stack

dfs(graph, v, stack):
    mark v as visited
    for each vertex, w, adjacent to v:
        if w is unvisited:
            dfs(graph, w, stack)
    stack.push(v)
```

当栈的插入操作是 O(m)时，这个算法的性能为 O(1)。

12.7 最短路径问题

如何在图里确定两个顶点之间的最短路径是非常有用的问题。试考虑一个用加权有向图表示的航空公司的地图，它的权重代表着机场之间的距离，而两个机场之间的最短路径就是指边的权重总和最小的路径。

确定起点的最短路径问题（single-source shortest path problem）要求有一种能够解决从给定顶点到所有其他顶点最短路径的方案。这个问题已经有了一个广泛使用的由 Edsger Wybe Dijkstra 找到的解决方案。他的解决方案是 O(n^2)的，并且假设所有的权重都为正。

另一个问题称为**全局最短路径问题**（all-pairs shortest path problem）[①]，它要求得图里所有顶点之间最短路径的集合。广为使用的弗洛伊德（Floyd）算法是 O(n^3)的复杂度。

12.7.1 Dijkstra 算法

接下来，我们开发计算确定起点的最短路径的 Dijkstra 算法。这个算法的输入是一个有向无环图，边的权重都大于 0，还有一个用来表示起始顶点的顶点。这个算法计算从起始顶点到图里所有其他顶点最短路径的距离。这个算法的输出是一个二维网格 results。这个网格有 N 行，其中 N 是图里的顶点数。每 1 行的第 1 列都是一个顶点；第 2 列包含从起始顶点到这个顶点之间的距离，第 3 列包含这条路径上的直接父顶点。（之前曾提到过，当在这个图里遍历隐式树时，图里的顶点可以具有父/子关系。）

除了这个网格，这个算法还会使用一个叫作 included 的有 N 个布尔值的临时列表来跟踪特定的顶点是不是包含在前面已确定最短路径的一组顶点里。这个算法包含了两个主要步骤：初始化步骤和计算步骤。

12.7.2 初始化步骤

在这一步里，我们根据下面这个算法来初始化 results 网格里的所有列以及 included 列表里的所有内存单元。

```
for each vertex in the graph
  Store vertex in the current row of the results grid
  If vertex = source vertex
      Set the row's distance cell to 0
      Set the row's parent cell to undefined
      Set included[row] to True
  Else if there is an edge from source vertex to vertex
      Set the row's distance cell to the edge's weight
      Set the row's parent cell to source vertex
      Set included[row] to False
  Else
      Set the row's distance cell to infinity
      Set the row's parent cell to undefined
      Set included[row] to False
  Go to the next row in the results grid
```

[①] 这两个最短路径的英文名称在原文里都是：“shortest-path problem”，根据惯例以及本书词汇表，shortest 和 path 不应该有连接符。——译者注

这个过程结束之后，效果如下。

- 对于 included 列表里的内存单元，除了 results 网格里对应起始顶点的那一行，都是 False。
- 在一行的距离单元里值可以是 0（对于起始顶点）、无穷大（对于没有直接连接到起始顶点的顶点）、正数（对于直接连接到起始顶点的顶点）。应学习如何表示无穷大，从而可以在后面的算术和比较运算里使用它。
- 在一行的父顶点内存单元里顶点是起始顶点或未定义。在实现里用 None 表示未定义。

图 12-19 展示了在给定图上运行初始化步骤之后两个数据结构的状态。

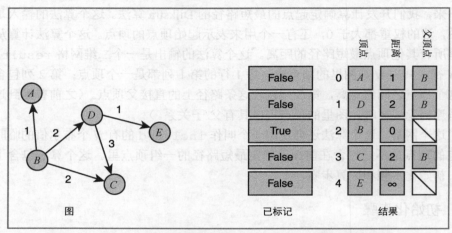

图 12-19　一个图以及从给定顶点计算最短路径的数据结构的初始状态

12.7.3　计算步骤

在计算步骤里，Dijkstra 算法会找到从起始顶点到某一个顶点的最短路径，然后在 included 列表的内存单元里对这个顶点进行标记，不断重复这个过程，直到所有的内存单元都被标记。下面是这一步的算法。

```
Do
    Find the vertex F that is not yet included and has the minimal
    distance in the results grid
    Mark F as included
    For each other vertex T not included
        If there is an edge from F to T
            Set new distance to F's distance + edge's weight
            If new distance < T's distance in the results grid
                Set T's distance to new distance
                Set T's parent in the results grid to F
While at least one vertex is not included
```

可以看到，这个算法不断选择还未包含在 included 列表里且有最短路径距离的顶点，并在进入嵌套的 for 循环之前把它标记在 included 列表里。在这个循环的主体里，这个过程会遍历所有已标记顶点到未标记顶点的边，并且计算出从起始顶点到其他顶点的最小距离。这个过程中的关键步骤是嵌套的 if 语句，如果通过已标记的顶点找到了一个到未标记顶点的新的最小距离，就会重置这个未标记顶点的距离和父顶点单元。图 12-20 展示了图和运行算法之后数据结构的状态。

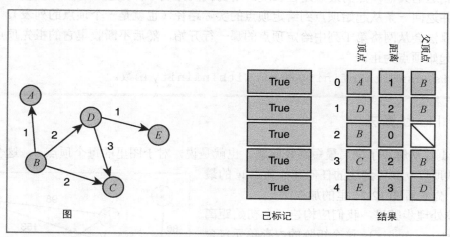

图 12-20　一个图以及从给定顶点计算最短路径的数据结构的最终状态

12.7.4　无穷大的表示和使用

许多教科书里会把无穷大的值表示为一个非常大的整数，或者这门语言所支持的最大整数值。这种策略不仅不准确，在 Python 里也不需要。若在这个算法里对数字执行的运算仅限于加法和比较操作，那么把无穷大表示为一个非数字值就可以了。在这个实现里，把常量 INFINITY 定义为在输出时显示更恰当格式的字符串"-"，并且再为加法和比较操作定义一个专用函数。比如，下面是无穷大常量的定义和把两个可能是无穷大的数字进行相加的函数。

```
INFINITY = "-"

def addWithInfinity(a, b):
    """If a == INFINITY or b == INFINITY, returns INFINITY.
    Otherwise, returns a + b."""
    if a == INFINITY or b == INFINITY: return INFINITY
    else: return a + b
```

可以看到，Python 的==和!=运算符能够正确地工作于任意的两个操作数上。另外，isLessWithInfinity 和 minWithInfinity 等专用函数的实现将作为练习留给你。

12.7.5　分析

初始化步骤必须处理每一个顶点，因此它具有 O(n)的复杂度。计算步骤的外部循环也会遍历每一个顶点，而内部循环会遍历到目前为止还未标记的每个顶点。计算步骤的总体行为类似于其他的 O(n^2)算法，因此 Dijkstra 算法的复杂度为 O(n^2)。

练习题

1. Dijkstra 算法的确定起点的最短路径算法会返回一个结果网格，其中包含从给定顶点到所有可到达的其他顶点的最短路径长度。用伪代码开发一种算法，这个算法使用结果网格构建并返回一条从起始顶点到给定顶点的实际路径（也就是一个顶点的列表）。（**提示：**这个算法会从网格第 1 列中给定顶点的那一行开始，然后不断收集它的祖先顶点，直至到达起始顶点为止。）

2. 定义 `isLessWithInfinity` 和 `minWithInfinity` 函数。

12.7.6　Floyd 算法

Floyd 算法解决了全局最短路径问题。也就是说，对于图里的每个顶点 v，这个算法都会找到从顶点 v 到可到达的任何其他顶点 w 的最短路径。先看看图 12-21 里的加权图。

在预处理步骤里，我们应构建一个初始**距离矩阵**（distance matrix）。这个矩阵的内存单元包含每个顶点与邻居相连的边的权重。当没有边直接连接两个顶点时，用代表无穷大的值对矩阵单元进行填充。图 12-22 展示了图 12-21 所示图的距离矩阵。

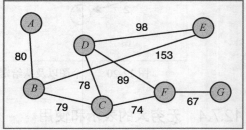

图 12-21　加权图

Floyd 算法遍历这个矩阵，如果两个顶点之间存在路径，就用它们之间的最小距离路径替换当前单元里的值。如果不存在路径，这个内存单元里的值将会继续为无穷大的值。图 12-23 展示了经过计算的距离矩阵，这个距离矩阵是根据 Floyd 算法得出的。可以看到，其中一些无穷大的值已经被最小距离路径的权重所取代。

	0 A	1 B	2 C	3 D	4 E	5 F	6 G
0 A	0	80	∞	∞	∞	∞	∞
1 B	80	0	79	∞	153	∞	∞
2 C	∞	79	0	78	∞	74	∞
3 D	∞	∞	78	0	98	89	∞
4 E	∞	153	∞	98	0	∞	∞
5 F	∞	∞	74	89	∞	0	67
6 G	∞	∞	∞	∞	∞	67	0

图 12-22　图 12-21 所示的图的初始距离矩阵

	0 A	1 B	2 C	3 D	4 E	5 F	6 G
0 A	0	80	159	237	233	233	300
1 B	80	0	79	157	153	153	220
2 C	159	79	0	78	176	74	141
3 D	237	157	78	0	98	89	156
4 E	233	153	176	98	0	187	254
5 F	233	153	74	89	187	0	67
6 G	300	220	141	156	254	67	0

图 12-23　图 12-21 所示的图的最终距离矩阵

下面是 Floyd 算法的伪代码：

```
for i from 0 to n - 1
    for r from 0 to n - 1
```

```
for c from 0 to n - 1
    matrix[r][c] = min(matrix[r][c],
                        matrix[r][i] + matrix[i][c])
```

可以看到，`min`和+操作应能处理那些可能会是无穷大的操作数。前面讨论了实现这个目标的策略。

12.7.7　分析

根据图创建距离矩阵的初始化步骤的复杂度是 $O(n^2)$。这个矩阵与给定图的邻接矩阵有一样的大小。由于 Floyd 算法会对 N 个顶点包含 3 个嵌套循环，这个算法本身显然是 $O(n^3)$ 的，因此这个过程的总运行时会以 $O(n^3)$ 为上限。

12.8　开发图多项集

要开发图多项集，需要考虑以下各种因素。
- 用户的要求。
- 图的数学性质。
- 常用的存储方式：邻接矩阵或邻接表。

所有的图，无论它们是有向的、无向的、加权的还是不加权的，都是通过边连接顶点的多项集。一个非常通用的图允许顶点和边的标号是任意一种类型的对象，尽管标号通常都是字符串或数字。用户应该能够插入和删除顶点、插入或删除边，以及检索所有顶点和边。获取图里给定顶点的相邻顶点和它的入射边，以及在顶点和边上设置和清除标号，也很有用。最后，用户应能够根据自己的需求在有向图和无向图之间，以及在邻接矩阵存储方式和邻接表存储方式之间进行选择。

本节开发的图多项集，是一个基于邻接表的加权有向图。在这个例子里，顶点会用字符串作为标号，边会用数字作为权重。在这里，图多项集的实现由 LinkedDirectedGraph、LinkedVertex 和 LinkedEdge 类组成。

12.8.1　图多项集的用法示例

假设要创建一个图 12-24 所示的加权有向图。

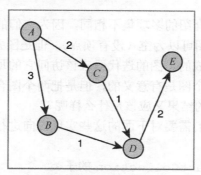

图 12-24　加权有向图

下面的代码将执行这些操作，并在终端窗口里输出图的字符串表达式。

```
from graph import LinkedDirectedGraph

g = LinkedDirectedGraph()

# Insert vertices
g.addVertex("A")
g.addVertex("B")
g.addVertex("C")
g.addVertex("D")
g.addVertex("E")

# Insert weighted edges
g.addEdge("A", "B", 3)
g.addEdge("A", "C", 2)
g.addEdge("B", "D", 1)
g.addEdge("C", "D", 1)
g.addEdge("D", "E", 2)

print(g)
```

输出以下结果。

```
5 Vertices: A C B E D
5 Edges:    A>B:3 A>C:2 B>D:1 C>D:1 D>E:2
```

下面这段代码展示了这个示例图里标号为 A 的顶点的相邻顶点和它的入射边。

```
print("Neighboring vertices of A:")
for vertex in g.neighboringVertices("A"):
    print(vertex)
print("Incident edges of A:")
for edge in g.incidentEdges("A"):
    print(edge)
```

输出以下结果。

```
Neighboring vertices of A:
B
C
Incident edges of A:
A>B:3
A>C:2
```

接下来我们将介绍图 ADT 里各个类的接口和部分实现。完整的实现将会作为练习留给你。

12.8.2   LinkedDirectedGraph 类

图与本书到目前为止所介绍的多项集不相同，因为它们的顶点和边会以一定的方式和规则进行排列。比如，虽然图可以为空（没有顶点），但是图并没有单独的长度属性，它是由若干个顶点和若干条边组成的。图的迭代器应该访问它的顶点，还是访问它的边？比较两个图是否相等以及克隆一个图是有意义的，但是把两个图合并为第三个图或使用另一个多项集的内容创建一个新图的结果又应该是什么样呢？

在图的实现过程中，我们需要对下面的这些实现方向进行判断，从而了解它们可能会产生的后果。

● 使图类成为 AbstractCollection 的子类。

- 使图的大小等于它的顶点数。
- add 方法会把一个有标号的顶点添加到图里。
- 允许图的迭代器访问它的顶点。

在选择了这些实现方法之后，所得到的结果如下。

- len 函数会返回图的顶点数。
- 图的构造函数的源多项集包含新图的顶点标号。
- for 循环会访问图的顶点。
- 如果图包含给定的顶点，那么 in 运算符会返回 True。
- ==运算符会比较两个图操作数里的顶点。
- +运算符会创建一个包含两个操作数的顶点的新图。

前 3 个结果看起来没有什么问题，但后面 3 个可能需要在实现上进行一些改进。接下来，我们还会像以前一样继续实现，并且把图多项集合并到多项集层次结构里。在把其他类型的图（例如无向图或使用邻接矩阵的图）添加到框架里之前，我们可能需要把一些通用代码重构到 AbstractGraph 类里。

表 12-1 列出了 LinkedDirectedGraph 类的方法及其功能。可以看到，表格里的方法是根据它们与边、顶点和其他角色的关系进行分类的。在这些方法里并没有包含前置条件，但它们显然需要一些前置条件。比如，addVertex 和 addEdge 方法就不应该让用户插入图里已经存在的顶点或边。完整的前置条件的开发将作为练习留给你。

表 12-1　　　　　　　　LinkedDirectedGraph 类的方法及其功能

LinkedDirectedGraph 类的方法	功能
g = LinkedDirectedGraph(sourceCollection = None)	用邻接表创建一个有向图。接收一个可选的包含标号的多项集作为参数，并插入带有这些标号的顶点
清除标记、返回边数/顶点数、返回字符串表达式的方法	
g.clear()	从图里删除所有的顶点
g.clearEdgeMarks()	清除所有边的标记
g.clearVertexMarks()	清除所有顶点的标记
g.isEmpty()	如果图不包含任何顶点，返回 True；否则返回 False
g.sizeEdges()	返回图里边的条数
g.sizeVertices()	相当于 len(g)。返回图里顶点的数量
g.__str__()	相当于 str(g)。返回图的字符串表达式
与顶点相关的方法	
g.containsVertex(label)	如果图里包含一个特定标号的顶点，返回 True；否则，返回 False
g.addVertex(label)	相当于 add(label)。添加一个带特定标号的顶点
g.getVertex(label)	返回带有特定标号的顶点，如果顶点不存在就返回 None

续表

LinkedDirectedGraph 类的方法	功能
g.removeVertex(label)	删除并返回带有特定标号的顶点，如果顶点不存在就返回 None
与边相关的方法	
g.containsEdge(fromLabel, toLabel)	如果图里包含一条从顶点标号是 fromLabel 到顶点标号是 toLabel 的边，返回 True；否则，返回 False
g.addEdge (fromLabel, toLabel, weight = None)	在指定标号的顶点之间添加一条指定权重的边
g.getEdge(fromLabel, toLabel)	返回连接指定标号顶点之间的边，如果边不存在就返回 None
g.removeEdge(fromLabel, toLabel)	删除连接指定标号顶点之间的边并返回 True，如果边不存在就返回 None
与迭代器相关的方法	
g.edges()	返回图里边的迭代器
g.getVertices()	相当于 iter(g) 或是 for vertex in g:。返回图里顶点的迭代器
g.incidentEdges(label)	返回标号为 label 的顶点的入射边的迭代器
g.neighboringVertices(label)	返回标号为 label 的顶点的邻居顶点的迭代器

LinkedDirectedGraph 的实现会维护一个字典，这个字典的键是标号，值是标号所对应的顶点。下面是这个类的定义和构造函数的代码。

```
class LinkedDirectedGraph(AbstractCollection):

    def __init__(self, sourceCollection = None):
        self.edgeCount = 0
        self.vertices = dict() # Dictionary of vertices
        AbstractCollection.__init__(self, sourceCollection)
```

添加、访问和检测顶点是否存在，都要直接对字典进行操作。下面是 addVertex 方法的代码。

```
def addVertex(self, label):
    """Adds a vertex with the given label to the graph."""
    self.vertices[label] = LinkedVertex(label)
    self.size += 1
```

但是，删除顶点时还需要删除所有和它相连的边。removeVertex 方法会访问图里所有其他顶点，从而切断这些顶点和被删除顶点之间的任何连接。通过调用 LinkedVertex 类的 removeEdgeTo 方法可以做到这一点，代码如下所示。

```
def removeVertex(self, label):
    """Returns True if the vertex was removed, or False
    otherwise."""
    removedVertex = self.vertices.pop(label, None)
```

```
        if removedVertex is None:
            return False

        # Examine all other vertices to remove edges
        # directed at the removed vertex
        for vertex in self.getVertices():
            if vertex.removeEdgeTo(removedVertex):
                self.edgeCount -= 1

        # Examine all edges from the removed vertex to others
        for edge in removedVertex.incidentEdges():
            self.edgeCount -= 1

        self.size -= 1
        return True
```

和边有关的方法会首先获取和标号相对应的顶点，然后使用 `LinkedEdge` 类里的相应方法来完成操作。下面是执行添加、访问和删除边操作的代码。

```
def addEdge(self, fromLabel, toLabel, weight):
    """Connects the vertices with an edge with the given
    weight."""
    fromVertex = self.getVertex(fromLabel)
    toVertex = self.getVertex(toLabel)
    fromVertex.addEdgeTo(toVertex, weight)
    self.edgeCount += 1

def getEdge(self, fromLabel, toLabel):
    """Returns the edge connecting the two vertices, or None if
    no edge exists."""
    fromVertex = self.getVertex(fromLabel)
    toVertex = self.getVertex(toLabel)
    return fromVertex.getEdgeTo(toVertex)

def removeEdge(self, fromLabel, toLabel):
    """Returns True if the edge was removed, or False
    otherwise."""
    fromVertex = self.getVertex(fromLabel)
    toVertex = self.getVertex(toLabel)
    edgeRemovedFlg = fromVertex.removeEdgeTo(toVertex)
    if edgeRemovedFlg:
        self.edgeCount -= 1
    return edgeRemovedFlg
```

图的迭代器会访问内部多项集或构建一个适当的内部多项集，并返回在这些多项集上的迭代器。这里面最简单的方法是 `getVertices` 方法，它会直接返回字典的值上的迭代器。`incidentEdges` 和 `neighborVertices` 方法都会调用 `LinkedVertex` 类里的相应方法。但是，`edges` 方法需要从所有顶点那里取得所有的入射边集合。这个结果相当于所有入射边集合的并集，可以像下面这样定义。

```
def edges(self):
    """Supports iteration over the edges in the graph."""
    result = set()
    for vertex in self.getVertices():
        edges = vertex.incidentEdges()
        result = result.union(set(edges))
    return iter(result)
```

12.8.3　LinkedVertex 类

表 12-2 列出了 LinkedVertex 类里的方法。

表 12-2　　　　　　　　　　　　　　　LinkedVertex 类里的方法

LinkedVertex 类的方法	功能
v = LinkedVertex(label)	基于指定标号创建一个顶点。在初始化的时候顶点是没有被标记的
v.clearMark()	取消对顶点的标记
v.setMark()	标记顶点
v.isMarked()	当顶点被标记时，返回 True；否则，返回 False
v.getLabel()	返回顶点的标号
v.setLabel(label, g)	修改图 g 里当前顶点的标号
v.addEdgeTo(toVertex, weight)	添加一条从 v 到 toVertex 的有权重的边
v.getEdgeTo(toVertex)	返回从 v 到 toVertex 的边，如果边不存在就返回 None
v.incidentEdges()	返回顶点的入射边的迭代器
v.neighboringVertices()	返回顶点的邻居顶点的迭代器
v.__str__()	相当于 str(v)。返回顶点的字符串表达式
v.__eq__(anyObject)	相当于 v == anyObject。当 anyObject 是一个顶点并且两个标号相同时返回 True
v.__hash__()	相当于 hash(v)。返回 v 所对应的哈希值

邻接表的实现是为每个顶点都创建一个边的列表。下面这段代码展示了这个类的构造函数和 setLabel 方法。可以看到，setLabel 方法包含这个图作为参数。由于重置顶点的标号比较麻烦，在这里只想在图的字典里修改这个顶点的键，而不用干扰可能和这个顶点相关的其他对象（如入射边），因此首先需要从字典里弹出顶点，然后把用新标号作为键的相同顶点对象重新插入字典里，最后再把这个顶点的标号字段重置为新标号。下面是相应的代码。

```python
class LinkedVertex(object):

    def __init__(self, label):
        self.label = label
        self.edgeList = list()
        self.mark = False

    def setLabel(self, label, g):
        """Sets the vertex's label to label."""
        g.vertices.pop(self.label, None)
        g.vertices[label] = self
        self.label = label
```

LinkedVertex 类里定义了其他几个 LinkedGraph 用于访问顶点的边的方法。添加和访问边可以直接调用相应的列表方法，迭代器方法 identificationEdges 也可以这样完成。getNeighboringVertices 方法会用到 LinkedEdge 类的 getOtherVertex 方法以从边列表中构建包含其他顶点的列表。removeEdgeTo 方法会先创建一个包含当前顶点和参数里的顶点的虚拟边,然后通过这个虚拟边从列表里删除真正的边(如果它在列表里)。下面是其中两个方法的代码。

```python
def neighboringVertices(self):
    """Returns the neighboring vertices of this vertex."""
    vertices = list()
    for edge in self.edgeList:
        vertices.append(edge.getOtherVertex(self))
    return iter(vertices)

def removeEdgeTo(self, toVertex):
    """Returns True if the edge exists and is removed,
    or False otherwise."""
    edge = LinkedEdge(self, toVertex)
    if edge in self.edgeList:
        self.edgeList.remove(edge)
        return True
    else:
        return False
```

就像在前面看到的那样,LinkedDirectedGraph 类有时会在它的实现里构建一组顶点。若要把对象添加到 Python 内置的 set 类型中,应用程序必须确保这些作为参数传递给 Python 的 hash 函数。set 类型会使用这个 hash 函数在它的哈希实现里对对象进行存储或访问(见第 11 章)。要支持这个功能,就必须在 LinkedVertex 类里包括一个叫作 __hash__ 的方法。这个方法会返回顶点里标号的哈希值,代码如下所示。

```python
def __hash__(self):
    """Supports hashing on a vertex."""
    return hash(self.label)
```

12.8.4 LinkedEdge 类

表 12-3 列出了 LinkedEdge 类里的方法。

表 12-3　　　　　　　　　　　　　　LinkedEdge 类里的方法

LinkedEdge 类的方法	功能
e = LinkedEdge(fromVertex, toVertex, weight = None)	在指定标号的顶点之间添加一条指定权重的边。在初始化的时候,边是没有被标记的
e.clearMark()	取消对边的标记
e.setMark()	标记边
e.isMarked()	如果边被标记,返回 True;否则,返回 False
e.getWeight()	返回边的权重
e.setWeight(weight)	设置边的权重为指定权重
e.getOtherVertex(vertex)	返回边的另一个顶点
e.getToVertex()	返回边的目标顶点
e.__str__()	相当于 str(e)。返回边的字符串表达式
e.__eq__(anyObject)	相当于 e == anyObject。当 anyObject 是一条边,并且它和自身连接的起始顶点和目标节点都相同,而且权重也相同时,返回 True

边对象维护着两个顶点、权重以及对标记符号的引用。尽管这个权重可以是任何标记边的对象，但权重通常都是一个数字或者其他可以进行比较的值。如果两条边的顶点和权重都相同，就可以认为它们是相等的。下面是这个类的构造函数和 __eq__ 方法的代码。

```python
class LinkedEdge(object):

    def __init__(self, fromVertex, toVertex, weight = None):
        self.vertex1 = fromVertex
        self.vertex2 = toVertex
        self.weight = weight
        self.mark = False

    def __eq__(self, other):
        """Two edges are equal if they connect
        the same vertices."""
        if self is other: return True
        if type(self) != type(other): return False
        return self.vertex1 == other.vertex1 and \
               self.vertex2 == other.vertex2 and \
               self.weight == other.weight
```

12.9 案例研究：测试图算法

尽管图 ADT 使用非常方便，但是在实际应用程序里构建一个非常复杂的图时，可能既枯燥又麻烦。在这个案例研究中，我们将开发一个数据模型以及用户交互接口，让程序员可以创建图并且使用这些图来测试图算法的性能。

12.9.1 案例需求

编写一个程序，以便让用户测试一些图处理的算法。

12.9.2 案例分析

这个程序可以让用户输入图的顶点和边，还能够让用户为某些测试输入起始顶点的标号。菜单选项能够让用户很简单地执行若干项不同的任务，比如下面这些图算法。

- 从起始顶点查找最小生成树。
- 得到确定起点的最短路径问题。
- 执行拓扑排序。

当用户选择构建图的选项时，程序将会尝试根据用户的输入（键盘输入或文本文件导入）构建图结构。如果用户的输入能够生成一个有效图，那么程序会通知用户；否则，程序会输出错误消息。用户可以通过其他的菜单选项来显示这个图或在这个图上运行算法并输出结果。下面是这个程序简单的交互示例。

```
Main Menu
  1  Input a graph from the keyboard
  2  Input a graph from a file
  3  View the current graph
```

```
4  Single-source shortest paths
5  Minimum spanning tree
6  Topological sort
7  Exit the program

Enter a number [1-7]: 1
Enter an edge or return to quit: p>s:0
Enter an edge or return to quit: p>q:0
Enter an edge or return to quit: s>t:0
Enter an edge or return to quit: q>t:0
Enter an edge or return to quit: q>r:0
Enter an edge or return to quit: t>r:0
Enter an edge or return to quit:
Enter the start label: p
Graph created successfully
Main Menu
1  Input a graph from the keyboard
2  Input a graph from a file
3  View the current graph
4  Single-source shortest paths
5  Minimum spanning tree
6  Topological sort
7  Exit the program

Enter a number [1-7]: 6
Sort: r t q s p
```

字符串 p>q:0 表示的是从顶点 p 到顶点 q 的一条权重为 0 的边。字符串里用顶点的标号代表还没有连接的顶点。

这个程序包含两个主要的类：GraphDemoView 和 GraphDemoModel。和之前的案例研究一样，视图类用来处理和用户之间的交互，而模型类则会构建图并在这个图上运行各种图算法。这些算法会在另一个叫作 algorithms 的单独模块里被定义为函数。这些类的部分功能会在本节里开发，完整的功能将会作为练习留给你。

12.9.3　GraphDemoView 类和 GraphDemoModel 类

在这里，命令菜单的设置和之前案例研究里的命令菜单是一样的。当用户选择命令（键盘输入或文本文件导入）创建图时，输入的文本将会作为参数传递给模型类里的 createGraph 方法。这个方法会返回一个字符串来表示图是有效的或格式不正确。

当用户选择运行图算法的命令时，相应的图处理函数将会被模型类执行。如果模型类返回的是 None，那么代表模型类里还没有可以处理的图；否则，模型将会执行指定的任务，并返回一个代表结果的数据结构作为输出。表 12-4 列出了 GraphDemoModel 类的方法及其功能。

表 12-4　　　　　　　　　　　　GraphDemoModel 类里的方法及其功能

GraphDemoModel 类的方法	功能
createGraph(rep, startLabel)	尝试通过图的字符串表达式 rep 和起始顶点的标号 startLabel 创建一个图。返回一个字符串表示创建成功或失败
getGraph()	当图不存在时，返回 None；否则返回图的字符串表达式
run(aGraphFunction)	当图不存在时，返回 None；否则在图上运行 aGraphFunction 函数，并返回它的结果

在 algorithms 模块里，有 3 个图处理函数，如表 12-5 所示。

表 12-5　　　　　　　　　　algorithms 模块里的图处理函数及其功能

图处理函数	功能
spanTree(graph, startVertex)	返回一个列表，其中包含图的最小生成树的边
topoSort(graph, startVertex)	返回一个顶点的栈，它表示图中顶点的拓扑顺序
shortestPaths(graph, startVertex)	返回一个 N 行、3 列的二维数组，其中 N 是顶点的数量。在二维数组里，第 1 列包含顶点；第 2 列包含从起始顶点到这个顶点的距离；第 3 列包含当前顶点的直接父顶点，如果不存在则用 None 填充

12.9.4　案例实现（编码）

视图类里包含了用来显示菜单和获取命令的方法，这些方法和其他案例研究里的方法类似，唯一不同的两个方法是从键盘或文件里得到关于图的输入。下面是这部分的代码实现。

```
"""
File: view.py
The view for testing graph-processing algorithms.
"""

from model import GraphDemoModel
from algorithms import shortestPaths, spanTree, topoSort

class GraphDemoView(object):
    """The view class for the application."""

    def __init__(self):
        self.model = GraphDemoModel()

    def run(self):
        """Menu-driven command loop for the app."""
        menu = "Main menu\n" + \
            " 1 Input a graph from the keyboard\n" + \
            " 2 Input a graph from a file\n" + \
            " 3 View the current graph\n" \
            " 4 Single-source shortest paths\n" + \
            " 5 Minimum spanning tree\n" \
            " 6 Topological sort\n" \
            " 7 Exit the program\n"
        while True:
            command = self.getCommand(7, menu)
            if command == 1: self.getFromKeyboard()
            elif command == 2: self.getFromFile()
            elif command == 3:
                print(self.model.getGraph())
            elif command == 4:
                print("Paths:\n",
                    self.model.run(shortestPaths))
            elif command == 5:
                print("Tree:",
                    " ".join(map(str,
```

```
                                    self.model.run(spanTree))))
            elif command == 6:
                print("Sort:",
                        " ".join(map(str,
                            self.model.run(topoSort))))
            else: break

    def getCommand(self, high, menu):
        """Obtains and returns a command number."""
        # Same as in earlier case studies

    def getFromKeyboard(self):
        """Inputs a description of the graph from the
        keyboard and creates the graph."""
        rep = ""
        while True:
            edge = input("Enter an edge or return to quit: ")
            if edge == "": break
            rep += edge + " "
        startLabel = input("Enter the start label: ")
        print(self.model.createGraph(rep, startLabel))

    def getFromFile(self):
        """Inputs a description of the graph from a file
        and creates the graph."""
        # Exercise

# Start up the application
GraphDemoView().run()
```

GraphDemoModel 类包含创建图以及运行图处理算法的方法。下面是这个类的代码。

```
"""
File: model.py
The model for testing graph-processing algorithms.
"""

from graph import LinkedDirectedGraph

class GraphDemoModel(object):
    """The model class for the application."""

    def __init__(self):
        self.graph = None
        self.startLabel = None

    def createGraph(self, rep, startLabel):
        """Creates a graph from rep and startLabel.
        Returns a message if the graph was successfully
        created or an error message otherwise."""
        self.graph = LinkedDirectedGraph()
        self.startLabel = startLabel
        edgeList = rep.split()
        for edge in edgeList:
            if not '>' in edge:
                # A disconnected vertex
                if not self.graph.containsVertex(edge):
```

```
                        self.graph.addVertex(edge)
                    else:
                        self.graph = None
                        return "Duplicate vertex"
                else:
                    # Two vertices and an edge
                    bracketPos = edge.find('>')
                    colonPos = edge.find(';')
                    if bracketPos == -1 or colonPos == -1 or \
                       bracketPos > colonPos:
                        self.graph = None
                        return "Problem with > or :"
                    fromLabel = edge[:bracketPos]
                    toLabel = edge[bracketPos + 1:colonPos]
                    weight = edge[colonPos + 1:]
                    if weight.isdigit():
                        weight = int(weight)
                    if not self.graph.containsVertex(fromLabel):
                        self.graph.addVertex(fromLabel)
                    if not self.graph.containsVertex(toLabel):
                        self.graph.addVertex(toLabel)
                    if self.graph.containsEdge(fromLabel,
                                                  toLabel):
                        self.graph = None
                        return "Duplicate edge"
                    self.graph.addEdge(fromLabel, toLabel,
                                          weight)
            vertex = self.graph.getVertex(startLabel)
            if vertex is None:
                self.graph = None
                return "Start label not in graph"
            else:
                vertex.setMark()
                return "Graph created successfully"

    def getGraph(self):
        """Returns the string rep of the graph or None if
        it is unavailable"""
        if not self.graph:
            return None
        else:
            return str(self._graph)

    def run(self, algorithm):
        """Runs the given algorithm on the graph and
        returns its re0073ult, or None if the graph is
        unavailable."""
        if self.graph is None:
            return None
        else:
            return algorithm(self.graph, self.startLabel)
```

algorithms 模块里定义的函数都需要接收两个参数：图和起始顶点的标号。如果一个算法不会用到起始顶点的标号，那么可以把它定义为可选参数。下面这段代码实现了拓扑排序的相关功能，其他的两个函数将会作为练习留给你。

```
"""
File: algorithms.py

Graph-processing algorithms
"""

from linkedstack import LinkedStack

def topoSort(g, startLabel = None):
    stack = LinkedStack()
    g.clearVertexMarks()
    for v in g.getVertices():
        if not v.isMarked():
            dfs(g, v, stack)
    return stack

def dfs(g, v, stack):
    v.setMark()
    for w in g.neighboringVertices(v.getLabel()):
        if not w.isMarked():
            dfs(g, w, stack)
    stack.push(v)

def spanTree(g, startLabel):
    # Exercise

def shortestPaths(g, startLabel):
    # Exercise
```

12.10　章节总结

- 图有很多应用。它们通常用来表示可以通过各种路径连接的元素网络。
- 图是由一条或多条边连接的一个或多个顶点（元素）组成的。如果存在连接到两个顶点的边，就说明这个顶点和另一顶点是相邻的，这两个顶点也相互称为邻居。路径是指可以从图里一个顶点到达另一个顶点的一系列边。当且仅当两个顶点之间存在一条路径时，才能说一个顶点是另一个顶点的可到达顶点。**路径的长度**是指路径上的边数。如果所有顶点都存在到其他顶点的路径，就说明图是连通的。如果每个顶点都有到其他所有顶点的边，图就是完全图。
- 子图是由图的顶点子集及其边的子集组成的。连接组件就是一个子图，这个子图由从给定顶点和它可到达的一组顶点组成。
- 有向图只允许沿着边的一个方向移动，而无向图则允许在边的任何方向上移动。可以用权重作为边的标号，这里的权重是指沿这条边移动的成本。
- 图有两种常见的实现方式。邻接矩阵的实现方式是指对于一个包含 N 个顶点的图来说，用一个 N 行 N 列的二维网格 G 作为图的存储方式。如果图里从顶点 i 到顶点 j 存在边，那么内存单元 $G[i][j]$ 里的值是 1。如果不存在边，这个内存单元里的值是 0。如果不是所有的顶点都相互连接，这个实现会存在内存浪费。

- 邻接表的实现方式是指对于一个包含 N 个顶点的图来说，用一个包含 N 个链接列表的数组作为图的存储方式。在第 i 个链接列表里，当且仅当存在从顶点 i 到顶点 j 的边时，才会包含顶点 j 的节点。
- 图的遍历会从给定的顶点开始，然后像树结构一样探索所有能够连接的顶点。深度优先遍历会先访问给定路径上的所有后代顶点，而广度优先遍历会先访问每个顶点的所有子顶点。
- 生成树在保证边数量最少的同时，还保留了图里所有顶点之间的连接。最小生成树是边的权重总和最小的生成树。
- 拓扑排序会在有向无环图里生成一个顶点的序列。
- 确定起点的最短路径问题需要一种能够获取从给定顶点到所有其他顶点最短路径的解决方案。

12.11　复习题

1. 图用来表示下列哪一个多项集比较合适：
   a. 文件目录结构
   b. 城市之间的航线图
2. 图和树不同的地方在于：
   a. 图是一个无序多项集
   b. 图可以包含有多个前序节点的节点
3. 在无向连通图里，每个顶点都有：
   a. 到其他所有顶点的边
   b. 到其他所有顶点的路径
4. 图的邻接矩阵存储方式里索引 I 和 J 代表：
   a. 一个顶点连接第 I 条边与第 J 条边
   b. 顶点 I 和 J 之间的边
5. 在有 N 个顶点的无向完全图里，会有：
   a. N^2 条边
   b. N 条边
6. 有向无环图的深度优先搜索：
   a. 在沿着一个路径前进之前，访问给定路径上每个节点的子节点
   b. 在从指定节点向另一条路径出发之前，尽可能从给定节点发出的路径上前进
7. 图的邻接矩阵实现里的内存会被什么类型的图充分利用：
   a. 完全图
   b. 有向图
   c. 无向图
8. 在图的邻接矩阵实现里，确定两个顶点之间是否有边需要：

　　a. 对数时间

　　b. 常数时间

　　c. 线性时间

　　d. 平方时间

9. 在图的邻接表实现里，确定两个顶点之间是否有边需要：

　　a. 对数时间

　　b. 常数时间

　　c. 线性时间

　　d. 平方时间

10. 加权有向图里两个顶点之间的最短路径是指：

　　a. 最少的边数

　　b. 边的权重总和最小

12.12　编程项目

1. 完成有向图多项集中的邻接表实现，包括规范以及强制执行方法的前置条件。

2. 完成案例研究里的各个类，通过输入并显示这个图测试各项操作。

3. 完成案例研究里的 spanTree 函数，并且对它进行全面的测试。

4. 完成案例研究里的 shortestPaths 函数，并且对它进行全面的测试。

5. 定义一个叫作 breadthFirst 的函数，这个函数会从给定的起始顶点开始对图执行广度优先遍历。这个函数会按照顶点的访问顺序返回一个包含顶点标号的列表。用案例研究里的程序对这个函数进行全面的测试。

6. 定义一个叫作 hasPath 的函数，这个函数接收一个有向图和两个顶点的标号作为参数。如果两个顶点之间存在路径，那么这个函数会返回 True；否则，返回 False。用一个合适的测试程序对这个函数进行全面的测试。

7. 将方法 makeLabelTable 添加到 LinkedDirectedGraph 类里。这个方法会构建并返回一个字典，在这个字典里，键是顶点的标号，值是从 0 开始的连续整数。编写一个测试程序来构建和查看这个字典[①]。

8. 将方法 makeDistanceMatrix 添加到 LinkedDirectedGraph 类里。这个方法会调用 makeLabelTable 方法（参见编程项目 7）来构建一个表格，并且用这个表格构建并返回一个距离矩阵。可以把 INFINITY 定义成一个值为"-"的类变量。编写一个构建和查看这个距离矩阵的测试程序，然后再编写另一个输出距离矩阵的函数，在这个输出里，行和列的标号应该如图 12-22 所示。

9. 定义并测试一个叫作 allPairsShortestPaths 的函数。这个函数会接收图的距离矩阵作为参数。这个函数会使用 Floyd 算法对这个矩阵里的数据进行修改，从而让它包含任何顶点之间的最短路径，这些顶点是通过路径连接的。编写一个测试程序在运行这个

---

① 原文最后一句说"查看表格"，根据上下文应该是"字典"。——译者注

函数之前和之后分别查看这个矩阵。使用图 12-21 里的图来测试这个函数。

10. 默认情况下，in、=和+操作是基于多项集的迭代器完成的。对于图来说，迭代器只会访问顶点，因此这些操作需要被进一步细化，以完成相应的工作。如果 in 运算符的左操作数是图里一个顶点的标号，那么 in 运算符会返回 True，否则返回 False。如果两个图操作数是完全相同的（也就是说它们包含相同数量的顶点），并且这些顶点都有相同的标号以及都以相同的方式被边连接（包括边的权重），那么=运算符会返回 True。+运算符使用两个操作数的内容来创建和构建一个新的图，在这个新图里，两个操作数都是独立的组件。把这些方法和用来返回原始图的完整副本的 clone 方法一起添加到 LinkedDirectedGraph 类里去。